# 高土石坝
# 动态数值模拟仿真方法及应用

于沭　温彦锋　邓刚　张延亿　著

·北京·

## 内 容 提 要

本书针对高土石坝变形控制面临的难以伴随施工过程动态调整的问题，开发了可以适用于高土石坝施工填筑过程动态调整的数值模拟方法。在数值模拟计算过程中，根据应力、变形、孔隙水压力等工程安全监测数据建立差异权重多源信息目标，在满足某一施工阶段反演目标基础上，动态调整边界条件，延伸分析时间，预测新的施工规划下的大坝应力变形模式，以有效控制大坝变形为目标，为设计方案调整提供了科学依据，为制定工程建设质量控制方法提供参考和借鉴。

本书可供水工结构、岩土工程专业及相关行业的科研与管理人员参考使用，也可作为高等院校相关专业师生的参考资料。

**图书在版编目（CIP）数据**

高土石坝动态数值模拟仿真方法及应用 / 于沭等著. -- 北京 : 中国水利水电出版社, 2018.12
ISBN 978-7-5170-7266-9

Ⅰ. ①高… Ⅱ. ①于… Ⅲ. ①高坝－土石坝－数值模拟 Ⅳ. ①TV641.1

中国版本图书馆CIP数据核字(2018)第289906号

| | |
|---|---|
| 书 名 | 高土石坝动态数值模拟仿真方法及应用<br>GAOTUSHIBA DONGTAI SHUZHI MONI FANGZHEN FANGFA JI YINGYONG |
| 作 者 | 于沭 温彦锋 邓刚 张延亿 著 |
| 出版发行 | 中国水利水电出版社<br>（北京市海淀区玉渊潭南路1号D座 100038）<br>网址：www.waterpub.com.cn<br>E-mail：sales@waterpub.com.cn<br>电话：（010）68367658（营销中心） |
| 经 售 | 北京科水图书销售中心（零售）<br>电话：（010）88383994、63202643、68545874<br>全国各地新华书店和相关出版物销售网点 |
| 排 版 | 中国水利水电出版社微机排版中心 |
| 印 刷 | 北京博图彩色印刷有限公司 |
| 规 格 | 184mm×260mm 16开本 12.75印张 302千字 |
| 版 次 | 2018年12月第1版 2018年12月第1次印刷 |
| 印 数 | 0001—1000册 |
| 定 价 | **98.00**元 |

# FOREWORD

# 前言

土石坝是指利用当地土石料，按照一定的设计级配，经过碾压等工序筑成的一种挡水建筑物，具有结构简单、可就地取材、适应变形能力强等特点。随着我国进入水利水电开发的快速发展期，越来越多的大型水电站、水利枢纽都进入了规划、设计、建设期。很多水电站采用土石坝作为挡水建筑物，其中不乏300m级的高土石坝。高土石坝通常具有坝体体型大、变形大、应力高的特点，坝体变形、坝基变形以及不均匀沉降问题突出，特别对于深厚覆盖层坝体，大坝变形控制难度极大。

利用常规的有限元模拟计算程序对坝体的应力变形进行计算，计算得到的坝体沉降量往往和实际监测的数值有较大差异，一个重要原因就是预测模型的计算参数和实际筑坝料的参数存在较大差异，实际填筑成的堆石坝与设计中拟定的材料分区及坝料特性差别显著。计算时，将某个料区的坝料视为均匀料，并假定具有相同工程性质指标，在此基础上进行分析和计算，但是实际上堆石料力学性质有很大差异。因此，如何合理确定筑坝材料的力学性质，是正确揭示大坝运行机理的基础。

本书基于FLAC有限元计算平台，开发了基于精细化的有限元数值模拟方法，即在计算过程中根据工程安全监测信息反演计算参数，动态调整边界条件，在较好地模拟现有状态的基础上，延伸分析时间，预测新的施工规划下的大坝应力变形模式，以有效控制大坝变形为目标，及时为设计方案调整提供科学依据，为保证工程建设质量和坝体安全运行提供技术支撑。

本书是根据中国水利水电科学研究院岩土工程研究所已有研究成果，结合作者多年来水工坝体的研究经验编写的。徐泽平参加了部分工程资料搜集及安全评价工作，侯瑜京、梁建辉、牛起飞参加了第2章中的离心模拟工作，晁华怡参加了第4章中的大型三轴试验工作，陈兵参加了第3、4章的部分编写工作，田伟参加了第5、6章的部分编写工作，郝建伟、周嘉伟参加了书中文字校对及附图修改工作。在此一并向他们表示感谢。

感谢中国电建集团昆明勘测设计研究院有限公司、中国电建集团西北勘测设计研究院有限公司、水利部新疆维吾尔自治区水利水电勘测设计研究院等单位在工程相关资料方面的支持。

限于作者水平，书中难免存在不妥甚至谬误之处，敬请读者批评指正。

**作者**

2018年8月

# 目录

CONTENTS

# 第1章 土石坝的变形及计算分析方法

土石坝是一个古老的坝型，是由松散土料填筑并碾压而成的挡水建筑物。在水利工程的诸多坝型中，土石坝具有可利用当地材料筑坝、对地形地质条件适应性较好、造价较低、施工方法简单以及抗震性能好等优点，在国内外水利水电资源开发过程中占有重要的地位。截至2003年年底，据国际大坝会议统计，全世界大坝在15m以上的共有41413座，其中土石坝33958座，占82.7%。我国已建成的水工坝体中，土石坝约占93%[1]。

我国已建成百米以上高土石坝多座，如101.8m高的碧口壤土心墙坝、114m高的石头河黏土心墙坝、154m高的小浪底黏土斜心墙堆石坝、136m高的狮子坪砾石土心墙堆石坝、122.5m高的河口村面板堆石坝、164.8m高的某面板堆石坝、186m高的瀑布沟直心墙堆石坝和261.5m高的糯扎渡心墙堆石坝等。

截至2018年年底，一系列大型土石坝工程正在规划、设计和建设中，如295m高的两河口水电站心墙堆石坝、314m高的双江口水心墙堆石坝等。随着坝体高度的增加，坝体很可能出现变形大、应力水平高、孔隙水压力高等特点。这些高坝的施工期都较长(5～8年甚至更长)，料源多样且填筑施工次序经常变化调整，这些因素都直接影响大坝的变形及应力发展规律，关系大坝的变形安全。所以，迫切需要一种随着施工过程可以动态进行应力变形分析及预测的数值模拟方法，满足对某一阶段坝体的应力变形状态进行实时预测的需要，以便指导下一阶段施工。

有限元、有限差分等方法常常被用作预测土石坝应力变形的方法，结果作为监测数据合理性评价的参照标准。由于土石坝填筑施工跨越时间长，在施工期，填筑材料、施工机械、天气、气候、水文等条件都可能发生很大的变化，很难保证完全按照施工设计进度填筑，土石坝的填筑过程以及填筑次序一般都会做一些调整，有些甚至与设计填筑次序有很大差别。如果还使用设计初始阶段的应力应变分析结果作为评价标准，将会大大增加评价结果的不准确性。而且，作为监测值的评价标准，在施工期需要有接近实时的应力变形分析结果与之相匹配。因此，数值分析程序要有适应施工任意调整的能力。

## 1.1 土石坝变形特征及其评价方法

土石坝在施工期间，坝体本身的重量会使已建坝体部分产生沉降、横向（沿河流向）

和纵向（沿坝轴线向）的水平位移；在坝体竣工后，坝体自重和上游蓄水压力等也会使坝体继续产生沉降和横、纵两个方向的水平位移[2]。

施工期间，坝体不同分区的变形速率取决于许多因素，包括荷重增长的速率和筑坝土料类型，填筑体向上下游方向伸展，同时发生指向河谷深部的沿坝轴线方向的位移。坝体一经填筑到顶，荷重增长的速率变为零，沉降速率便急剧减小，仅当水库初次蓄水时，速率复又增加。黏土或砾石土心墙坝，水库初次蓄水坝顶可能向上游移动，也有可能向下游移动，不同工程表现不尽相同；而与此同时，不透水心墙的下部可能向下游变位。此后，大多数坝体又继续以递减的速率不断沉陷。坝体完工后头几个月发生的坝顶水平位移和垂直位移似乎要超过以后十多年中所发生的位移。坝体完工后的头几个月里，坝顶发生的沉降可能要小于施工时坝体中部发生的沉降量的25%[2]。

### 1.1.1 土石坝沉降量沿高程的变形分布规律

土石坝在施工期和竣工后的沉降特性是不同的，即表面点和深层标点的沉降规律不同。例如，在土石坝施工过程中随坝体升高埋设若干分层沉降标点，则各标点同一时刻的累计沉降量沿高程分布大体上呈一组抛物线（图1.1），即靠近坝顶和坝基部位的沉降量小，而约在坝高的一半处的沉降量最大。靠近坝基沉降量小是因为可压缩层的厚度小，靠近坝顶沉降量小是因为上覆荷重小，而其下部的沉降在埋设该沉降标点以前已大部完成。因此，大约在坝高的一半处，可压缩土层的厚度和上覆荷重能使沉降量达到最大的组合[2]。

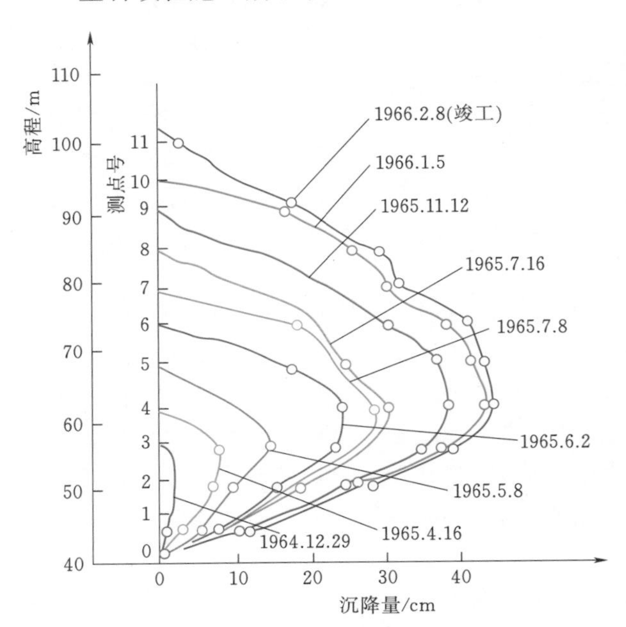

图1.1 浙江横山坝施工期沉降量沿高程分布

竣工后的累计沉降量自坝顶起沿高程大体上呈线性递减分布（图1.2）。一般情况下沉降的大小与填土厚度成正比，在坝体填土高度相同处的上游坝坡其沉降往往比下游坝坡的要大，这是由于上游坝壳浸水湿陷使沉降增大所致。施工期沉降量和竣工后沉降量的累加为总沉降量（图1.2），施工期沉降量在总沉降量（竣工后6年已趋稳定）中占很大比例。

### 1.1.2 土石坝的水平位移变形分布规律

土石坝的水平位移是由横向（沿河流方向）和纵向（沿坝轴线方向）两个水平位移分量组成。横向水平位移由库水荷载和坝体自重造成，库水荷载使坝体产生的主要是向下游的水平位移；坝体自重使坝体在竖直向压缩而导致水平的侧向膨胀，使上、下游坝坡分别向上、下游方向产生水平位移，这些大部分在施工期内完成；纵向水平位移发生在陡峻岸坡上的坝体，方向指向河谷中心。

坝体横向水平位移除受横断面分区材料性质和坝体自重荷载等条件外，还受蓄水压力及湿化作用的强烈影响。一般来说，低高程位置上、下游坝面附近的横向位移均分别指向上游或下游，坝顶附近的横向水平位移受到水库涨落的影响很大，有的坝在初次蓄水即因上游坝壳较大湿陷而使坝顶倒向上游；一般情况是随库水位的升或降，坝顶横向水平位移朝向下游或上游位移。因此，坝体横向水平位移的主要因素是库水位的升降。

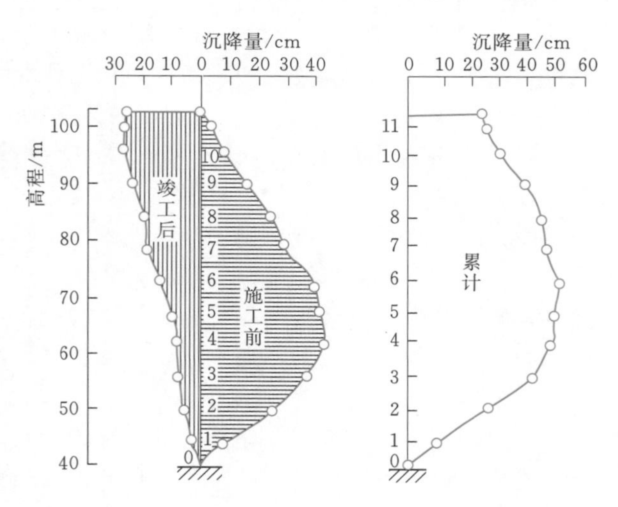


图 1.2 横山坝的总沉降量

土石坝的纵向水平位移是指平行于坝轴线，从河谷两岸朝向河谷中心的位移。岸坡越陡，坝体（含坝顶）的纵向水平位移越大。坝体内部的纵向水平位移和横向水平位移一样，大部分在施工期内完成，沿高程也呈抛物线分布，一般仍以坝高中部附近为最大，但纵向位移最大处会随岸坡变陡而向坝基下移。坝体上部的纵向水平位移主要发生在大坝竣工后，也和沉降或横向水平位移一样，以坝顶为最大，向坝体内部逐步减小。土石坝的纵向水平位移是造成坝体发生贯通上下游的横向裂缝的主要原因。图 1.3 为坝体横向和纵向水平位移示意图。

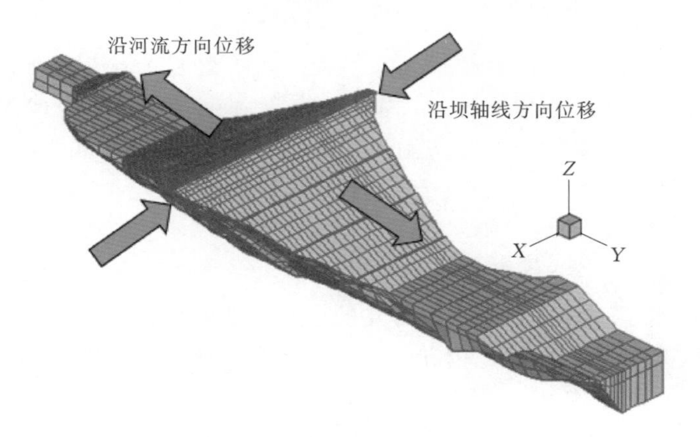


图 1.3 坝体横向和纵向水平位移示意图

尽管目前土石坝的密实度和变形模量较早期土石坝有了很大提高，但变形控制仍然是主要问题，尤其是对高土石坝的变形要求更高，因此变形控制成为高土石坝设计和施工中的核心问题。

### 1.1.3 土石坝变形的研究方法

土石坝的变形是压缩变形和排水固结共同作用产生的。20 世纪 60 年代末，Sandhu

和 Wilson 首先采用有限元进行比奥固结方程的求解，给工程应用比奥固结理论提供了有效可行的方法[3]。1967 年，Clough 和 Woodward 首先将有限单元法用于土石坝变形计算[4]，并且模拟了施工逐级加荷的过程，开创了有限单元法分析土石坝应力变形的先河。以后，有限元在土石坝的变形计算中应用越来越广泛，成为土石坝变形分析的主要手段。

然而，土石材料是一种典型的非线性弹性材料，在开始的有限元分析中将土石材料作为线性弹性材料，其分析结果和实际相差很大，不能满足工程要求。鉴于此，20 世纪 60 年代后，国内外大批学者借助先进的土工试验设备对土石材料的应力和变形特性进行了广泛深入的研究，在试验成果和理论分析的基础上，提出了各种反映土石材料应力和变形关系的本构模型。1963 年，K. H. Roscoe 和 A. N. Schofield 等将经典的金属塑性理论推广到土体本构关系的研究，并建立了剑桥弹塑性模型，开创了现代土体本构模型的研究，它标志着土体塑性力学发展的新阶段。目前，已经提出的土体本构模型不下数十种，通常分为两大类，即非线性弹性模型和弹塑性模型。而坝体的变形研究主要分为瞬时变形、湿化变形和流变变形的研究。

#### 1.1.3.1 瞬时变形

土的非线性弹性模型一般采用增量线性假定，将土的变形模量作为变量，一般假定他们是瞬时应力状态量的函数。由于在建立土的应力应变关系时所做的假定和所依据的试验不同，出现了不同类型的非线性弹性模型，其中以变模量的弹性模型最为普遍。这类模型以其概念清楚、能基本反映土体变形的一些主要特点且实用简便而受到工程界的欢迎。

1970 年，Duncan 和 Chang 提出 $E-\mu$ 非线性弹性模型，成为最具代表性的土体非线性弹性模型，后来又发展为 E－B 模型，在工程问题的数值分析中得到广泛应用[5-6]。

1975 年，Domaschuk 提出了 K－G 模型，将应力和应变分解为球张量和偏张量两部分。K－G 模型便于估计球应力与偏应力各自对球应变和偏应变的贡献，且在建立加载、卸载准则上比 E－B 模型方便，因而受到人们的重视；但是这种模型在求参数时需要用到难度较大的非常规试验，增加了应用的困难[7]。

1978 年，Naylor 为了能在变弹性模型的框架内考虑应力和应变的球张量与偏张量之间的耦合作用，提出了一种具有双参数形式的应力应变函数关系的耦合 K－G 模型。但是该模型所建议的求取参数的方法比较麻烦，同时还要做比较复杂的试验，因而实际应用相当困难[8-9]。

1993 年，高莲士等提出的清华非线性解耦 K－G 模型，建立的应力应变刚度矩阵与通常的非线性 K－G 模型在形式上并无差别，但它所给出的耦合切线模量包含了应力状态、应力路径和应力增长方向对应变增量的影响，因此可以在宏观上反映土体的剪缩性和应力引起的各向异性等变形性质[10-14]。

土体弹塑性本构模型是根据土的塑性增量理论建立的，它是传统的塑性理论的推广。在这种理论中，将总应变增量分成弹性应变增量和塑性应变增量两部分，其中弹性应变增量由广义虎克定律确定，塑性应变增量的确定则依据塑性理论，一般包括三个方面的假定，即屈服条件、硬化规律和流动法则；如果对屈服函数、硬化规律和塑性势函数所作假定的具体型式不同，就会出现各种不同的弹塑性模型。

1968年，Roscoe等提出的剑桥模型建立在正常固结黏土和弱超固结土的试验基础上，最初假定屈服面的形式为弹头形，后来又改为椭圆形[15]。剑桥模型对土的压硬性和剪缩性都能有所反映，而且模型提出较早，发展得也比较完善，因此在弹塑性模型研究中很有影响。然而人们逐渐认识到，只有一个屈服面的模型在反映土体的复杂变形特性上有明显的局限性，因此后来在土的弹塑性模型研究中更多的是采用两个屈服面的假定。

1977年，Lade在对砂土所做真三轴试验基础上，建议过一种具有锥形屈服面的弹塑性模型，后来又将其发展为一种具有双重屈服面的弹塑性模型，屈服方程中包含了三个应力不变量[16]。该模型在适应应力路径上有所改善，而且能够反映应力洛德角对材料屈服的影响，理论上比较全面，受到土工界的重视，但模型参数相对较多，也不容易确定，且弹塑性矩阵不对称，又增加了计算的难度。

1990年，沈珠江提出了一种新的弹塑性模型。该模型采用双重屈服面，并用正交流动法则推导了应力-应变关系，模型中有关的塑性系数，像邓肯E-B模型那样，从拟合试验应力应变曲线得出[17]。该模型可以改善剑桥模型对围压降低情况下不甚适应的特点，已广泛应用于土石坝工程的有限元计算中。

#### 1.1.3.2 湿化变形

工程经验表明，除了施工和蓄水期的加载变形之外，坝体的湿化变形和流变变形也是土石坝变形的重要组成部分。

水库蓄水过程中，随着库水位的逐步升高，库水逐渐向坝体入渗，坝体土料由于颗粒之间被水润滑、颗粒矿物发生浸水软化，从而使颗粒发生相互滑移、破碎和重新排列，在宏观上表现为发生类似黄土湿陷的湿化变形[18]。

国外学者在20世纪70年代初便研究土石坝湿化变形的计算方法。我国在“七五”科技攻关中，根据小浪底工程的需要，对坝壳料的湿化进行了深入系统的研究。研究表明，坝壳料的矿物成分、颗粒性状对湿化变形影响较大。砂卵石具有较小的湿化变形；干密度越高，坝壳料的湿化变形越小；湿化体积应变一般随着周围压力的增加而增加[19]。经过多年的研究，现已提出多种湿化变形计算模型与方法。

1972年，Nobari和Duncan采用非线性有限元对Orovile土坝进行计算时首次考虑了湿化变形的影响，湿化变形采用全量初应力法进行计算[20]。

1990年，李广信假定干湿堆石料屈服面形状和硬化参数表现形式相同，利用湿化应变正交于屈服面的性质确定湿化应变分量间的比例关系，从而提出一种湿化模型[21]。

1989年，左元明和沈珠江在堆石料单线法湿化试验的基础上，建议了湿化体积应变和剪切应变的计算公式。具体计算时，将湿化应变作为初应变引入有限元计算中[22]。在此基础上，1999年，李国英等进行黑河水库心墙坝应力应变计算时，考虑了围压对湿化体积应变的影响，对沈珠江提出的湿化模型进行了改进[23]。2005年，李全明等提出了另一种考虑围压的湿化体积应变的计算方法，提出了另一种改进模型[24]。

#### 1.1.3.3 流变变形

流变是土石坝变形的另一个重要特性。据已建工程的原型观测资料统计，竣工后的坝顶沉降量一般占坝高的0.1%左右，其中很大一部分沉降是由土石材料流变产生的。这种流变性会给心墙带来很大变形，是不容忽视的。研究表明，土的流变性质首先与土的结构有关，无论砂土还是黏土都具有一定程度的流变性质。土的流变性质还与应力大小和温度有关。

国外学者一般根据土的流变理论，利用流变模型从宏观上模拟土骨架体结构，解释土的流变现象，并建立起土骨架与时间有关的应力应变关系的数学表达式。所采用的基本流变元件有虎克弹簧、牛顿黏壶及圣维南刚塑体三种。以上三种基本元件按不同方式加以组合，得到各种不同的组合流变模型，可分别用来解释各种流变现象。国外学者为了不同需要，建立的流变模型很多。例如，由圣维南刚塑体和牛顿黏壶并联组成的宾哈姆（Bingham）模型，由虎克弹簧和圣维南刚塑体串联而成的弹塑体模型，由虎克弹簧和牛顿黏壶串联而成的马克斯威尔（Maxwell）模型，由虎克弹簧和牛顿黏壶并联而成的伏埃脱（Voigt）模型，由虎克弹簧和伏埃脱体串联而成的麦钦特（Merchant）模型，由马克斯威尔体和伏埃脱体串联而成的薛夫曼（Schiffman）模型等。为了更好地描述土体的变形特征和使模型具有较广泛的适用性，还可用大量元件组成广义模型[25]。

国内学者一般根据土体流变试验揭示的流变特性采用经验模型，与由流变理论所得到的本构模型相比，相对缺乏理论性，反映的只是流变的外部表现，无法对流变的内部特性及机理进行分析，但其优点是直观明了，使用方便。目前使用较多的是采用基于应力应变速率的经验函数型流变模型。

1991年，沈珠江选用指数型衰减函数来模拟常应力下的 $\varepsilon-t$ 衰减曲线，建议了一个简单的三参数流变模型[26]。2000年，王勇结合殷宗泽双屈服面模型，通过在硬化规律中考虑时间因素，提出一个双曲函数型的流变模型[27]。2003年，李国英等结合公伯峡面板堆石坝堆石料流变试验结果，考虑到围压和剪应力对堆石体颗粒破碎的影响，对沈珠江流变模型进行了改进，提出了一个六参数的流变模型[28]。2008年，邓刚等根据已建面板堆石坝的竣工后沉降变形规律和室内大型三轴流变试验结果提出了堆石体长期变形流变模型，对建设在狭窄河谷中的九甸峡混凝土面板堆石坝进行了三维应力变形分析，考察了三维效应堆石体流变等因素对大坝长期应力变形特性的影响[29]。

## 1.2 土石坝变形计算方法

目前，有限元计算方法作为模拟土石坝变形的主要方法，得到了大多数人的认可。本书主要基于有限差分方法的FLAC 3D软件，在该软件的基础上进行了二次开发，对土石坝的动态施工进行了数值模拟计算。

### 1.2.1 FLAC 3D简介及基本原理

FLAC(Fast Lagrangian Analysis for Continuum) 3D是由美国ITASCA国际咨询与软件开发公司在FLAC基础上开发的三维数值分析软件。它是面向土木工程、交通、水利、石油、采矿工程及环境工程的通用软件系统，可对岩石、土和支护结构等建立高级三维模型，进行复杂的岩土工程数值分析与设计[30-31]。

FLAC 3D是一个利用有限差分方法为岩土工程提供精确有效分析的工具，它可以解决诸多有限元程序难以模拟的复杂工程问题，例如分步开挖、大变形、大应变、非线性及非稳定系统（甚至大面积屈服/失稳或完全塌方）。它结合了有限元和离散元的优点，既考虑了单元本身的变形，同时采用时步迭代，能够反映大变形并可以考虑不连续面的作用，还可以计算坝坡变化的全过程。

FLAC 3D在求解时使用了三种数值计算方法：①空间离散技术，连续介质被离散为若干互相连接的六面体单元（及其退化单元），作用力均被集中在节点上；②有限差分技术，变量关于空间和时间的一阶导数均采用有限差分来近似；③动态松弛技术，用质点运动方程求解，通过阻尼使系统衰减至平衡状态。通过这三种方法，把连续介质的运动方程转化为在离散单元节点上的离散形式的牛顿第二定律，从而这些差分方程可用显式的有限差分技术来求解。

FLAC 3D基于显式差分法来求解运动方程和动力方程。首先将计算区域离散化，将整个分析区域离散为四面体、三棱柱和六面体等单元，单元之间由节点联结，节点受荷载作用后，其运动方程可以写成时间步长为$\Delta t$的有限差分形式。在某一微小的时段内，作用于该节点的荷载只对周围若干节点有影响。根据单元节点的速度变化和时段$\Delta t$，可求出单元之间的相对位移，进而求出单元的应变，利用材料的本构关系即可求出单元应力。随着时段的增长，这一过程将扩展到整个计算区域。在此基础上，求出单元之间的不平衡力，将不平衡力重新作用到节点上，再进行下一步的迭代过程，直到不平衡力足够小为止（一般为$10^{-5}$）。FLAC 3D程序采用最大不平衡力来描述计算的收敛过程：如果单元的最大不平衡力随着时步的增加而逐渐趋于极小值，则计算是稳定的，否则计算就是不稳定的。

FLAC 3D程序的基本原理与离散元相似，但它像有限元那样适用于那些包含多种材料模型以及复杂边界条件的连续介质问题的求解，在显式时间差分求解中，所有的矢量参数（力、速度和位移）都储存在网格节点上，所有的标量及张量（应力及材料特性）储存在单元中心位置。

### 1.2.2 FLAC 3D本构模型的二次开发

FLAC 3D中的本构模型二次开发，要采用C++语言编写，并生成动态链接库文件（.DLL文件），通过调用动态链接库实现本构模型的调用[30]。对于FLAC 3D软件本身，不同的版本是在不同的Visual Studio平台上开发的，因此本构模型的二次开发也尽量要与FLAC 3D自身的开发平台相一致。FLAC 3D 3.0以前的版本基本都是在Visual Studio 6.0版本上开发的。从版本3.0开始，开发平台转为Visual Studio 2003，因此，笔者也采用Visual Studio 2003作为开发平台。目前FLAC 3D已经发展到了6.0版本，各项计算模块基本已发展完善。笔者最初在3.0版本基础上的二次开发目前已升级换代至6.0版本。

在FLAC 3D中，各本构模型的主要功能是根据应力状态计算出应变增量的函数。辅助功能包括提供模型名称、版本等基本信息及完成读写等基本操作。模型文件的编写主要包括五部分的内容：①基类（ClassConstitutiveModel）的描述；②成员函数的描述；③模型的注册；④模型与 FLAC 3D 之间的信息交换；⑤模型状态指示器的描述。由于 FLAC 3D 自带的本构模型和用户自己编写的本构模型继承的都是同一个基类，因此用户自定义的本构模型和软件自带的本构模型的执行效率处在同一水平[32-33]。

图 1.4 给出了 FLAC 3D 中开发 Duncan - Chang 本构模型的程序流程。可以看出，程序主体是重载 UserDuncan 类的 Run( ) 成员函数。

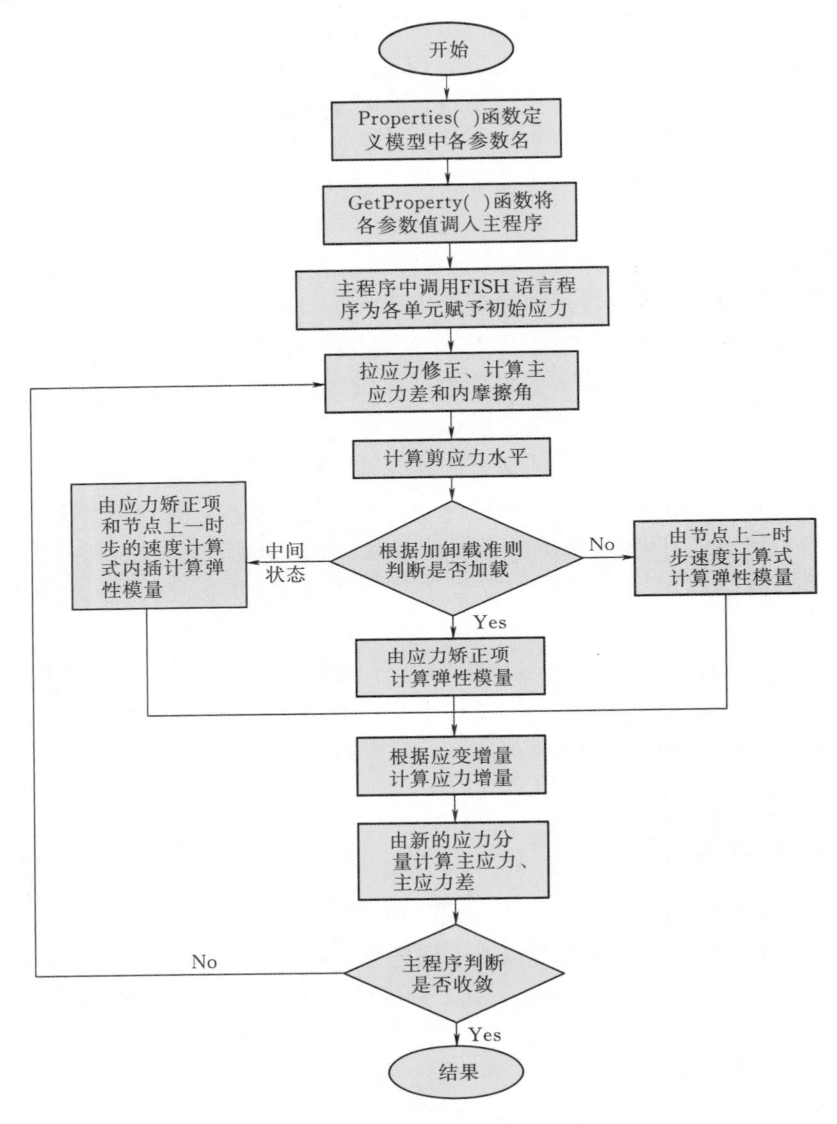


图 1.4　Duncan - Chang 本构模型程序流程图

FLAC 3D 二次开发环境提供了开放的用户接口，软件提供了自带所有本构模型的源代码，可以方便地进行本构模型的修改与开发。FLAC 3D 的本构模型开发工作主要是修改头文件（.H 文件）和程序文件（.CPP 文件）。在头文件中进行新的本构模型派生类的声明，修改模型的 ID、名称和版本，修改派生类的私有成员，包括模型的基本参数及程序执行过程中主要的中间变量。下面对模型开发中的头文件和程序文件所做的修改进行描述。

在 userduncan. h 文件（头文件）中设置了程序中所需要的私有变量，主要是 Duncan - Chang 模型参数，包括：dK，dKu，dKb，dN，dM，dRf，dFai0，dDifric，dCohesion。这些模型参数名也是在 FLAC 3D 中使用该模式时对模型赋予各参数值的变量名。

对于 . CPP 文件（程序文件）所做的修改主要有：

（1）修改模型结构（UserDuncanModel：：UserDuncanModel（bool bRegister）：ConstitotiveModel）的定义。这是一个空函数，主要功能是给头文件中定义的所有私有成员赋初值，一般均赋值为 0.0。

（2）修改 UserDuncanModel：：Properties（ ）函数。该函数包含了给定模型参数的名称字符串，在 FLAC 3D 的计算命令中需要用到这些字符串进行模型参数赋值，有 “dK” “dKu” “dKb” “dN” “dM” “dRf” “dFai0” “dDifric” “dCohesion”。

（3）UserDuncanModel：：states（ ）函数是单元在计算过程中的状态指示器，可以根据需要修改指示器的内容。因为 Duncan - Chang 模型是非线性弹性模型，不存在屈服面以及屈服状态，所以将此函数设置为空函数，即没有内容。

（4）按照派生类中定义的模型参数变量修改。UserDuncanModel：：GetProperty（ ）和 UserDuncanModel：：setProperty（ ）函数，这两个函数共同完成模型参数的赋值功能。

（5）UserDuncanModel：：Initiallz（ ）函数在执行 CYCLE 命令或大应变模式下对每个模型单元（zone）调用一次，主要执行参数和状态指示器的初始化，并对派生类声明中定义的私有变量进行赋值。Duncan - Chang 模型中主要对应力进行修正以及对弹性剪切模量和弹性体积模量进行赋值。

（6）UserDuncanModel：：Run（ ）是整个模型编制过程中最主要的函数，它对每一个子单元（sub - zone）在每次循环时均进行调用，由应变增量计算得到应力增量，从而获得新的应力。

（7）修改 UserDuncanModel：：SaveRestore（ ）中的变量，修改方法同（1）和（4），该函数的主要功能是对计算结果进行保存。

（8）程序调试有两种方法：①在 VC＋＋的工程设置中将 FLAC 3D 软件中的 exe 文件路径加入到程序的调试范围中，在程序文件中设置断点，进行调试；②在程序文件中加入 return（ ）语句，可以将希望得到的变量值以错误提示的形式在 FLAC 3D 窗口中得到。

### 1.2.3 比奥固结理论[34]及其在土石坝数值分析中的应用

心墙堆石坝的变形，是一个伴随着坝身土体的固结而逐渐增长的过程，因此，心墙堆石坝的变形计算问题，归根结底是固结方程的求解问题。1924 年，太沙基（Terzaghi）提出基于有效应力原理的饱和土体的一维固结理论，它成功地反映了土体中荷载-变形-时间的关系，反映了土体应力变形的本质，是土力学中标志性的理论。但是太沙基固结理论只在一维情况下是精确的。1941 年，比奥（Biot）从比较严格的固结机理出发推导了准确反映孔隙压力消散与土骨架变形相互关系的三维固结方程[34]。胡亚元基于土颗粒和流体体积压缩的Biot固结方程出发，得到了简化的比奥固结方程的势函数通解和齐次简化比奥固结方程的势函数通解，进而获得比奥固结方程和简化比奥固结方程的位移、应变和应力的势函数通解表达式[35]。然而该方程的求解复杂，存在数学手段上的困难。

近二十年来，随着数值方法和计算机的发展，大大加强了人们解决问题的能力，使该方程的求解成为可能。比奥固结方程就可以用有限差分方法求解，其在处理非均质材料、非线性应力应变关系以及复杂的边界条件方面适应性较强，因而得到了广泛的应用。

涉及描述流体在孔隙介质中运动的方程包含孔隙水压力、饱和度、排出水量这三个方向分量。这些变量涉及流体质量平衡方程、流体运动的达西（Darcy）定律以及力学本构关系。

假设体积应变已知，将质量平衡方程代入流体连续方程，运用达西定律，根据特定的几何模型、材料参数、边界条件以及初始条件求解出孔隙水压力和饱和度。

#### 1.2.3.1 差分格式的控制方程

（1）流体运动方程：

$$q_i = -k_{ij}\hat{k}(S)(P - \rho_f g_j x_j) \tag{1.1}$$

式中：$q_i$ 为渗透流量；$k_{ij}$ 为介质的绝对机动系数（FLAC 3D中代表渗透张量）；$P$ 为孔隙压力；$\hat{k}(S)$ 为介质关于饱和度 $S$ 的相对流体可动性，$\hat{k}(S)=S^2(3-2S)$；$\rho_f$ 为流体密度；$g_j(j=1,2,3)$ 为重力的3个分量。

对于小变形，流体平衡方程为

$$-q_{i,i} + q_V = \frac{\partial \zeta}{\partial t} \tag{1.2}$$

式中：$\zeta$ 为孔隙介质中由于流体运动引起的流体单位体积的变化量；$q_V$ 为流体体积的源密度[36]。在FLAC 3D的中，不论是饱和还是非饱和条件，孔隙气压力均假设为定值0[30]。

（2）运动平衡方程（动量平衡方程）：

$$\sigma_{ij,j} + \rho g_i = \rho \frac{\mathrm{d}v_i}{\mathrm{d}t} \tag{1.3}$$

其中

$$\rho = (1-n)\rho_s + nS\rho_w \tag{1.4}$$

或

$$\rho = \rho_d + nS\rho_w \tag{1.5}$$

式中：$\rho_s$ 为土中固体颗粒密度；$\rho_w$ 为水的密度；$\rho_d$ 为土的干密度。

（3）流体的本构方程：

$$\frac{1}{M}\frac{\partial P}{\partial t} + \frac{n}{S}\frac{\partial S}{\partial t} = \frac{1}{S}\frac{\partial \zeta}{\partial t} - \alpha\frac{\partial \varepsilon}{\partial t} \tag{1.6}$$

式中：$P$ 为孔隙压力；$S$ 为饱和度；$\varepsilon$ 为体积应变；$M$ 为Biot模量；$\alpha$ 为Biot系数；$n$ 为孔隙率。

在FLAC 3D的公式中，毛细水压力被忽略，即在非饱和条件下孔隙水压力等于孔隙气压力，并且在非饱和区域孔隙气压力为0。相对流体可动性 $\hat{k}(S)$ 是一个跟饱和度有关的值，当饱和度为0时，该值为0，当饱和度为1时，该值为1。

在非饱和区域，流体的流动只受重力控制，而重力的影响不需要饱和的初始干的介质，重力驱使非饱和的过程。在这种情况，当饱和度接近0时，渗透系数 $k(S)$ 基本接近于0。

（4）孔隙介质的本构方程：

$$\sigma_{ij} + \alpha \frac{\partial P}{\partial t}\delta_{ij} = H(\sigma_{ij}, \xi_{ij}) \tag{1.7}$$

式中：$\sigma_{ij}$ 为共同旋转应力率（co－rotational stress rate）；$H$ 为应力、应变的函数；$\delta_{ij}$ 为 Kronecher 矩阵；$\xi_{ij}$ 为应变率。

小应变状态下，弹性应力应变关系为

$$\sigma_{ij} - \sigma_{ij}^{O} + \alpha(P - P^{O})\delta_{ij} = 2G\varepsilon_{ij} + \left(K - \frac{2}{3}G\right)\varepsilon_{kk} \tag{1.8}$$

其中带有上角标$^{O}$ 代表初始状态；$\varepsilon_{ij}$ 为应变；$K$ 和 $G$ 分别为排水弹性介质的体积和剪切模量。

（5）协调方程：

$$\xi_{ij} = \frac{1}{2}(v_{i,j} + v_{j,i}) \tag{1.9}$$

（6）边界条件：

$$q_{n} = h(p - p_{e}) \tag{1.10}$$

式中：$q_{n}$ 为边界的外垂线方向的排水流量；$h$ 为漏损系数（leakage coefficient），$m^3/(N \cdot s)$；$p$ 为边界的孔隙水压力；$p_{e}$ 为渗漏发生位置的孔隙水压力。

把流体平衡方程式（1.2）代入流体本构方程式（1.6）得到连续性方程：

$$\frac{1}{M}\frac{\partial P}{\partial t} + \frac{n}{S}\frac{\partial S}{\partial t} = \frac{1}{S}(-q_{i,i} + q_{V}) - \alpha\frac{\partial \varepsilon}{\partial t} \tag{1.11}$$

在 FLAC 3D 的数值方法中，渗流区域被离散为8节点的六面体单元。孔压值和饱和度值都假设为节点变量。六面体单元又被分为若干个四面体单元，在每个四面体单元内，孔压和饱和度均呈线性变化。在 FLAC 3D 的饱和渗流计算中，假设土介质时刻都保持饱和状态。

#### 1.2.3.2 有限差分格式的空间离散

按照惯例，对于四面体单元按照1～4的顺序对4个节点进行编号，面的编号与该面相对的点编号相同，下角标（f）代表该值与面相关。

在四面体单元中，孔压变化假设为线性变化，流体密度假设为常量。压力水头梯度应用高斯发散量理论，以孔压的节点值的方式表示：

$$(p - \rho_{f}x_{i}g_{i}),\ j = -\frac{1}{3V}\sum_{l=1}^{4}(p^{l} - \rho_{f}x_{i}^{l}g_{i})n_{j}^{(l)}S^{(l)} \tag{1.12}$$

式中：$n^{(l)}$ 为面 $l$ 外法线方向的单位矢量；$S$ 为面的面积；$V$ 为四面体的体积。

为了数值计算的准确性，用 $x_{i} - x_{i}^{l}$ 代替公式（1.12）中的 $x_{i}$，其中 $x_{i}^{l}$ 相当于四面体

其中一个节点的坐标，式（1.12）转换为

$$(p-\rho_{f}x_{i}g_{i}),\ j=-\frac{1}{3V}\sum_{l=1}^{4}p^{*l}n_{j}^{(l)}S^{(l)} \tag{1.13}$$

$$p^{*l}=p^{l}-\rho_{f}(x_{i}^{l}-x_{i}^{1})g_{i} \tag{1.14}$$

#### 1.2.3.3 节点的质量平衡方程

对于饱和渗流（即饱和度 $S$ 等于 1），流体连续性方程（1.12）可以写成：

$$q_{i,i}+b^{*}=0 \tag{1.15}$$

其中

$$b^{*}=\frac{S}{M}\frac{\partial p}{\partial t}-q_{V}^{*} \tag{1.16}$$

$b^{*}$ 相当于瞬时体积力在力学节点公式计算中使用的 $\rho b_{i}$，并且

$$q_{V}^{*}=q_{V}-\alpha\frac{\partial\varepsilon}{\partial t}+\beta\frac{\partial T}{\partial t} \tag{1.17}$$

对于一个四面体单元，用此方法推导出节点的流量 $Q_{e}^{n}(m^{3}/s)$，$n=1$，2，3，4，等同于整个四面体的流量。体积资源强度 $b^{*}$ 可以表示为

$$Q_{e}^{n}=Q_{t}^{n}-\frac{q_{V}^{*}V}{4}+m^{n}\frac{dp^{n}}{dt} \tag{1.18}$$

其中

$$Q_{t}^{n}=\frac{q_{i}n_{i}^{(n)}S^{(n)}}{3} \tag{1.19}$$

并且

$$m^{n}=\frac{V}{4M^{n}} \tag{1.20}$$

理论上，质量平衡方程的节点形式的建立原则是：对于全局每个节点，节点从四面体排出流量的总和（$-Q_{e}^{n}$）与边界排出流量总和（$Q_{w}^{n}$）相加等于 0。

一个四面体单元的排出水体积的矢量［式（1.19）］与水头梯度相关。因此，水头梯度可以以四面体节点孔压的方式来表达［式（1.13）］。

为了节省计算时间，把单元局部矩阵组装成全局矩阵：

$$Q_{z}^{n}=M_{nj}p^{*j} \tag{1.21}$$

式中：$[Q_{z}]$ 代表一个六面体单元 8 个节点的流量值，则 $Q_{z}^{n}$ 代表全局所有单元的流量总和；$\{p^{*}\}$ 代表一个六面体单元 8 个节点的孔压值，则 $p^{*j}$ 代表全局所有节点的孔压值；$[M]$ 代表一个单元中孔压与流量的关系，则 $M_{nj}$ 代表全局所有单元的孔压与流量关系。

#### 1.2.3.4 稳定渗流场求解验证

FLAC 3D 在固结方面的求解功能以及其准确性在文献[30]中已有比较详尽的证明。本书通过算例对 FLAC 3D 在求解稳定渗流场的功能加以验证。图 1.5 为一个坝高 295m 的心墙土石坝三维模型。模型共由 2748 个单元、3792 个节点组成，坝底高程 2583m，坝顶高程 2873m。

模型的底边界为不透水边界，上下游坝面均为透水边界，上游水位为正常蓄水位 2865m，下游水位为 2618m，蓄水过程采用一次性蓄水到正常蓄水位模拟，模型的材料参数参照表 1.1。

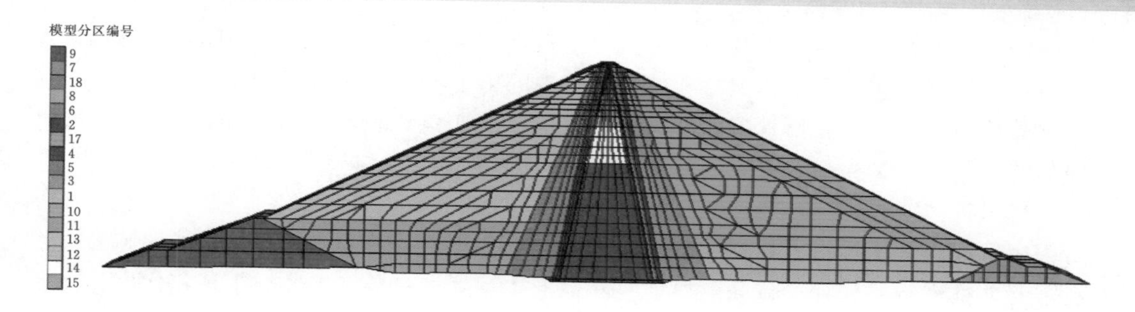


图 1.5 算例网格模型及材料分区

表 1.1 算例中各分区所采用参数

| 模型中的编号 | 1 | 2 | 3 | 4 | 5 | 6 | 7 | 8 | 9 |
|---|---|---|---|---|---|---|---|---|---|
| 模型分区 | 堆石 1 | 反滤 2 | 下游过渡 | 心墙 A 区 | 反滤 1 | 上游过渡 | 下游围堰 | 堆石 2 | 上游围堰 |
| 渗透系数/(cm/s) | $3\times10^{-1}$ | $5\times10^{-3}$ | $3\times10^{-2}$ | $5\times10^{-6}$ | $5\times10^{-3}$ | $3\times10^{-2}$ | $3\times10^{-1}$ | $3\times10^{-1}$ | $3\times10^{-1}$ |
| 孔隙率 | 0.22 | 0.17 | 0.23 | 0.25 | 0.19 | 0.23 | 0.22 | 0.22 | 0.22 |
| 模型中的编号 | 10 | 11 | 12 | 13 | 14 | 15 | 16 | 17 | 18 |
| 模型分区 | 堆石 3 | 堆石 1 | 堆石 1 | 堆石 1 | 心墙 B 区 | 心墙 C 区 | 坝顶混凝土 | 接触黏土 | 混凝土垫层 |
| 渗透系数/(cm/s) | $3\times10^{-1}$ | $3\times10^{-1}$ | $3\times10^{-1}$ | $3\times10^{-1}$ | $5\times10^{-6}$ | $5\times10^{-6}$ | $5\times10^{-6}$ | $5\times10^{-6}$ | $5\times10^{-6}$ |
| 孔隙率 | 0.22 | 0.22 | 0.22 | 0.22 | 0.25 | 0.28 | 0.28 | 0.25 | 0.28 |

坝体达到稳定渗流状态时的坝内孔隙水压力分布见图 1.6。在上游的坝壳区、过渡区及反滤区，孔隙水压力等于上游库水的静水压力，浸润线没有明显降低；在心墙区，孔隙水压力和浸润线都明显降低；在下游的反滤、过渡区和坝壳区，孔隙水压力等于下游的静水压力。浸润线形态基本呈现心墙上游水平、心墙下降明显、心墙下游水平的状态，符合心墙坝稳定渗流场的一般规律。

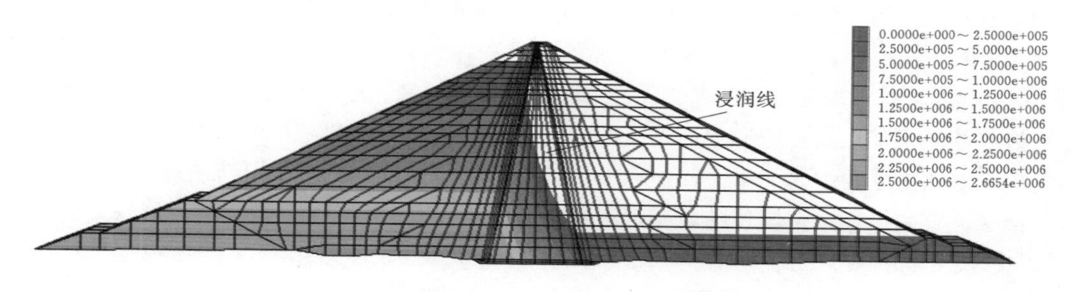


图 1.6 达到稳定渗流状态时的坝内孔隙水压力分布（单位：Pa）

### 1.2.4 填筑施工模拟方法

高心墙土石坝坝体一般都很庞大，工程量巨大，填筑方量达到 $10^7 m^3$ 量级。填筑如此大方量的土石，往往需要较长的时间，施工期经常是几年。由于土石坝填筑施工跨越时间长，施工期填筑材料、施工机械、天气、气候、水文等条件都可能发生很大的变化，很难保证完全按照施工设计进度进行填筑，土石坝的填筑过程以及填筑次序都会做一些调整。竣工时，土石坝的变形以及应力分布与土石坝的填筑过程是密切相关的，若想准确预测土石坝的变形及应力分布，就必须使数值模拟的施工填筑过程与实际过程尽量一致。这就要求数值模拟的网格需要具备精度高、足以适应填筑过程调整并且填筑次序布置灵活、方便的特点。

#### 1.2.4.1 以往填筑施工模拟方法的局限性

采用有限元方法模拟土石坝的施工过程，其中一项很重要的工作就是要按照施工过程对有限元网格进行前处理。首先要根据实际地形、坝体材料分区以及施工填筑次序建立有限元网格，然后根据填筑次序对有限元单元由小到大依次编号。为保证刚度矩阵的半带宽尽量小，在进行有限元网格划分时还应注意保证每个单元节点编号的最大、最小值之差尽量小。在有限元计算过程中，根据单元号控制土石坝的施工过程。

目前，使用自编有限元程序研究土石坝应力应变特性，往往会遇到以下难点：①有限元计算网格受到单元、节点编号的严格限制以及地形条件、坝体分区、施工次序等多个条件的制约，很难实现完全自动化的有限元网格剖分，因此有限元前处理基本处于半程序化、半人工的工作状态，耗费的工作时间长且工作效率较低；②有限元网格前处理的工作量限制以及某些程序计算能力的限制，使得高精度的数值模拟不易实现；③计算网格是按照设计的施工填筑次序划分的，当遇到调整填筑过程及次序的情况时，需要对计算网格重新划分或者对单元编号进行调整，这就限制了有限元方法对施工过程进行实时分析，降低了该方法对土石坝施工的指导性。

#### 1.2.4.2 基于FISH语言的填筑控制程序开发

由于FLAC 3D不需人为对节点和单元进行编号以及FLAC方法在计算求解方面的优势[30]，不仅减少了使用者在网格前处理工作中的工作量，而且使得高精度的数值模拟分析成为可能。在FLAC程序中，模拟填筑过程不受单元编号次序的限制，这就使得调整填筑过程、次序成为可能，也使得随土石坝填筑过程实时进行的土石坝应力应变分析成为可能，这将大大加强数值模拟方法对土石坝施工的指导作用。

FISH语言是内置于FLAC程序内部的辅助程序编译语言，其变量定义及语法类似于Fortran语言。本书采用FISH语言开发了填筑位置的控制程序，其基本原理为：以空间的8个点控制欲填筑部位的几何形状；对模型中所有单元进行位置判断，单元形心在填筑范围之内的单元即认为是要填筑的单元；边界衔接部位单元位置判断，对处于新填筑区域与已填筑区域接触位置的少量未被填筑的单元进行补填。图1.7为FISH填筑程序的控制示意图。

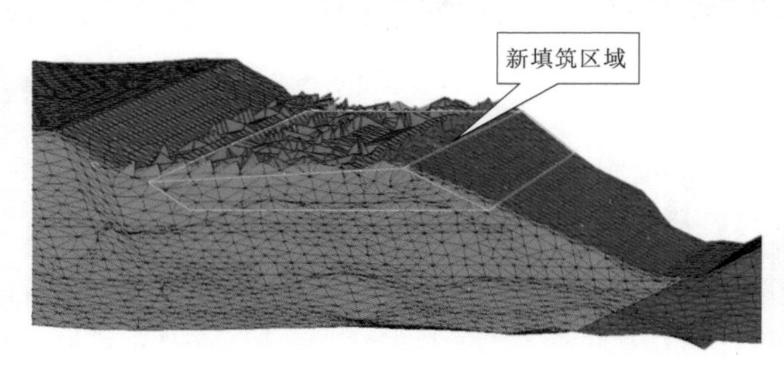


图1.7 FISH填筑程序控制示意图

# 1.3 土石坝动态数值模拟方法

## 1.3.1 坝体填筑过程模拟研究现状

计算机仿真技术应用于水电工程施工近30年，在土石坝领域的应用与发展日益广泛。其应用范围从辅助施工组织设计发展到三维动态显示，应用目标从静态的方案优选发展到动态的实时控制等。从最初把仿真成果仅仅作为一种决策参考，逐渐发展成土石坝工程规划、设计和施工管理中不可缺少的技术手段。目前，随着土石坝坝高的增加，数值仿真技术在坝体填筑过程中的应用越来越多，为设计方案的及时调整起到了重要作用。

由于土石坝在施工过程中存在很强的随机性和不确定性，并且随着坝高的不断突破，水利工程在设计和施工过程中出现了很多技术难题，由此带来的工程安全问题也尤为突出。据统计，在我国241座大型水库曾发生的1000多次事故中，由于大坝施工质量缺陷而引起的事故占25.3%[37]。例如，青海沟后面板堆石坝发生漏水溃坝（300多人死亡），原因之一是坝体填筑时分区不清，分层明显，导致分层结合处产生裂缝，进而发生了水力劈裂现象[38]；湖南流光岭水库土石坝施工质量差，坝体碾压不实，导致了坝体滑坡[39]。

工程实践表明，施工期质量隐患和坝体结构性态控制不达标已经成为土石坝事故产生的重要原因之一。所以，如何精确地分析和评估基于实际施工情况下（实际的大坝施工质量、坝料性态和施工程序等）的施工期坝体应力变形、不均匀沉降等大坝结构性态，是保证大坝安全所需研究的重要课题。

在对坝体分期填筑的研究成果中，主要侧重于分期规划对坝体应力、沉降、面板变形控制等的影响。如黄锦波等针对洪家渡面板堆石坝，结合实际施工经验研究了混凝土面板开裂与坝体填筑分期的关系，指出填筑分期是产生面板开裂的重要原因之一，合理的分期填筑方案可能减少甚至避免面板开裂（图1.8）[40]。

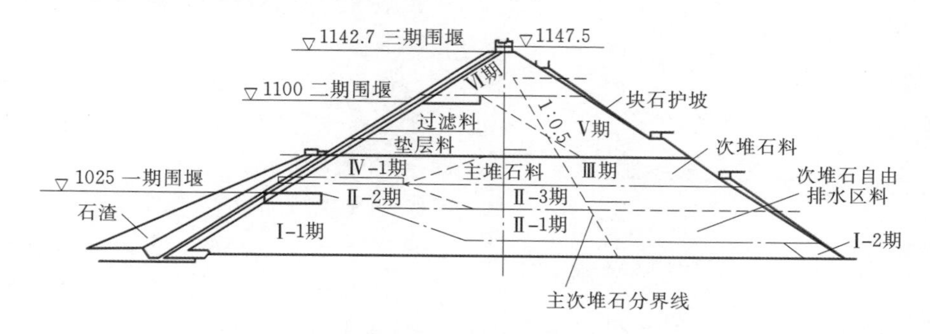


图1.8 洪家渡坝体填筑分期方案[40]（单位：m）

高莲士等通过对250m高的数值模型坝进行变形分析后认为，优化高面板堆石坝的施工临时剖面，可以调整施工期的坝体位移分布，从而显著改善坝体的变形形状[41]。陈开道重点对面板堆石坝面板分期施工、分期蓄水时面板的应力及受力特点进行了分析，指出了对高坝分期施工的必要性和如何防止面板裂缝的措施。

段亚辉等通过模拟天生桥一级混凝土面板堆石坝的施工过程认为，混凝土面板和坝体分期施工，特别是部分坝体在面板之后施工时，对面板应力状态有比较大的影响，在较大范围内出现拉应力，若叠加温度应力，则可能导致混凝土面板产生局部开裂（图 1.9）[42]。

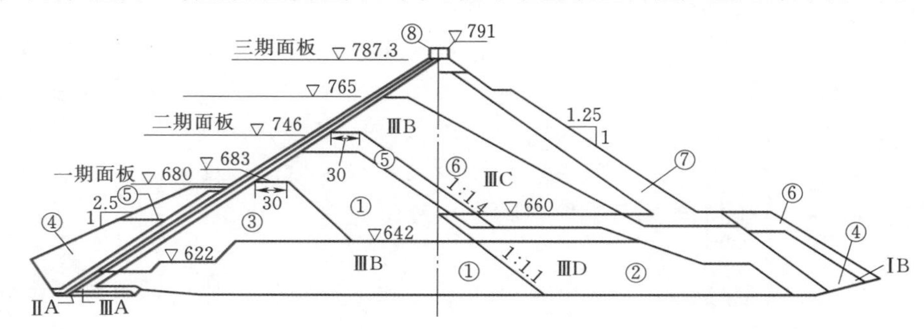


图 1.9 天生桥面板坝坝体填筑分期示意[42]（单位：m）

①～⑧为填筑顺序

周伟等考虑堆石体的流变效应，采用有限元法研究了不同坝体填筑方案即不同分区断面形式的优化问题。分析认为，堆石坝不同材料分区的特点从客观上决定了高堆石坝必然存在一个较优的施工填筑上升方案[43]。

向建等通过对马来西亚巴贡面板堆石坝实际填筑施工过程的研究，找出了这些在实际施工中约束大坝全断面、均匀铺筑碾压上升的各种限制因素，阐述了巴贡面板堆石坝在选择实际坝体加载次序时是如何克服这些因素限制的[44]。

唐岷等以某 300m 级的土石坝为例，研究了填筑层数对坝体竣工期沉降量的影响，得到了填筑层数和坝体竣工期沉降量的关系（图 1.10）[45]。

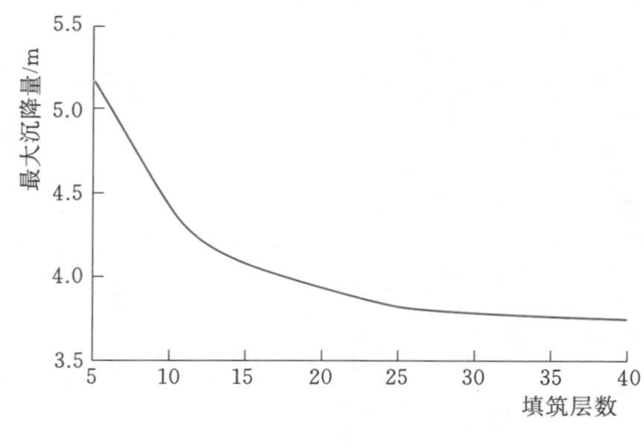


图 1.10 最大沉降量与填筑层数关系曲线[45]

赵晨生等通过对堆石坝施工特性进行分析，建立了高心墙堆石坝施工填筑单元划分优化数学模型，提出了基于数学解析法和施工仿真技术的两种方法对优化模型进行求解[46]。

肖化文等对高混凝土面板堆石坝在施工以及蓄水过程中可能产生的面板脱空等问题进行了研究，并用有限元的方法对面板脱空现象进行仿真分析后认为，面板脱空问题是不可避免的，但对于坝体坡面裂缝、面板顶部出现较大变形等问题，可通过合理的施工规划和提高坝体密实度予以避免[47]。

张岩等针对分期填筑对高面板堆石坝坝体和面板的应力变形产生的重要影响，采用邓肯 E－B 模型对清江水布垭面板堆石坝进行应力变形仿真分析，并模拟了其实际施工过程，研究了分期填筑对高面板堆石坝应力变形的影响[48]。

卢廷浩等通过三维非线性有限元仿真计算，详细分析了某水电站高面板堆石坝的应力变形，对混凝土面板的施工提出了预测和防治方案，指出应尽可能采用变形模量大、泊松比小的筑坝材料以减小坝体顺河向位移和面板外推力[49]。时继元等从分期分块填筑对大坝不均匀沉降和临时断面的变形影响的角度研究填筑分期规划。

在已有的研究成果中，主要侧重于分期规划对坝体应力、沉降、面板变形控制等的影响研究。面板堆石坝填筑分期的规划，一般主要结合面板的施工分期以及度汛要求，确定采用全断面上升或者部分时段临时断面上升的方式。然而，如何科学、合理地制定堆石坝填筑分期分区规划，确定各个填筑时段的工程量和填筑面貌，从而提高工程建设速度、保证工程质量、降低工程造价，相关的研究成果较少。

目前在施工组织设计中通常采用人工估计和参照相似工程经验的方法来规划填筑分期分区，对影响填筑分期分区优化的众多因素（如上坝道路布置、施工机械参数、施工区气候等）的影响机制缺乏科学的分析，无法准确反映施工条件对分期分区优化的影响。因此，有必要采用科学的辅助分析手段，对应不同的施工阶段，根据监测资料，建立相应的计算模型，进行优化计算分析，为下一步的施工规划提供科学的依据。

### 1.3.2 动态施工模拟分析方法

进行大坝建设过程的动态反馈分析，以地质勘测、现场原位试验、室内试验研究为基础，以工程安全监测成果和施工期间现场监测结果为依据，对大坝性状进行动态反馈分析。不断调整计算边界条件、修正各种材料参数，在当前状态反馈分析的基础上，预测新的施工规划及料源条件下的大坝应力变形模式和竣工、蓄水后的远期性状，可以及时为设计方案调整提供科学依据，实现大坝从建设之初到水库蓄水运行的全过程跟踪、预测与安全监控，有效控制大坝变形，确保大坝的成功建设与安全运行。图 1.11 为坝体动态施工分析流程图。

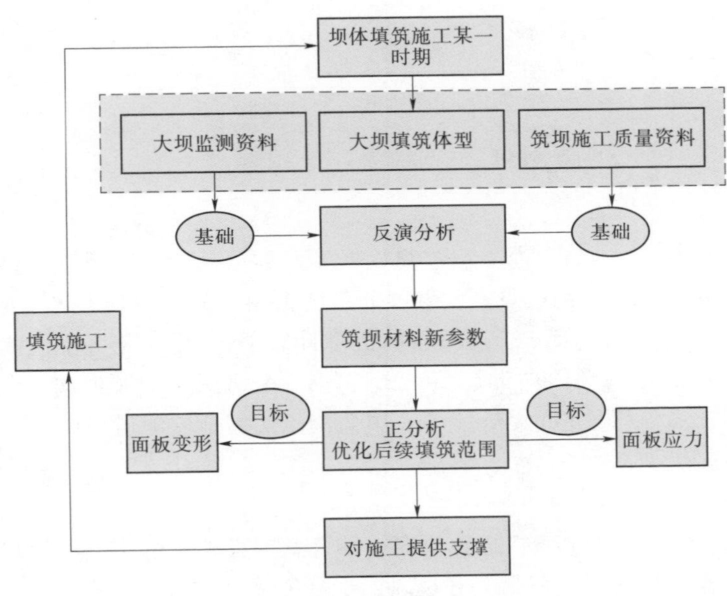


图 1.11 坝体动态施工分析流程图

### 1.3.3 坝体反演分析计算方法

反演分析使用监测数据作为目标，坝体材料计算采用邓肯 E－B 本构模型，包含九个参数 $K$、$n$、$c$、$R_f$、$K_b$、$m$、$K_{ur}$、$\varphi_0$ 和 $\Delta\varphi$。反演分析过程为：首先建立目标函数作为评价指标进行控制，随后运用参数敏感性分析对各分区参数取值范围进行优化，缩小最优解的搜索范围，提高搜索效率。通过优秀区间密集搜索，对复杂的免疫遗传算法进行简化。在优化后的参数取值范围内，随机产生初始参数群落，并使用简化的免疫遗传算法进行计算筛选，从而筛选出最优反演参数。

由于本书选择的免疫遗传算法主要侧重于研究坝体沉降变形量，而对应力考虑的权重较小，所以在进行计算时参数的选取对解的品质有较大影响。本书在采用遗传算法计算的基础上，对反演的参数又进行了人工干预，从而得到了最后的反演参数。

#### 1.3.3.1 目标函数

为了更好地对反演的计算结果进行评价，建立反演目标函数作为评价指标，将不同计算参数的计算结果与监测结果代入目标函数得到评价指标，对评价指标良好的参数进行进一步的调整。

土石坝的变形是土石坝安全评价的重要指标，因此目标函数主要以坝体计算位移与监测位移的绝对差值为核心，其中沉降在坝体安全评价中尤为重要，所以对目标函数中沉降所在项分配了较高的权重系数。由于高心墙堆石坝各分区变形对坝体整体变形趋势的影响比较明显，目标函数中同时使用了心墙和下游坝壳的监测点数据，对每个监测点所在位置的绝对差值进行了加权平均。并且，为了使反演结果对整个填筑过程都有较好的适用性，在目标函数中对五个典型工期的所有监测点的绝对差值进行了加权平均。综合考虑后所设定的目标函数如下：

$$f=\frac{\alpha_1}{m}\sum_{j=1}^{m}\left\{\frac{\sum_{i=1}^{n}|D_{ci}-D_{mi}|}{n}\right\}+\frac{\alpha_2}{m}\sum_{j=1}^{m}\left\{\frac{\sum_{i=1}^{p}|S_{ci}-S_{mi}|}{p}\right\}+\cdots$$

$$+\frac{\alpha_k}{m}\sum_{j=1}^{m}\left\{\frac{\sum_{i=1}^{q}|A_{ci}-A_{mi}|}{q}\right\}$$

式中：$f$ 为目标函数值；$k$ 为其他类型监测数据类型数量；$\alpha_1\sim\alpha_k$ 为第 $k$ 种类型的监测数据的权重系数；$m$ 为典型工期数量；$p$ 为每个典型工期顺河向位移监测点数；$n$ 为每个典型工期沉降监测点数；$D_{ci}$ 为第 $i$ 个监测点的沉降计算值；$D_{mi}$ 为第 $i$ 个监测点的沉降监测值；$S_{ci}$ 为第 $i$ 个监测点的顺河向计算值；$S_{mi}$ 为第 $i$ 个监测点的顺河向监测值；$A_{ci}$ 为第 $i$ 个监测点的其他计算值（位移）；$A_{mi}$ 为第 $i$ 个监测点的其他监测值（位移）；$q$ 为其他类型数据监测点总数。

#### 1.3.3.2 材料参数取值范围优化

选取 $K$、$n$、$K_b$、$m$ 四个参数进行研究，结合室内材料实验参数和工程类比确定大致的取值范围，对各个参数取值范围等分选取四个特征值进行敏感性研究。依据有限元计算结果所得的目标函数值对各个参数敏感性进行研究分析，缩小对目标函数值影响较小的参数取值范围，得到优化后的参数取值范围。

#### 1.3.3.3 简化的免疫遗传算法筛选

免疫遗传算法是根据生物的免疫原理提出的一种改进遗传算法。本书对复杂的免疫遗传算法进行了简化处理，主要基于优化后参数取值范围，从中选取优秀子区间进行密集搜索，并对优秀子区间补集进行发散搜索。具体过程如下：

(1) 首先使用随机数 $U(0,1)$ 在各个参数的取值范围之间产生随机参数群落，参数群落规模为 50 组。分别进行有限元计算并将结果放入目标函数求值，将每个分期的目标函数值累加并记录。

(2) 按照目标函数值由小到大排序，将前面 25 组参数放入参数库，并使用各参数值的 0.8 倍和 1.2 倍，形成优秀区间。在优秀区间中随机产生 25 组参数，使用各参数优化后的取值范围作为全集，从优秀区间的补集区间中也随机产生 25 组参数。

(3) 对新产生的 50 组参数进行有限元计算。计算中若某一分期目标函数累加值超过参数库中最大值，停止计算并剔除参数。

(4) 将新产生的 50 组参数中完成所有填筑期计算的，与产生优秀区间的 25 组参数进行 (2)、(3) 步骤的操作。当记忆库中 25 组参数所得目标函数值都小于 0.3m，并且其加权平均偏差在±5%以内时，停止计算。选取满蓄期使得目标函数最小的一组参数作为最优参数。

由于初始参数群落后的每组参数计算，都对每一期的目标函数进行评价，未进入参数库的参数多数都只进行了几个填筑期计算，大大提高了计算效率。参数群落的产生及筛选过程见图 1.12。

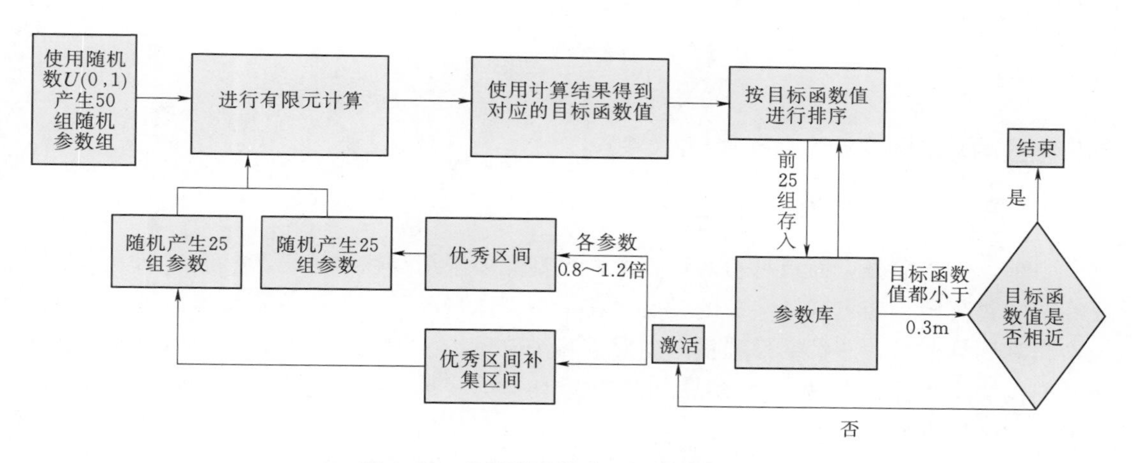


图 1.12 参数群落的产生及筛选过程图

## 1.4 土石坝应力变形计算本构模型关系

### 1.4.1 土的本构模型

黏土心墙土石坝应力变形计算是土石坝安全分析的关键问题之一，土体材料的本构模型和饱和土固结理论是其核心问题。本节简要介绍了文中进行数值计算分析过程中所采用的材料本构模型（1.1.3部分），在此不再赘述。

### 1.4.2 改进 Duncan - Chang 弹塑性模型

土石坝坝坡的稳定性问题是关系土石坝安全的一个重点问题，尤其在施工期，土石坝出现最多的安全问题就是坝坡的滑坡问题。因此，对于土石坝的施工期、运行期的坝坡稳定分析一直是设计工作中的一个重点内容。土石坝的坝壳区的抗剪强度指标具有很强的非线性特征，一般认为，无黏聚力土抗剪强度指标 $\varphi$ 是与其应力状态有关的。在设计工作中多采用极限平衡方法作为分析土石坝坝坡稳定性的手段。对于采用对数非线性参数的坝壳区，这种方法在考虑土石坝坝料参数的非线性特征时，一般根据滑面所在位置的上覆土重以及静止土压力系数确定滑面所在位置的最小主应力 $\sigma_3$。由于坝壳区和心墙区坝料变形模量的差异性，土石坝的应力分布一般都具有很明显的拱效应，这就使得最小主应力 $\sigma_3$ 的确定方法具有一定的不准确性。

采用 FLAC 3D 程序分析土石坝填筑过程，可以得到比较准确的土石坝应力分布状态，进而可以合理确定土石坝坝壳区堆石料的抗剪强度参数 $\varphi$。本书提出了一种改进 Duncan - Chang 弹塑性模型，其基本思路是 Duncan - Chang 非线性弹性模型与 Mohr - Coulomb 屈服准则的组合。在弹性变形阶段，本构模型服从 Duncan - Chang 非线性弹性应力应变关系，屈服面形状以及屈服后处理与采用 Mohr - Coulomb 屈服准则的理想弹塑性模型相同[50]，Mohr - Coulomb 屈服准则的表达式为

$$f^s = \sigma_1 - \sigma_3 N_\varphi + 2c\sqrt{N_\varphi} \tag{1.22}$$

其中

$$N_\varphi = \frac{1 + \sin\varphi}{1 - \sin\varphi}$$

式中：$f^s$ 为屈服强度；$N_\varphi$ 为一个替代参数。

### 1.4.3 混凝土面板材料的本构模型

目前，对于混凝土面板材料的计算本构模型大多采用线性弹性模型。但实际上，混凝土在受力过程中，会出现微裂缝的发展。在单轴受压情况下，伴随着微裂缝的发展，混凝土会出现弹性变形、塑性变形和横向变形等几个阶段。为了更好地在计算中体现混凝土面板材料的力学特性，本书通过对混凝土单轴受压应力变形曲线进行简化，得到简化的混凝土面板材料计算本构模型。

混凝土的轴心抗压强度更能反映混凝土的实际受压情况。在我国，测定轴心抗压强度采用长×宽×高为 150mm×150mm×300mm 或 150mm×150mm×450mm 的棱柱体作为标准试样。混凝土的单轴受压应力应变关系曲线也经常采用这种标准试样来测定。在单轴压缩试验中，混凝土首先会产生弹性变形，应力应变曲线近似呈直线。随着微裂隙的发展，逐渐进入塑性变形阶段，应力-应变呈现出非线性的关系。当混凝土达到峰值强度之后，会出现强度较快的下降阶段，表现出较明显的脆性。不同强度的混凝土应力-应变关系曲线见图 1.13。

根据混凝土应力应变的关系，可以将混凝土的本构关系简化为弹脆性本构。本书通过对 FLAC 3D 中用户自定义的硬化-软化模型进行再开发，对各材料参数进行分段定义，

得到了符合混凝土弹脆性的简化本构模型。材料参数随塑性应变 $\varepsilon^{Ps}$ 的变化见图 1.14。

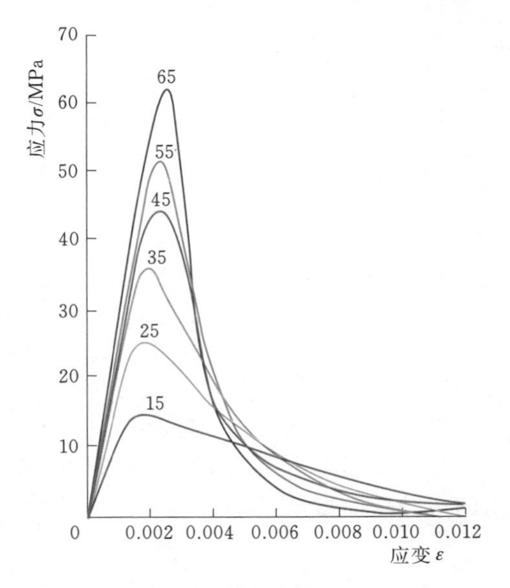


图 1.13 不同强度的混凝土应力-应变关系曲线

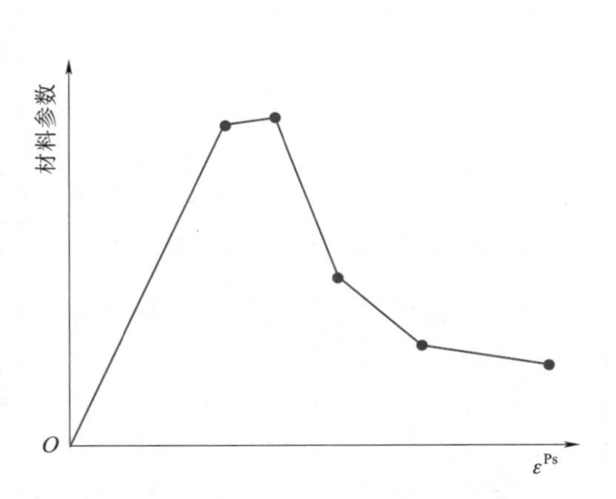


图 1.14 材料参数随塑性应变 $\varepsilon^{Ps}$ 的变化

《混凝土结构设计规范》(GB 50010—2010) 规定，在计算混凝土构件正截面承载时，采用抛物线上升和水平直线段的应力-应变曲线，表达式为

上升段：
$$\sigma = f_c\left[1-\left(1-\frac{\varepsilon_c}{\varepsilon_0}\right)^n\right],\ \varepsilon_c \leqslant \varepsilon_0 \tag{1.23}$$

水平段：
$$\sigma = f_c,\ \varepsilon_0 < \varepsilon_c < \varepsilon_{cu} \tag{1.24}$$

式中的参数 $n$，$\varepsilon_0$，$\varepsilon_{cu}$取值如下：

$$n = 2-\frac{1}{60}(f_{cu,k}-50) \leqslant 2 \tag{1.25}$$

$$\varepsilon_0 = 0.002+0.5(f_{cu,k}-50)\times 10^{-6} \geqslant 0.002 \tag{1.26}$$

$$\varepsilon_{cu} = 0.0033-(f_{cu,k}-50)\times 10^{-6} \leqslant 0.0033 \tag{1.27}$$

式中：$n$ 为上升段的曲线形状参数；$\varepsilon_0$ 为峰值压应变；$\varepsilon_{cu}$为极限压应变；$f_{cu,k}$为混凝土强度等级。

根据规范中的规定，混凝土的应力-应变曲线见图 1.15，也可以近似地将这种应力应变关系简化为理想弹塑性模型。

根据《混凝土结构设计规范》(GB 50010—2010) 中对混凝土正截面承载力计算的规定，混凝土的计算本构模型可简化为理想弹塑性模型。根据规范中规定的计算公式，计算得到标号为 C20 的混凝土的应力-应变曲线（图 1.16）。但是此本构模型在规范中只用于正截面承载力的计算，所以在面板坝的计算中没有对此种本构模型进行探讨。

### 1.4.4 面板填缝材料计算本构模型

在混凝土面板堆石坝工程中，为了吸收面板垂直缝压性缝的应力，常在面板垂直缝中

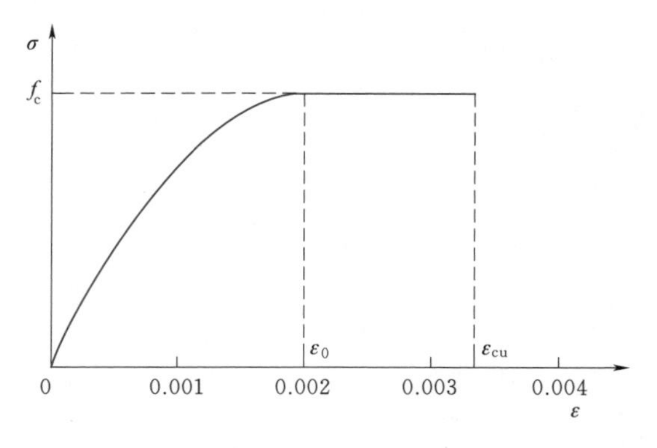


图 1.15 混凝土正截面承载力计算应力-应变曲线

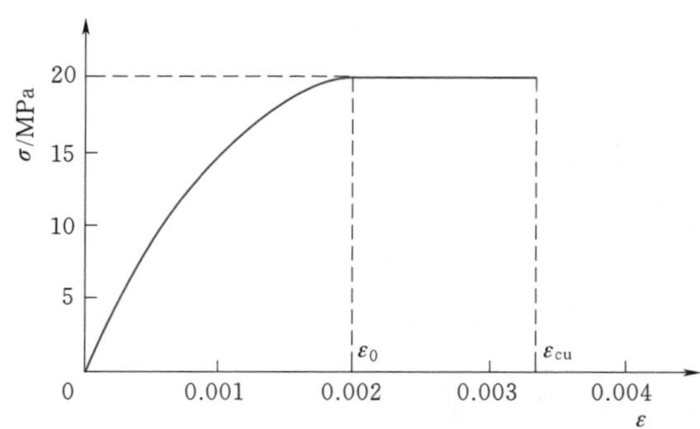


图 1.16 规范中正截面承载力应力-应变曲线

填充填料。常用的填充材料为木材，有桦木、松木、杉木等。木材这种天然材料，由于其品种的差异，其力学特性也表现出较大的差别。为了进一步了解常用的填缝材料的力学特性，孙粤琳等对杉木和桦木这两种材料进行了室内的单轴压缩试验[51]。

#### 1.4.4.1 试样及加载情况

室内试验采用的试样尺寸为 $\phi$10cm×2cm 的柱状试样，试样在热沥青中浸置约10min，在试样表面形成沥青覆盖层。杉木试样 2 个，桦木试验 4 个，杉木和桦木的方向角分别是 60°和 55°。试验采用单轴压缩，试验中的压缩速率为 1.0～1.8mm/min。

#### 1.4.4.2 单轴压缩试验结果

通过对两种木材进行室内单轴压缩试验，得到两种木材的应力-应变关系曲线。试验过程中桦木试样损坏一个，所以只记录了其余三个试样的试验结果。两种木材试验所得的应力-应变关系曲线见图 1.17 和图 1.18。

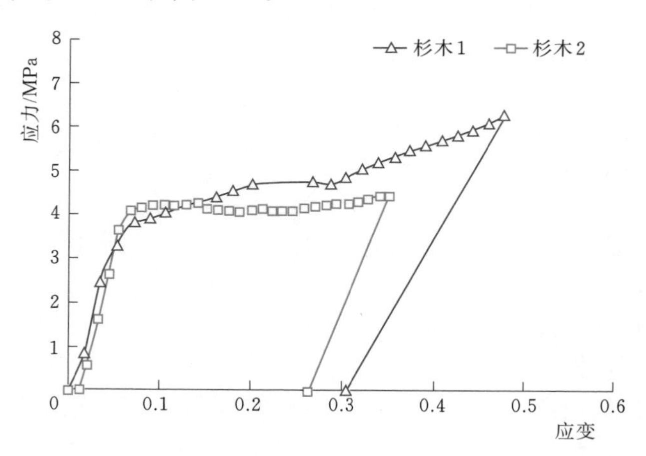


图 1.17 杉木试样室内单轴压缩试验应力-应变关系曲线

#### 1.4.4.3 填缝材料力学特性简化及简化后的计算本构模型

试验中，杉木的力学特性体现出较为明显的弹塑性，桦木则有明显的软化特性。根据试验得出的应力-应变曲线，大致将填缝材料的计算本构模型简化为理想弹塑性和应变软化两种。

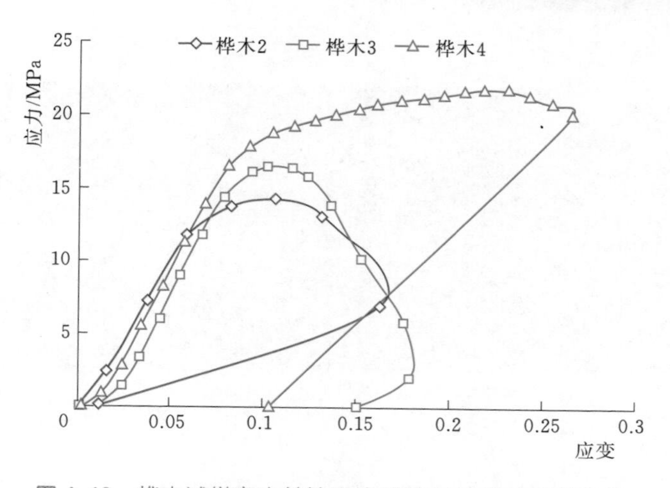


图 1.18 桦木试样室内单轴压缩试验应力-应变关系曲线

# 第 2 章 土石坝中的一些裂缝问题的数值模拟方法研究

土石坝裂缝是土石坝常见的隐患和主要破坏类型之一。裂缝的存在与出现，使水库的效益不能充分发挥，甚至使整个坝体溃决，造成严重灾害。对 241 座大型水库的调查结果表明[52]，在已经发生的 1000 件事故中，裂缝事故占 26.3%，溃于裂缝的中小型水库土坝达 40 座。国外百米以上高土石坝发生裂缝问题的约占 21%～33%（1965 年统计）。因此，分析土石坝裂缝的成因，探讨其发生和发展的机理规律；如何预测裂缝，避免新建的土石坝发生裂缝；探讨裂缝的防治措施，这无疑是目前工程界普遍关注的关键问题之一。

一般情况，击实黏土在拉伸条件下的断裂过程是其断裂区内微孔隙扩展、连通并逐步形成宏观裂缝的过程[52-53]。压实黏土在最优含水量或者小于最优含水量时，在断裂区其应力-应变曲线近似为脆性破坏。本书用一种可以产生滑动和分离的接触面模型单元作为土石坝心墙内部的隐含节理，以此模拟土石坝心墙裂缝开展，并通过一系列算例证明该方法用于模拟土石坝心墙开裂的可行性与合理性。

## 2.1 接触面单元的基本理论

### 2.1.1 接触面单元特征及形态

FLAC 3D 中提供的接触面（Interface）单元模型是一种可以反映单元与单元间滑动和（或）分离的模型。接触面单元所包含的参数有摩擦角、黏聚力、剪胀角、法向刚度、切向刚度、抗拉强度和剪切黏合强度。

FLAC 3D 中的接触面单元是由具有三个节点的三角形单元组成。接触面单元可以建立在空间的任何位置。通常，接触面单元是附着于单元的表面，两个三角形接触面单元附着于一个四边形单元面。在每个接触面单元的顶点位置都有一个接触面节点，当另一个网格表面接触到接触面单元时，接触面单元节点就会探测到这种接触状态。每个接触面单元把其覆盖的区域分配到 3 个节点上，而每个节点又是附属于其代表的区域。因此，整个接触面被分为若干个以接触面节点代表的接触面区域。图 2.1 表示接触面单元和接触面节点的关系以及单个接触面节点代表的区域。

### 2.1.2 接触面单元计算原理

在每一时步，分别计算每个接触面节点和与它接触的目标面的法向侵入量以及相对剪切速度。这些值用接触面单元的本构方程计算法向力和剪切力向量。接触面单元的本构模型根据线性库仑剪切强度准则建立，库仑准则限制了作用于接触面节点的剪应力。当达到剪切强度极限时，法向刚度、切向刚度、抗拉强度、剪切黏合强度和剪胀角引起法向有效应力的增加。图 2.2 表示接触面节点与目标面之间的接触面单元本构模型的组成。

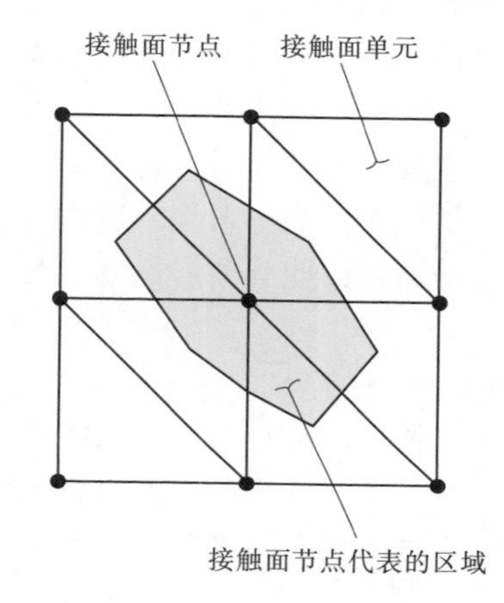


图 2.1 接触面单元及接触面节点的关系

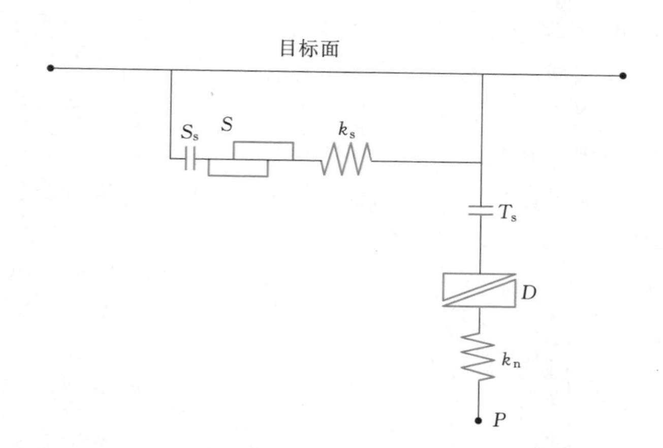


图 2.2 接触面单元本构模型的组成

$S$—滑动器；$T_s$—抗拉强度；$S_s$—剪切强度；$D$—剪胀角；$k_s$—剪切刚度；$k_n$—法向刚度

在计算时刻（$t+\Delta t$）时，描述接触面单元弹性状态的应力应变关系可以由式（2.1）和式（2.2）确定：

$$F_n^{(t+\Delta t)} = k_n u_n A + \sigma_n A \tag{2.1}$$

$$F_{si}^{(t+\Delta t)} = F_{si}^{(t)} + k_s \Delta u_{si}^{(t+\Delta t/2)} A + \sigma_{si} A \tag{2.2}$$

式中：$F_n^{(t+\Delta t)}$ 为在时刻（$t+\Delta t$）时的法向力；$F_{si}^{(t+\Delta t)}$ 为在时刻（$t+\Delta t$）时的剪切力向量；$u_n$ 为接触面节点侵入目标面的法向绝对值（位移）；$u_{si}$ 为相对剪切位移向量的增量（位移）；$\sigma_n$ 为由接触面初始应力引起的附加法向应力；$k_n$ 为法向刚度（应力/位移）；$k_s$ 为剪切刚度（应力/位移）；$\sigma_{si}$ 为由接触面初始应力引起的附加剪切应力向量；$A$ 为接触面节点代表的区域（面积）。

接触面单元非弹性状态的应力应变关系根据库仑滑动公式确定。一个具有黏性力的接触面单元可以处于完整或者破坏状态。如果处于破坏状态，接触面单元的力学行为就由摩擦角和黏聚力控制。在法向应力为压应力的条件下，不可能发生拉伸破坏，当法向应力为拉应力或者 0 的条件下，接触面上的剪应力为 0。库仑剪切强度准则见式（2.3）：

$$F_{smax} = cA + \tan\varphi(F_n - pA) \tag{2.3}$$

式中：$c$ 为接触面单元面上的黏聚力；$\varphi$ 为接触面上的摩擦角；$p$ 为孔隙水压力。

假设当满足强度准则（$|F_s| \geqslant F_{smax}$）时就发生滑动。在滑动过程中，剪切位移会

造成法向的有效应力增加，具体增加值由式（2.4）确定：

$$\sigma_n = \sigma_n + \frac{|F_s|_0 - F_{smax}}{Ak_s}\tan\psi k_n \tag{2.4}$$

式中：$\psi$ 为剪胀角；$|F_s|_0$ 为应力修正前的剪应力。

### 2.1.3 接触面单元的布置及参数选取方法

用接触面单元模拟土石坝心墙中裂缝发生发展过程，必须能够模拟心墙出现裂缝前、后的力学行为，即出现裂缝前，心墙属于连续介质变形的特性；出现裂缝后，心墙局部属于连续介质变形，局部属于非连续介质变形。

当土石坝心墙出现裂缝前，心墙基本可以被看作均质的、连续的力学介质，这就要求不能因为在局部位置添加了接触面单元就影响了心墙整体的力学性质。当土石坝心墙满足出现裂缝条件时，该位置附近的接触面单元应该发生分开或者滑动，以此判断心墙发生裂缝的可能性及预测裂缝宽度。

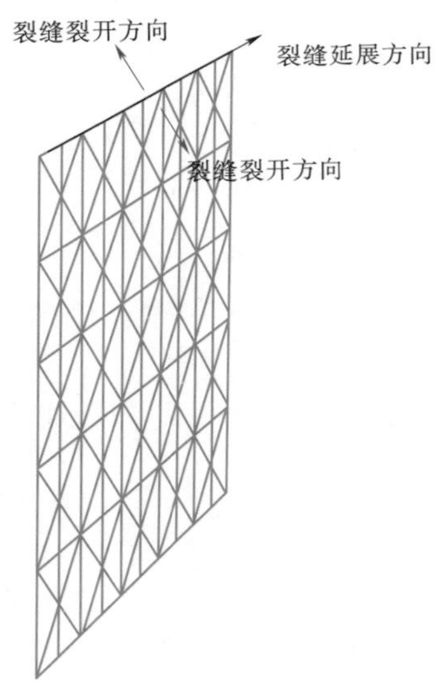


图 2.3 用接触面单元模拟裂缝示意图

因此，接触面单元要满足以下条件：

（1）在布置接触面单元前，通常要对心墙裂缝出现位置及裂缝开展方向进行预判，要在靠近可能发生裂缝位置布置接触面单元，且接触面单元的法线方向应与裂缝开裂方向一致（图 2.3）。

（2）因为接触面单元是通过接触面节点判断接触面与周围单元的接触关系，所以，为保证能够准确判断接触关系，接触面单元需要有合适的接触面节点数量。过少的接触面节点数量会引起局部区域接触关系判断奇异，过多的接触面节点又会导致计算量大大增加，计算效率降低。经过算例试算，得出结论：满足与实体单元的四边形表面应有 4～6 个接触面单元与之接触，即能满足计算精度的要求又不致计算效率过低。

（3）接触面单元的法向刚度以及切向刚度要与周围心墙土体相适应，不能大于或者小于周围土体的体积模量、切向模量太多。不能成为心墙中的“钢板”或者“软弱夹层”。根据接触面单元两侧的实体单元（图 2.4）的体积模量和剪切模量确定接触面单元的法向刚度和切向刚度：

$$k_n = k_s = \max\left(\frac{\overline{K} + \frac{4}{3}\overline{G}}{\Delta z_{min}}\right) \tag{2.5}$$

其中

$$\overline{K} = \frac{\sum_1^i K_i S_i}{\sum_1^i S_i} \tag{2.6}$$

$$\overline{G}=\frac{\sum_{1}^{i}G_iS_i}{\sum_{1}^{i}S_i} \tag{2.7}$$

式中：$k_n$ 为法向刚度；$k_s$ 为剪切刚度；$\Delta z_{min}$ 为与接触面相邻的实体单元在接触面法线方向单元边长的最小值（图 2.5）；$\overline{K}$ 为接触面周边实体单元体积模量的加权平均值；$K_i$ 为接触面周边某个实体单元的体积模量；$S_i$ 为接触面周边某个实体单元与接触面单元接触的面积；$\overline{G}$ 为接触面周边实体单元剪切模量的加权平均值；$G_i$ 为接触面周边某个实体单元的剪切模量。

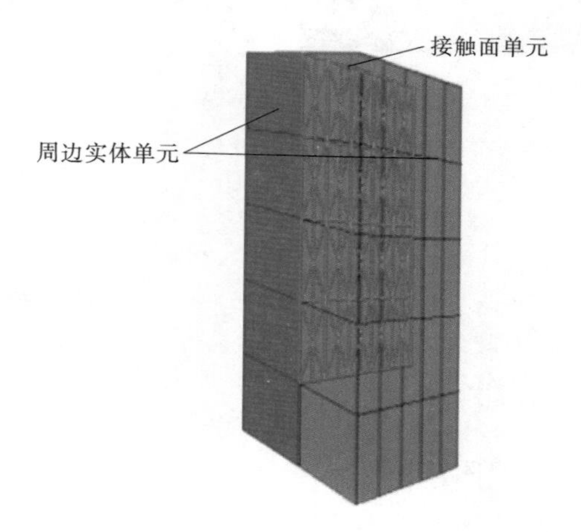


图 2.4　接触面单元及两侧实体单元位置示意图

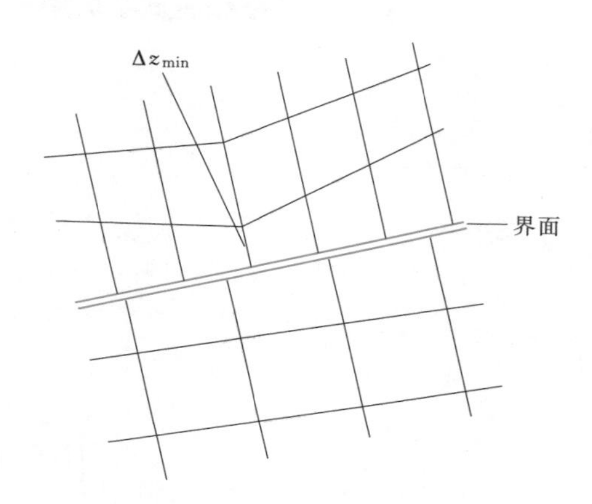


图 2.5　在接触面刚度计算中采用的相邻单元最小边长

(4) 为保证接触面单元不会因为进入塑性屈服状态后产生远大于周围实体单元的变形，因此，接触面单元内摩擦角及黏聚力的选取与周边实体单元相等值。

## 2.2　黏土心墙裂缝开展的物理模拟及机理分析

众多专家学者都曾经对土石坝心墙石坝心墙横向裂缝发生和发展的机理开展了土工离心机模型的研究工作[52,54-56]。本书为验证界面单元模型在模拟土石坝心墙裂缝开展过程的可行性及正确性，对中国水利水电科学研究院完成的土石坝坝肩变坡的地质条件引起心墙裂缝开展的离心模型试验进行了数值模拟分析，并对数值模拟结果与试验结果加以比对。

本书针对土石坝坝肩变坡的地质条件引起心墙裂缝进行了离心模型试验研究[55-56]。试验是在中国水利水电科学研究院的 LXJ－4－450 型土工离心机（图 2.6）上完成的。这台离心机是我国目前规模最大的土工离心模型试验设备，采用对称转臂、双吊篮、双摆动方式，主机结构合理，运行平稳，模型安装方便，试验精度高。其转动半径 5.03m，最大加速度 300$g$，有效负载 1.5t，试验吊篮尺寸 1.5m×1.0m×1.5m（长×宽×高），有效荷载容量 450$g$t[57]。

图 2.6 LXJ-4-450 型土工离心机

### 2.2.1 试验土料的工程性质

采用两河口高心墙堆石坝的心墙料作为试验土料进行试验。该土料最大干密度 19.1kN/m³，最优含水量 13.4%，土粒比重 2.75，液限 32.4%，塑限 16.9%，塑性指数 15.5。根据《土工试验规程》（SL 237—1999）[58]，土料按颗粒分类为细粒土，按塑性图分类为低液限黏土。试验土料的颗粒级配曲线见图 2.7。

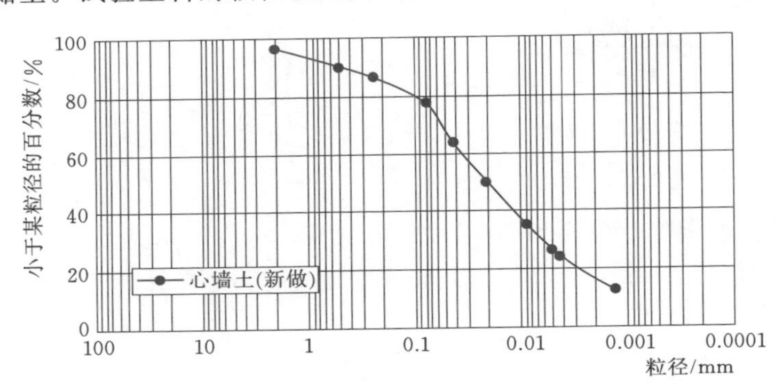


图 2.7 试验土料的颗粒级配曲线

### 2.2.2 模型设计与制备

试验所采用的模型箱的净空尺寸为 724mm×393mm×550mm（长×宽×高）。为了模拟两河口实际坝址的地形条件，用混凝土墩模拟突变的岸壁。岸壁初始角度约为 51°，在高 23cm 处角度突变为 33°（图 2.8）。土体填筑高于混凝土墩子顶端 11cm。模型的上下游均用竖直向放置的钢板固定。钢板上布满了直径 2mm 左右的孔，以模拟上下游堆石体的透水性。完成制样后的离心模型试验箱见图 2.9。

### 2.2.3 传感器布置

为了监测坝体裂缝的发生和发展过程，在模型上方安置了 4 个 LVDT 传感器、4 个激光位移传感器和 3 台摄像机进行量测（图 2.10）。考虑到心墙表面裂缝大多出现在坝肩突变上方区域，位移传感器均布置在距模型箱左侧壁 500mm 范围之内，详细位置见表 2.1。心墙上方、上下游各布置一台摄像头，分别用来记录试验中心墙表面、上下游水位的变化。

LVDT、激光传感器以及摄像头的数据通过数据线、滑环实时传送到计算机控制室，并以图表形式显示在电脑屏幕上。因而，在控制室可以清楚地观察到心墙表面裂缝的产生与发展过程，以及上下游水位的变化等。

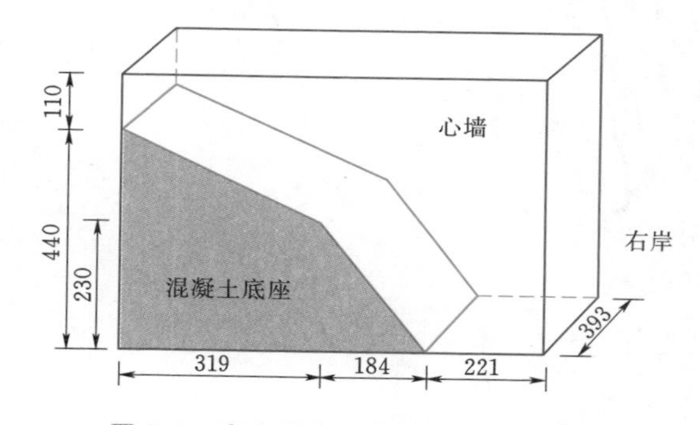


图 2.8 离心模型示意图（单位：mm）

图 2.9 离心模型试验箱的照片

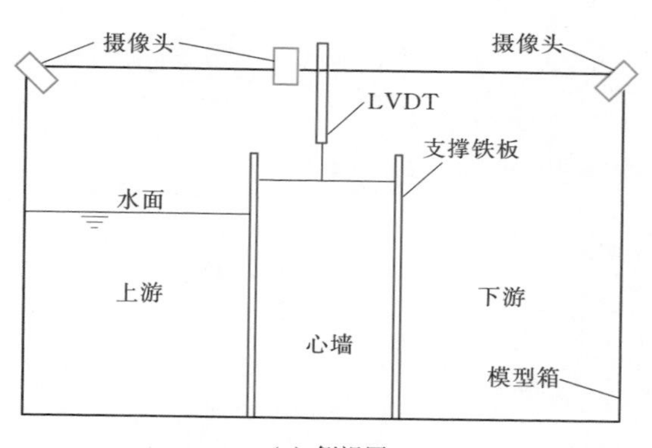


（a）侧视图

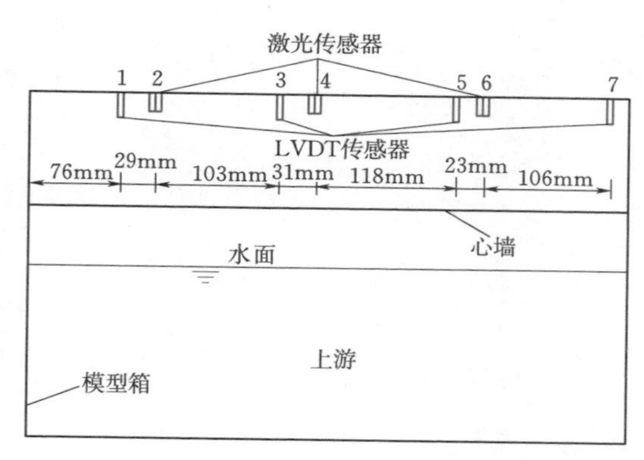


（b）正视图

图 2.10 模型视图及传感器布置

表 2.1 位移传感器位置

| 编号 | 1 | 2 | 3 | 4 | 5 | 6 | 7 |
|---|---|---|---|---|---|---|---|
| 类型 | LVDT | 激光 | LVDT | 激光 | LVDT | 激光 | LVDT |
| 距左侧距离/mm | 76 | 105 | 208 | 239 | 357 | 380 | 486 |

### 2.2.4 试验结果

完成离心模型制样和传感器的安装后，开始进行离心模型试验。离心机加速度由 0$g$ 开始，分 50$g$、100$g$ 和 150$g$ 三级递增，并在固定每级 $g$ 值条件下，分别持续运行 10 分钟。试验过程中，随着离心机加速度的逐渐增加，心墙出现了不均匀沉降现象，随着离心机加速度的进一步增加，心墙的不均匀沉降程度也随之增加。当离心机加速度达到某一 $g$ 值时，心墙表面出现裂缝。裂缝刚出现时，宽度较小，但随着加速度的升高，心墙的不均匀沉降程度持续加剧，导致裂缝不断变宽。本次共进行了 5 组试验，离心机停机后，对各模型表面裂缝形态进行描绘（图 2.11），坝体表面横向裂缝开展的特征值见表 2.2。

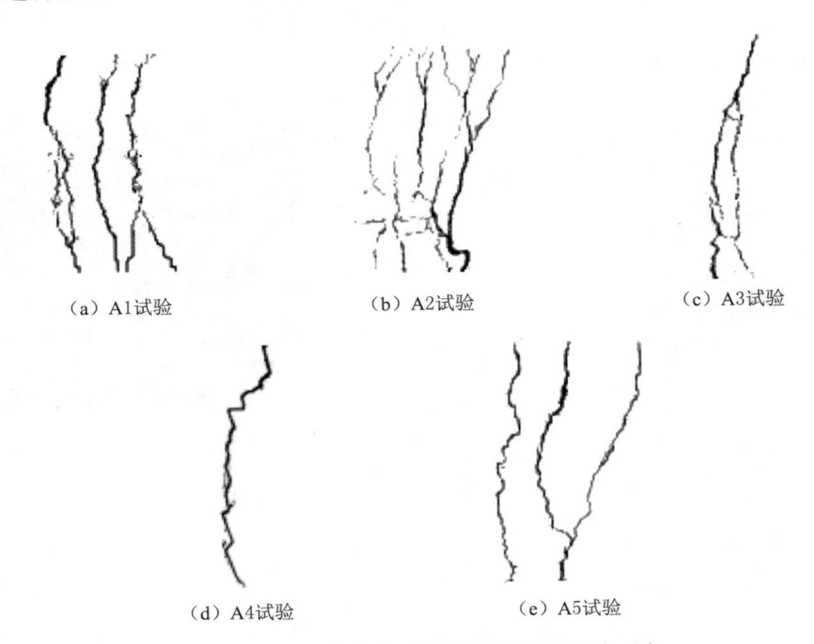


图 2.11　心墙离心模型试验心墙表面裂缝形态

表 2.2　坝体表面横向裂缝开展的特征值

| 试 验 编 号 | A1 | A2 | A3 | A4 | A5 |
|---|---|---|---|---|---|
| 最大裂缝宽度/mm | 9 | 9 | 8 | 7 | 6 |
| 裂缝区域范围/mm | 225 | 250 | 80 | 40 | 240 |
| 裂缝区域距左端距离/mm | 70 | 200 | 200 | 230 | 230 |
| 裂缝最大深度/mm | 60 | 140 | 120 | 115 | 70 |
| 主裂缝条数 | 3 | 2 | 2 | 1 | 3 |
| 出现裂缝的 $g$ 值 | 38 | 25 | 20 | 50 | 49 |

## 2.3　应用接触面单元模型对离心试验的模拟

为验证接触面单元模型在模拟土石坝心墙裂缝开展方面的可行性与正确性，本书应用 FLAC 3D 及接触面模型对离心模型试验中的 A2 试验进行了数值模拟，并与试验结果进行了对比。

FLAC 3D模型按照与离心试验模型1∶1比例建立，共由1150个单元、2010个节点以组成，模型的底边界为$X$、$Y$、$Z$三个方向全约束，侧面只约束与侧面垂直的方向。考虑到模型中裂缝可能裂开的方向，将接触面单元如图2.12所示布置，共平行布置11条接触面，每条接触面间隔为6.58mm，接触面单个单元平均边长为2mm，从左至右分别为接触面编号J1、J2、…、J11。图2.13为典型接触面单元形态。表2.3为模型试验的FLAC模拟参数。

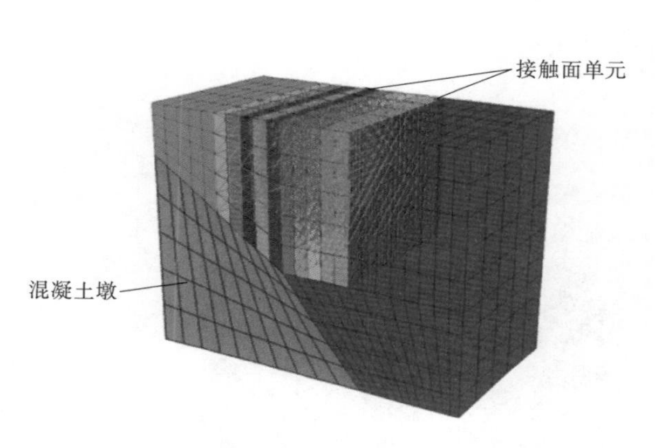


图2.12 离心模型的FLAC网格及接触面单元位置

图2.13 典型接触面单元形态（1号接触面）

表2.3 模型试验的FLAC模拟参数

| 材料名称 | $\gamma$ /(kN/m³) | $K$ | $K_{ur}$ | $n$ | $R_f$ | $K_b$ | $m$ | $\varphi_0$ /(°) | $\Delta\varphi$ /(°) | $C$ /kPa |
|---|---|---|---|---|---|---|---|---|---|---|
| 心墙 | 18.0 | 280 | 560 | 0.49 | 0.77 | 255 | 0.15 | 40.17 | 11.83 | 40.0 |
| 混凝土墩 | 19.6 | 10000 | 842 | 0.56 | 0.78 | 299 | 0.25 | 43.52 | 11.38 | 0 |

### 2.3.1 加速度加载过程模拟

本书在FLAC 3D中以Set Gravity命令控制模型的重力加速度，采用逐步加大模型$g$值的方式模拟模型在离心机内受到的重力加速度。为避免过大重力加速度一次加载引起的不合理变形，以及保证加速度加载过程平顺，采用从1$g$状态下开始，逐级增加10$g$的加速度的方式模拟离心机中试验过程。

图2.14为A2试验的心墙表面沉降时程曲线，图2.15为重力加速度在50$g$、100$g$和150$g$状态下A2试验数值模拟结果的竖向位移分布。随着重力加速度$g$值的不断增加，模型的竖向位移也不断增加，这与离心模型试验的规律一致。当重力加速度$g$值加载到20$g$时，数值模型开始出现裂缝，这与离心模型A2试验的规律基本一致。在接触面单元所在位置，竖向位移具有明显的突变，说明接触面单元发生了错动，即由于差别沉降产生了裂缝。

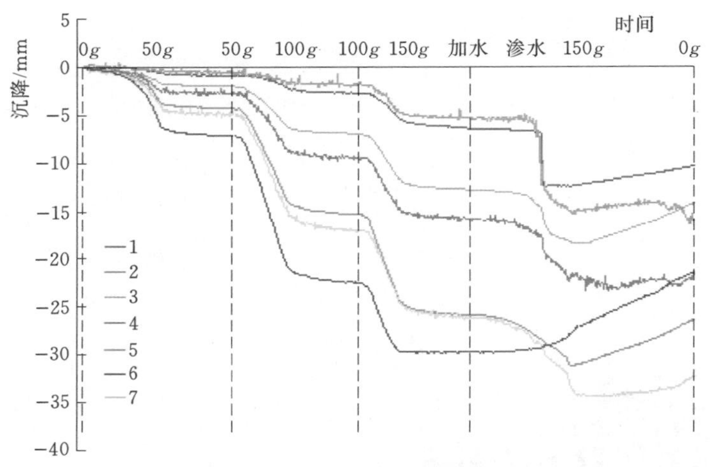


图 2.14 A2 试验的心墙表面沉降时程曲线

1～7 代表心墙表面不同位置点

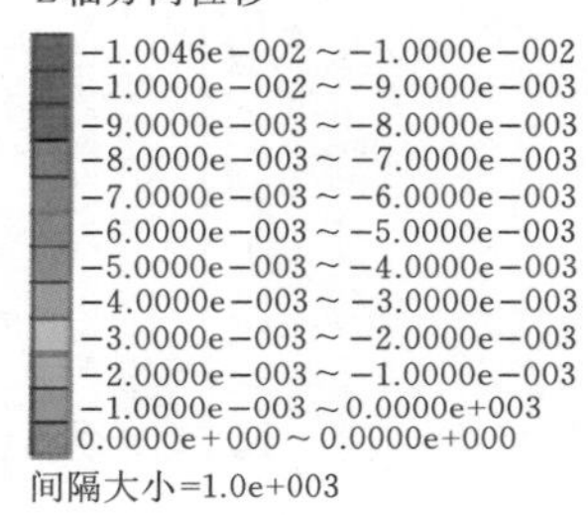


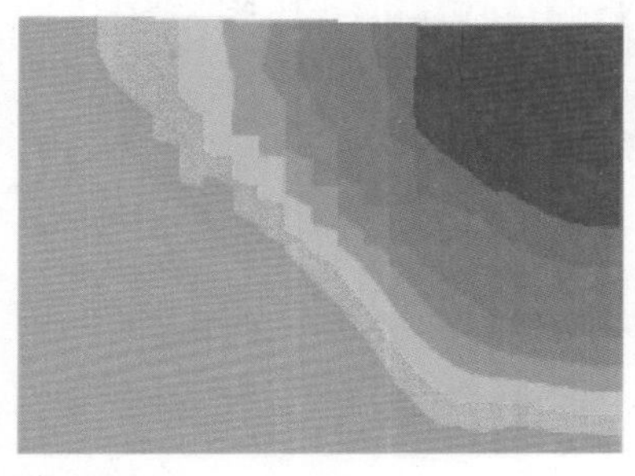

（a）50$g$重力加速度

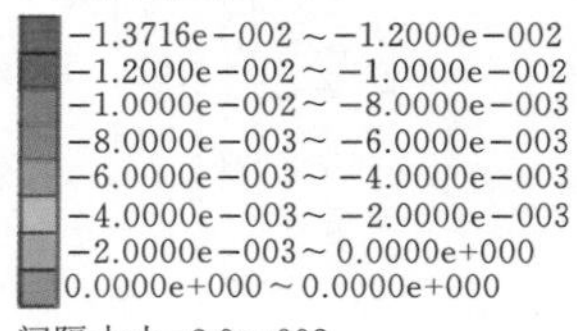

（b）100$g$重力加速度

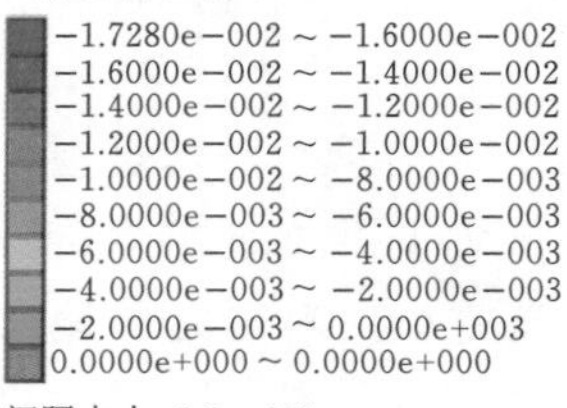

（c）150$g$重力加速度

图 2.15 不同重力加速度状态下模型竖向位移分布（单位：m）

### 2.3.2 数值模拟结果分析

图 2.16 为 A2 模型试验表面位移的数值模拟结果与试验结果的对比。由图可见，数值模拟结果的沉降量比离心模型沉降量偏小，但数值模拟结果模型表面沉降趋势与离心模型试验结果基本一致。数值模拟竖向变形结果与离心模型试验结果的差异，经分析认为是数值模拟与离心模型试验边界条件的差异性造成的：数值模拟的四面侧边界不能离开移动，而离心模型试验的土体与模型试验箱间产生了分离。数值模拟的固定边界限制了土体向内部变形。

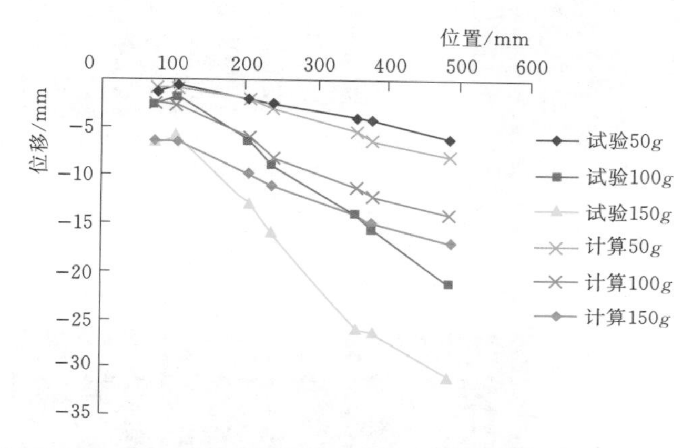


图 2.16　A2 模型试验表面位移的数值模拟结果与试验结果的对比

图 2.17 为 1$g$ 即标准重力场状态下 FLAC 3D 的网格形状，图 2.18 为重力加速度为 150$g$ 状态下的网格变形后形状，图 2.19 为变形前后网格对比图。比较变形前后的网格，发现由于模型土体厚度的不同，在加大重力加速度的条件下产生了不均匀的沉降；土体厚度大的位置沉降值较大，土体厚度小的位置沉降值较小；并且由于不均匀沉降的作用，部分预设的接触面单元位置出现了开裂。

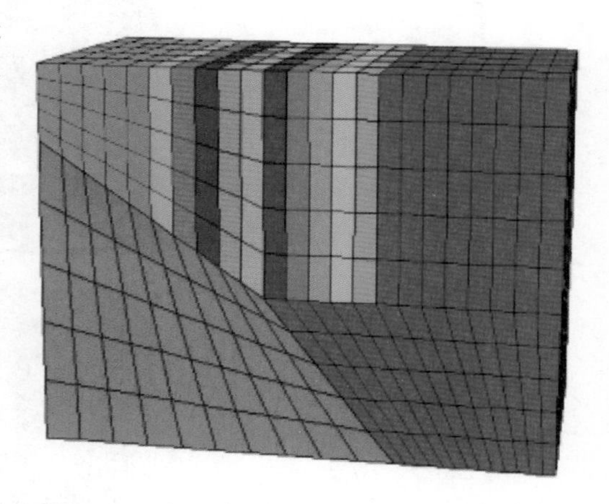

图 2.17　加速度为 1$g$ 状态下的 FLAC 模型

对比数值模拟与离心模型试验结果，发现数值模拟结果中裂缝出现的位置及范围与离心模型试验基本一致。图 2.20 为离心模型试验结果主裂缝位置在数值模型中位置比照，主裂缝大概对应数值模型中的 J1、J2、J3 接触面单元。对放大后的数值模拟模型表面网格变化图分析，发现接触面单元 J1、J2、J3 均出现了错动，说明在该位置出现了由于滑动引起的裂缝（图 2.21、图 2.22）。其他各接触面单元也产生了错动，模型表面出现台阶状裂缝（图 2.23）。由于裂缝的形态既存在台阶现象又存在表面裂开，综合分析离心模型合数值模拟结果的裂缝形态，认为裂缝产生的原因是剪切力与拉应力共同作用的结果。

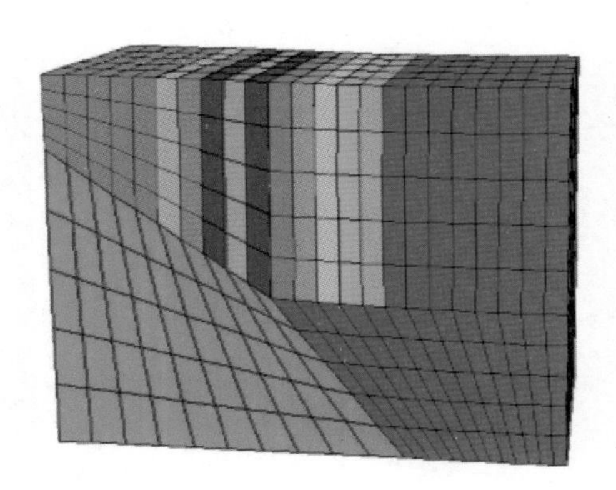

图 2.18　加速度为 150$g$ 的 FLAC 模型

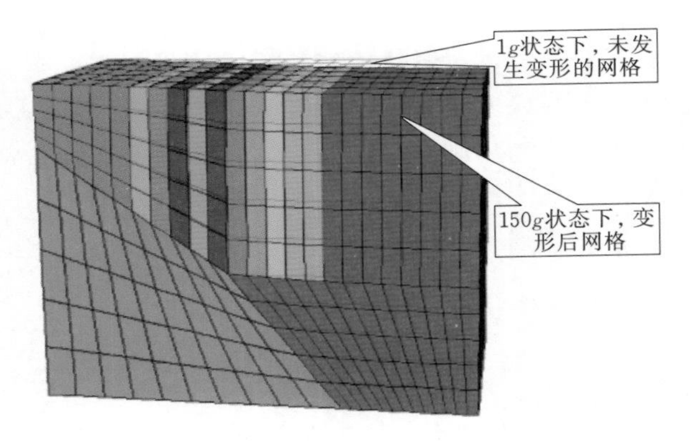


图 2.19　加载到 150$g$ 后模型发生沉降前后网格变形对比

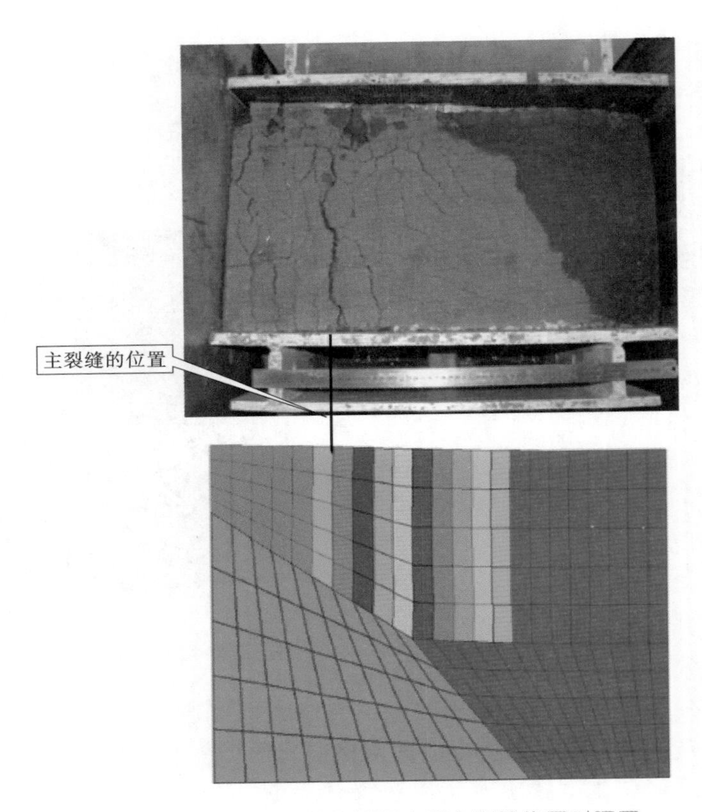


图 2.20　离心模型与数值模型表面主裂缝位置对照图

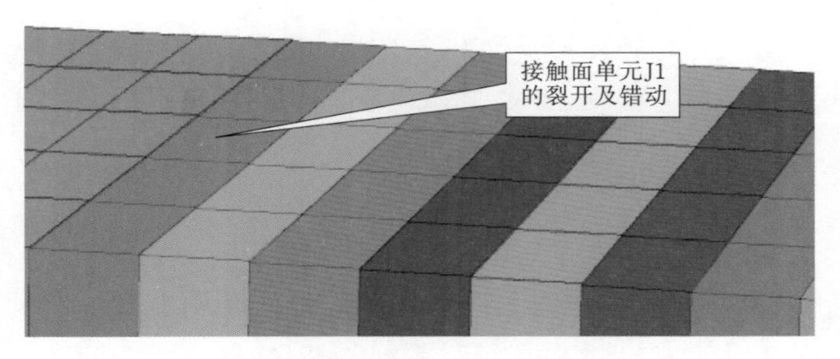


图 2.21　模型表面接触面单元 J1 的裂开及错动示意图

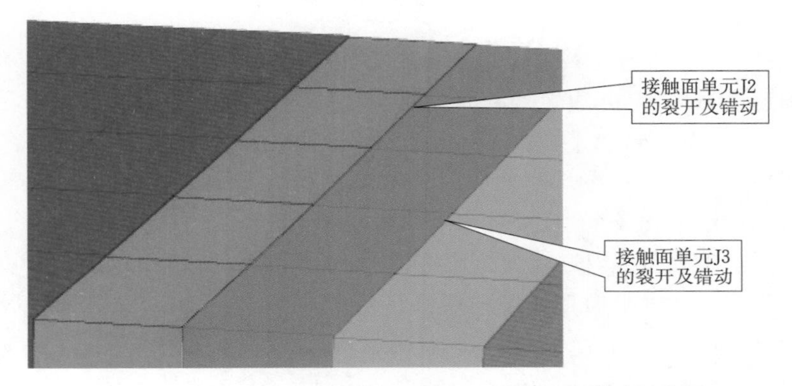


图 2.22　模型表面接触面单元 J2、J3 的裂开及错动示意图

图 2.23　模型表面台阶状裂缝形态

### 2.3.3　裂缝开裂宽度及深度分析

根据接触面单元中接触节点的接触状态判断法判断潜在的裂缝是处于“闭合”还是“张开”的状态。图 2.24 为模型中各接触节点的“闭合”“张开”状态判断结果。由图可见，模型表面的接触节点基本呈张开状态，说明模型表面出现了裂缝。模型内部有少部分节点处于张开状态，说明模型内部有一些微小裂缝存在，但由于数量较少，未形成贯通通道。本书通过判断相邻两个接触面节点是否都进入张开状态来判断裂缝深度，但该方法的准确性受接触面单元的网格密度即接触节点的数量影响很大。初步判断，最深裂缝出现在 J1 单元处，深度为 41.3mm。

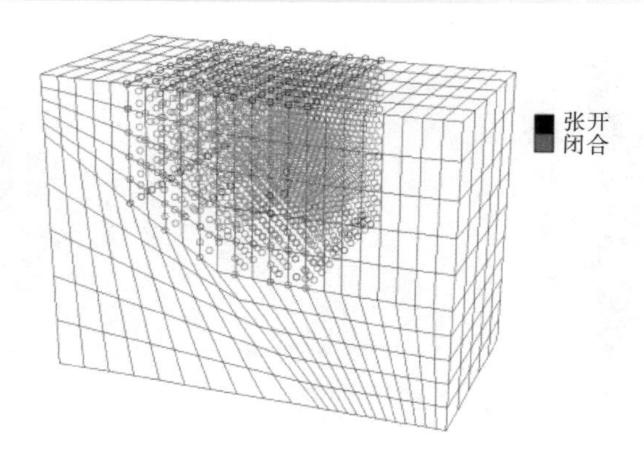


图 2.24　加载到 150$g$ 后接触面节点开裂闭合显示图

当离心加速度达到 150$g$ 后，接触面单元 J1、J2、J3 均出现了拉开现象，J1 单元拉开宽度最大为 $1.082\times10^{-2}$mm（图 2.25）。由于缺少离心模型试验中裂缝宽度的数据，不易做裂缝宽度精确数值的对比，但 J1、J2、J3 所占位置与离心模型中主裂缝所在位置相近，说明数值模拟结果比较合理。

裂缝的错距是反映裂缝对心墙安全影响的一个重要指标。本书以接触面单元的剪切位移评价裂缝的错距。各接触面单元中剪切位移最大为 1.423mm，说明裂缝最大错距达到该值（图 2.26）。

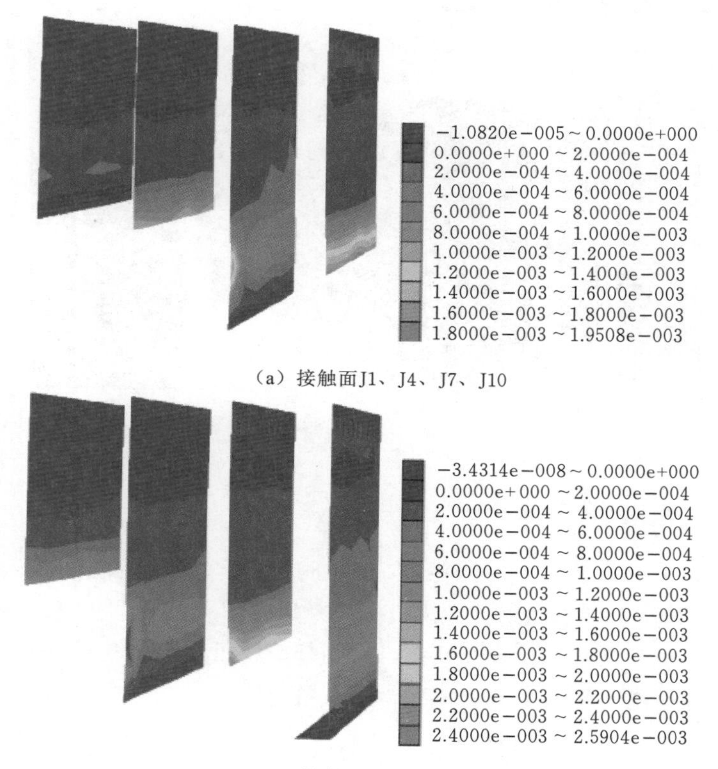


（a）接触面J1、J4、J7、J10



（b）接触面J2、J5、J8、J11

图 2.25（一）　加载到 150$g$ 后各接触面裂开宽度（负值为开裂，单位：m）

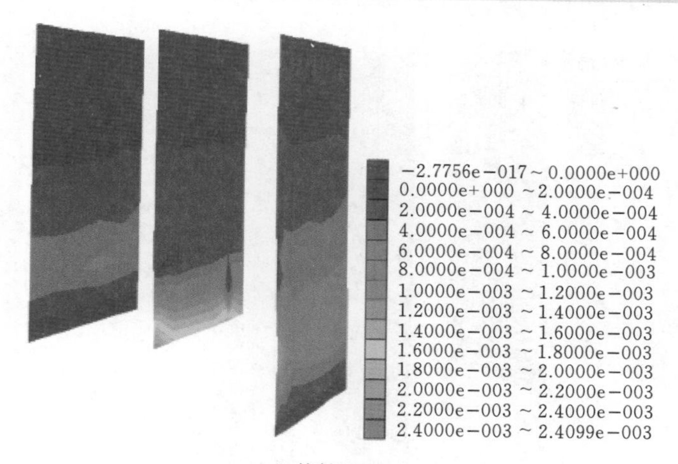


（c）接触面J3、J6、J9

图 2.25（二） 加载到 150$g$ 后各接触面裂开宽度（负值为开裂，单位：m）

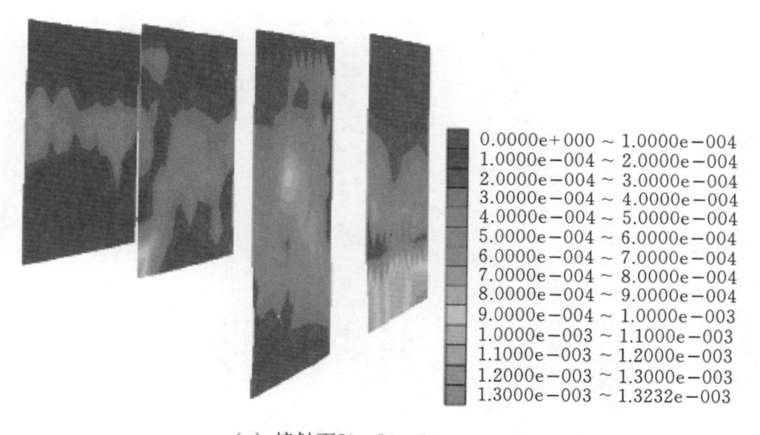


（a）接触面J1、J4、J7、J10

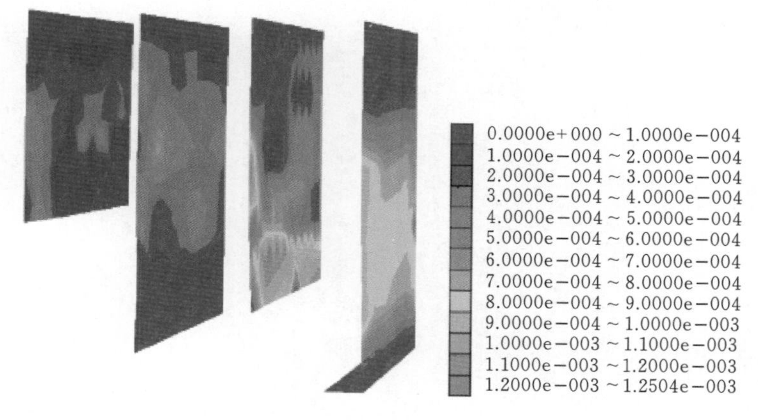


（b）接触面J2、J5、J8、J11

图 2.26（一） 加载到 150$g$ 后不同接触面错动距离（单位：m）

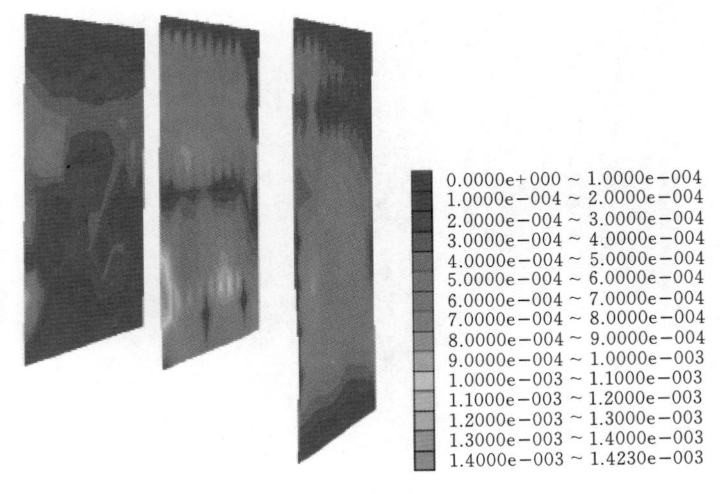


（c）接触面J3、J6、J9

图 2.26（二）　加载到 150$g$ 后不同接触面错动距离（单位：m）

# 第3章 土石坝筑坝材料的数值试验研究

近些年来，随着一批高土石坝的兴建，如何准确预测坝体的变形量，是研究者越来越关注的一个问题。从已建成土石坝的监测资料来看，对土石坝变形预测的已有研究成果仍难以准确预测大坝的变形特性，其中的一个重要原因就是预测模型的计算参数和实际筑坝料的参数存在差异。如何合理确定筑坝材料的力学性质，是正确揭示大坝运行机理的基础。

目前，随着筑坝技术的不断发展，筑坝粗粒料的最大粒径也越来越大。在水布垭、三板溪、天生桥一级等高面板堆石坝中，填筑用堆石料最大粒径已经接近甚至超过1m，通过室内试验准确测量现场筑坝料的力学性质变得越来越困难。按照《土工试验规程》(SL 237—1999)[58]中试样直径要大于最大粒径5倍的要求，要通过三轴试验测得原级配粗粒料的力学特性，试样直径最小应达到5m，目前的三轴试验仪器和这一要求还相差较远。有专家提出通过现场试验的方式测量原级配的力学特性，然而，建立超大型三轴试验仪器，不仅费用高，技术上也会遇到巨大困难。目前这一想法很难实现。针对室内试验诸多限制条件，一些学者开始致力于粗粒料力学性质的数值试验研究。

数值试验方法与室内试验相比，其突出优点在于不受试样尺寸的限制，可以实现不缩尺条件下全级配粗粒料的数值试验，同时还可消除试样端部约束及橡皮膜嵌入等问题带来的试验误差。本章论述了一种模拟测试砂砾石料力学性质的方法。

## 3.1 颗粒流基本理论及数值试验平台

### 3.1.1 颗粒流方法的基本假设和特点

20世纪70年代，Cundall等首先提出离散单元法，其基本思想是把介质离散成单个运动的颗粒单元，每个颗粒单元的受力和运动都遵循牛顿经典力学定律和力-位移关系法则，计算中做了如下假定：

(1) 假定每个颗粒单元不会破坏，为刚性体。

(2) 假定每个颗粒单元之间的接触为点接触。

(3) 对于颗粒单元之间的接触假定为柔性接触，接触处允许有一定的重叠量，但是重叠量很小并且与接触力有关。

(4) 假定了颗粒单元之间有特殊的黏结强度。

(5) 颗粒单元以圆球或圆盘的形式进行描述。

岩土工程研究的对象大部分都是岩石、粗粒土、砂土等这样的散体介质，其外部的变形是由内部介质的运动只沿相互接触面的表面发生滑动、滚动等造成的，而不是由外在变形所致。所以，假定颗粒为刚性体对于岩土工程材料比较符合实际。

此外在颗粒流模型中，用来模拟边界条件的还有被称之为“墙体”的单元，通过“墙体”施加速度使得颗粒集合体更加密实，同时还能模拟一定的压力。要说明的是，这种应力的大小是平均应力大小，因为对于离散介质，每个散离体对于墙的作用力不同。对于颗粒单元与“墙体”单元的接触，每个颗粒都遵循运动方程，而“墙体”单元则不同，因为“墙体”单元不存在质量，即使颗粒对于“墙体”的作用力再大也不能使得“墙体”发生移动。“墙体”单元的移动是通过使用者给定速度来实现的，同样，两个“墙体”单元之间也不会产生接触力的关系。

基于上述假设，和其他方法相比，颗粒流方法的特点有：

(1) 颗粒流模型不同于其他连续性介质模型，无法对介质的宏观力学特征进行直接赋值，只能对颗粒的几何大小、形态、颗粒间的接触特征等微观参数进行赋值。介质的宏观力学特性取决于这些微观参数的数值，改变微观参数大小直接影响着介质的宏观力学表现。

(2) 在颗粒流方法中，由于是介质内部的微观参数决定介质外部的宏观特征，介质的本构关系模型不是直接赋予，而是通过介质内部颗粒的状态变化体现出来的。例如，介质整体力学特性由线性向非线性转化，是因为介质内部颗粒之间的接触发生破坏所致。

(3) 由于计算单元采用的是圆球或圆盘，在进行接触关系判断时，比不规则形状的颗粒容易得多，具有潜在的高效率。

(4) 对介质内颗粒运动位移的大小没有限制，根据实际建模环境可以有效地对大变形的问题进行数值模拟。

(5) 颗粒流方法边界条件的设置比其他数值方法复杂得多，在进行计算准备工作时必须对其进行二次开发功能。

### 3.1.2 颗粒流基本理论

对于连续性介质力学问题，求解时必须满足本构方程、变形协调方程以及平衡方程等。而对于颗粒流而言，因为是离散的介质，不存在变形协调问题，在求解的过程中，对于每个颗粒单元只需要满足平衡方程即可，介质内部颗粒之间的相互受力以及约束作用等就相当于介质所遵循的本构方程。

#### 3.1.2.1 力-位移关系法则

颗粒流模型中有两种单元：一种是假定为圆球或圆盘的颗粒单元；另一种是模拟边界条件的“墙体”单元。而墙体之间不存在力的关系，所以在模型中只有“球-球”和“球-墙”两种接触形式，每种接触形式的接触点通过两接触单元的单位法向向量来描述。对于第一种接触，单位法向向量 $n_i$ 沿着两接触颗粒中心连线的方向；对于第二种接触，单位

法向向量 $n_i$ 与颗粒中心到墙体最短距离的方向有关。不管是哪种接触形式，接触力只发生于接触点的范围内，并且可以分解为法向力和切向力，力的大小和各自方向上的相对位移有关系，力-位移关系法则描述的就是这种相互关系。

（1）当两颗粒相互接触产生力的作用时，通常这个力是由法向接触力 $F_i^n$ 和切向接触力 $\Delta F_i^s$ 合成的，其表达式为

$$F_i^n = K^n U^n n_i \tag{3.1}$$

$$\Delta F_i^s = -K^s \Delta U_i^s \tag{3.2}$$

其中

$$n_i = \frac{X_i^{[B]} + X_i^{[A]}}{d} \quad （球-球） \tag{3.3}$$

$$d = | X_i^{[B]} - X_i^{[A]} | = \sqrt{(X_i^{[B]} - X_i^{[A]})(X_i^{[B]} - X_i^{[A]})} \tag{3.4}$$

式中：$K^n$、$K^s$ 为法向和切向接触刚度；$n_i$ 为两颗粒接触面上的单位法向向量，见图 3.1（a）；$X_i$ 为颗粒实体 A、B 的中心位置向量；$d$ 为两颗粒实体中心点的距离。

（2）对于颗粒-墙体接触的情况，$n_i$ 是沿着颗粒中心到到墙体最短距离 $d$ 的方向［图 3.1（b）］。

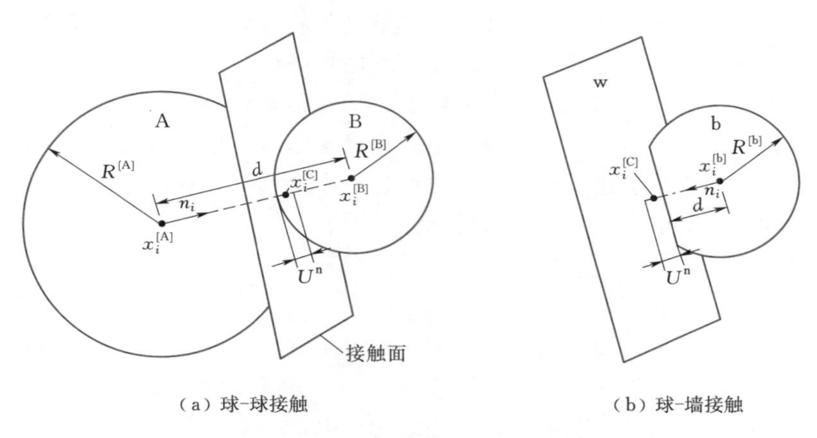


（a）球-球接触　　（b）球-墙接触

图 3.1 颗粒流模型中的单元接触关系

图中 $U^n$ 表示相对位移，表达式为

$$U^n = \begin{cases} R^{[B]} + R^{[B]} - d & （球-球） \\ R^{[b]} - d & （球-墙） \end{cases} \tag{3.5}$$

式中：$R$ 为球颗粒的半径；$d$ 为两颗粒中心之间的距离或颗粒中心到墙体的最短距离。

$\Delta U_i^s$ 为切向位移增量，其表达式为

$$\Delta U_i^s = v_i^s \Delta t \tag{3.6}$$

式中：$v_i^s$ 为接触速度在接触平面上的切向分量；$\Delta t$ 为计算时步。

#### 3.1.2.2 运动法则

根据颗粒与其接触实体（颗粒或墙体）的关系，可以利用上述力-位移关系计算出力和力矩，然后可以根据牛顿第二定律确定颗粒的加速度和角加速度，进而可以根据计算时步 $\Delta t$ 确定速度、角速度、位移以及转动量的大小。运动方程有合力-线性运动和合力矩-转动两种表示方法：

$$\left.\begin{aligned} F_x &= m\ddot{x} \\ F_y &= m(\ddot{y}-g) \end{aligned}\right\} \quad \text{(线性运动)} \tag{3.7}$$

$$M_i = \dot{H}_i \quad \text{(旋转运动)} \tag{3.8}$$

式中：$F_x$、$F_y$ 为颗粒在 $x$、$y$ 方向上所受的力；$\ddot{x}$、$\ddot{y}$ 分别为 $x$、$y$ 方向上的加速度；$m$ 为颗粒的质量；$g$ 为重力加速度；$M_i$ 为合力矩；$\dot{H}_i$ 为角动量。

$x$ 方向的加速度可表示为

$$\ddot{x} = F_x/m \tag{3.9}$$

对式（3.9）采用向前差分格式进行数值积分，得到颗粒沿 $x$ 方向的速度和位移：

$$\dot{x}(t_1) = \dot{x}(t_0) + \ddot{x}\Delta t \tag{3.10}$$

$$x(t_1) = x(t_0) + \dot{x}\Delta t \tag{3.11}$$

式中：$t_0$ 为起始时间；$\Delta t$ 为计算时步，$t_1 = t_0 + \Delta t$。颗粒沿 $y$ 方向的速度、加速度以及位移的计算方法类似。

#### 3.1.2.3 边界和初始条件

数值计算中，边界条件和初始条件的设置是必需的，而初始条件包括力、位移或速度等边界条件。和连续介质中定义应力、应变等不同，在松散介质中没有存在于每一个点上连续的应力或应变，而且相邻点的应力或应变的变化幅度还很大。在颗粒流模型中，计算颗粒间接触力和颗粒的位移，对于在微观上研究材料的特性很有意义，但不能将颗粒间接触力及位移直接与连续模型建立联系，需要经过一个平均的过程，才能从微观传递到连续模型中，这也就是模型中采用平均应力概念的原因。

颗粒流模型中有三种边界条件：墙体边界、颗粒边界以及混合边界。

对于墙体边界，只能施加速度约束，而不能直接对其施加外力，因为墙体是没有质量的单元，运动定律对其不适用。墙体所受的作用力是通过计算墙体与所有接触颗粒间产生的接触力的合力确定的，其速度通过平动速度 $\dot{x}_i^{[w]}$、转动速度 $\omega_i^{[w]}$ 和旋转中心坐标 $x_i^{[w]}$ 进行控制。墙的运动是通过不断更新定义墙的基点 P 的位置来描述的，具体表达式如下：

$$\dot{x}_i^{[P]} = \dot{x}_i^{[w]} + e_{ijk}\omega_j^{[w]}(x_k^{[P]} - x_k^{[w]}) \tag{3.12}$$

其中基点 P 可以是墙体上的任意一点。

颗粒流模型中也可以通过颗粒体来代替墙体作为边界条件。当以颗粒体作为边界时，作用于每个颗粒体的作用力、力矩以及初始速度的大小都可以通过初始化来完成，在执行运动定律之前通过叠加已存在的作用力或力矩，得到当前的作用力或力矩。在对模型边界进行定义时，通常有力边界和速度边界两种，混合边界描述的就是这两种边界条件同时存在的情况，在很多数值模拟过程中需要这种边界条件的定义。

#### 3.1.2.4 接触本构模型

颗粒流模型中，将材料的本构特性定义为颗粒之间的相互接触关系，每一颗粒的接触模型可分为刚度模型、滑动模型、黏结模型三类[59]。

刚度模型描述的是接触力和相对位移的关系；滑动模型是通过两接触单元的法向力和切向力来描述二者发生的相对运动；黏结模型则是给出了一个假象的点或面的连接强度来限制两接触单元的作用力。因本书数值模拟中主要采用刚度模型，故只对刚度模型进行详细介绍。

刚度模型定义了在法向和切线方向上，通过式（3.1）及式（3.2）把接触力和相对位移联系起来了，其中 $K_n$、$K_s$ 表示的接触刚度和接触力的大小有关。接触刚度模型可分为线性接触模型和非线性接触模型（简化的 Hertz - Mindlin 接触模型），各模型接触刚度的计算方法不同。

（1）线性接触模型。该模型涉及的两个量分别是法向刚度和切向刚度，两个接触单元的接触刚度假想为串联，以此来计算接触处的法向割线刚度 $K_n$ 和剪切刚度 $K_s$ 的大小，表达式为

$$K^{\xi}=\frac{k_{\xi}^{[1]}k_{\xi}^{[2]}}{k_{\xi}^{[1]}+k_{\xi}^{[2]}} \tag{3.13}$$

式中：$\xi=\{n,\ s\}$ 代表切向和法向方向；$k_{\xi}^{[1]}$ 和 $k_{\xi}^{[2]}$ 代表颗粒 1、2 在法向和切向方向上的刚度。

（2）非线性接触模型。非线性接触模型是基于 Mindlin 和 Deresiewicz[60] 提出的理论概化基础上得到的一种近似非线性的接触模型，采用了与法向力有关的初始剪切模量，仅严格适用于球体颗粒接触的情况。模型中采用剪切模量 $G$ 和泊松比 $\nu$ 两个参数进行描述，模型中没有定义球体受张力的情况。当采用该模型时，球与球接触的弹性参数采用两颗粒体的平均值；球与墙接触时，只采用球的弹性参数。该接触模型适用于应变较小、压缩应力的情况。

接触法线割线刚度为

$$K^{n}=\left(\frac{2\langle G\rangle\sqrt{2\widetilde{R}}}{3(1-\langle\nu\rangle)}\right)\sqrt{U^{n}} \tag{3.14}$$

$$K^{s}=\frac{2\left(\langle G\rangle^{2}3(1-\langle\nu\rangle)\widetilde{R}\right)^{1/3}}{2-\langle\nu\rangle}\left|F_{i}^{n}\right|^{1/3} \tag{3.15}$$

式中：$U^n$ 为颗粒接触重叠量；$|F_i^n|$ 为法向接触力。公式中涉及的其他参数，当两接触的单元为颗粒与颗粒时可表示为

$$\widetilde{R}=\frac{2R^{[A]}R^{[B]}}{R^{[A]}+R^{[B]}} \tag{3.16}$$

$$\langle G\rangle=\frac{G^{[A]}+G^{[B]}}{2} \tag{3.17}$$

$$\langle\nu\rangle=\frac{\nu^{[A]}+\nu^{[B]}}{2} \tag{3.18}$$

式中：$R$ 表示颗粒的半径；[A]、[B] 表示两个接触颗粒。当两接触单元为颗粒与墙体时，上述三个参数分别按照球体的参数进行计算，与墙体无关。

### 3.1.3 数值试验试样的构建及试验环境

双轴数值试验的过程主要分为三个步骤：生成试样、等向固结和轴向加压。首先，根据试验要求，建立所需试样尺寸，按照固定级配生成试样，并且保证所需要的孔隙率；其次，通过控制轴向和侧向边界，等向压缩试样至指定围压；最后，在保证侧向围压不变的

情况下，逐渐加大轴向的压力直至试样破坏。

#### 3.1.3.1 数值试验模型的构建

在生成数值试样模型样本时，试样的参数以及颗粒的参数控制量见表3.1。

表3.1 生成模型控制参数

| 控制参数 | 参数 | 参数描述 | 控制参数 | 参数 | 参数描述 |
|---|---|---|---|---|---|
| 试样参数 | $h$ | 试样高度（m） | 颗粒参数 | $k_n^{ball}$ | 颗粒法向刚度 |
| | $w$ | 试样宽度（m） | | $k_s^{ball}$ | 颗粒切向刚度 |
| | $k_n^{wall}$ | 边界法向刚度 | | $d^{ball}$ | 颗粒密度 |
| | $k_s^{wall}$ | 边界切向刚度 | | $\mu^{ball}$ | 颗粒摩擦系数 |
| | $\mu^{wall}$ | 边界摩擦系数 | | $rad$ | 颗粒半径 |
| | $poros$ | 试样孔隙率 | | | |

赋予表3.1中控制参数特定数值，按照一定的计算方法，就可以建立双轴数值试样模型。模型中的边界条件是通过软件中所谓的“墙体（wall）”来实现的，墙体单元实际上就是一条没有质量的直线段，通过直线上两个端点的坐标进行定义。墙体虽然没有质量，但是可以受到作用力，只是这种作用力不能产生位移量。墙体的移动是通过赋予其速度来实现的。决定墙体性质的参数有三个，分别是墙体法向刚度、墙体切向刚度和墙体摩擦系数。墙体的受力机制和颗粒类似，都是通过法向刚度和重叠量计算得到。

颗粒的生成方式有两种，分别是采用“ball”命令和采用“generate”命令。第一种方式只能单个地生成颗粒单元，并且后面生成的颗粒允许和前面生成的颗粒重叠，这种方式的优点是生成模型速度快，缺点是容易造成大量的颗粒重叠，为后续的计算工作造成麻烦。第二种方式则可以生成一定范围的颗粒组，即按照半径从小到大呈均匀分布生成颗粒，并且程序会保证每一个生成的颗粒都不重合，这种方式的优点是生成的颗粒均匀，能保证一定的级配，缺点是计算速度慢，每次生成一组新的颗粒，都需要花费大量时间计算颗粒的位置。

本书选用以上两种颗粒生成方式的结合，称之为“充填法”。开始时选用第二种生成方式，保证了颗粒的级配和孔隙度，并且此时计算速度相对较快；最后阶段由于生成的颗粒半径较小，生成的数量较多，所以此时选用第一种生成方式，能较快地生成所需要的颗粒数量。最后调节计算时步，使得相互重叠的颗粒在低速状态下相互分离，最终使得试样内部达到平衡状态。

#### 3.1.3.2 数值试验环境

颗粒流程序双轴试验模型示意图见图3.2。进行双轴试验时，上下加压板模拟轴压，左右加压板模拟侧向围压（$\sigma_3$）。为和实际物理试验相符，固定下边界墙体，控制上边界墙体模拟轴压，通过伺服机制控制侧向边界的位移来保持围压的恒定。边界内部用“充填法”颗粒生成方式，填充颗粒生成试样模型。

在试验过程中，由于试样为离散体介质，在计算轴压及围压时，通常用平均值来表示。在计算平均值的过程中，墙体的刚度对计算结果有很大影响，这被称之为“边界效应”。当墙体刚度过大时，在试样内部容易造成过大的初始应力，影响试验过程中的应力计算；当墙体刚度过小时，颗粒则会穿过墙体而逃逸。本书根据前人的研究成果，对侧壁墙体的刚度选取为颗粒刚度的0.1倍，以达到柔性接触的目的。另外，由于上下墙体为加载边界，刚度不宜过小，否则在加压的过程中颗粒将穿墙而出。

#### 3.1.3.3 数值试验伺服加载机制

双轴数值试验中，一项重要的控制环节是伺服系统。首先是通过伺服系统控制墙体边界来模拟固结过程，当达到指定围压时，关闭控制轴压的伺服系统，并且通过周期循环的方式赋予上加压板一个设定的加载速率。在加压的过程中，伺服系统只控制侧向墙体用以保持围压的恒定，以此来进行试验。

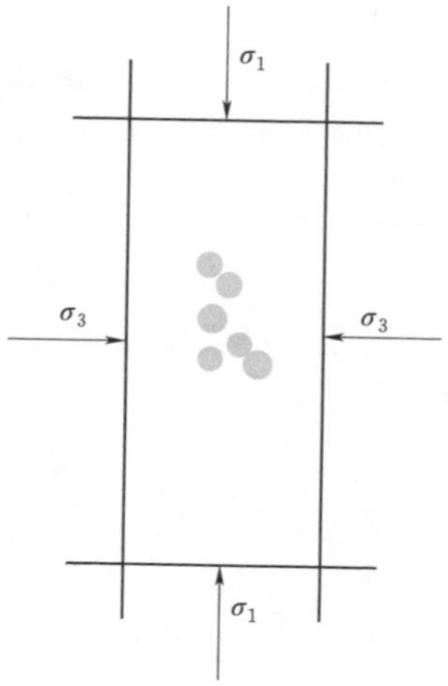

图 3.2 颗粒流程序双轴试验模型示意图

伺服系统主要是通过控制四个墙体的运动，使得模型达到指定的围压和轴向压力。系统运行时，通过计算某一时刻的应力和目标应力的差值，来确定下一时刻墙体单元需要运行的速度，在这一过程中墙体不断挤压或扩张，最终当二者差值接近于给定精度值时，墙体单元停止运动。具体计算原理如下。

在计算中，对每一时步，墙体所受的应力可表示为

$$\sigma^{(w)}=\frac{\sum\limits_{n}F^{(w)}}{ld} \tag{3.19}$$

式中：$F^{(w)}$为单个颗粒单元作用于墙体的力；$n$为和墙体接触的颗粒单元数量；$l$为墙体的长度；$d$为墙体的厚度（默认为1）。

墙体的移动速度计算公式为

$$v^{(w)}=G(\sigma^{(w)}-\sigma^{(m)})=G\Delta\sigma \tag{3.20}$$

式中：$\sigma^{(w)}$为某一时刻的应力；$\sigma^{(m)}$为目标应力；$G$为伺服系统中的参数。

由式（3.20）可知，不断更新伺服系统参数$G$的数值，即可获得下一时步墙体的速度$v^{(w)}$，直到满足指定的目标应力为止。所以，伺服系统中的关键因素是求得每一时步的$G$值，获得方法如下：

计算中，由墙体的移动产生的颗粒与墙体接触的作用力的变化值为

$$\Delta F^{(w)}=K_{n}^{(w)}v^{(w)}\Delta t \tag{3.21}$$

式中：$K_{n}^{(w)}$为与墙体接触的所有颗粒单元刚度的总和；$\Delta t$为时步。

将式（3.21）代入式（3.19）可以得到应力的变化值为

$$\Delta\sigma^{(w)}=\frac{K_{n}^{(w)}v^{(w)}\Delta t}{ld} \tag{3.22}$$

计算中为避免过快达到目标应力而对试验模型稳定性产生影响，实际中需设定一个松弛因子$\alpha$，来维持稳定的加载速度：

$$|\Delta\sigma^{(w)}|\leqslant\alpha|\Delta\sigma| \tag{3.23}$$

将式（3.20）和式（3.22）代入式（3.23）得

$$\frac{K_n^{(w)} G \mid \Delta\sigma \mid \Delta t}{ld} \leqslant \alpha \mid \Delta\sigma \mid \tag{3.24}$$

对式（3.24）进行变换，进而求得 $G$ 的计算公式为

$$G = \frac{\alpha ld}{K_n^{(w)} \Delta t} \tag{3.25}$$

伺服系统设置完成后，便可以对试样进行固结和加压。对于每一个计算时步，伺服系统都处于激活状态。

#### 3.1.3.4 宏观特征变量的计算方法

进行数值剪切试验的过程中可以得到3个宏观变量，分别是轴向应力、轴向应变和体积应变。通过这3个变量可以求得很多本构模型中的计算参数，所以需要准确得到这3个特征参数。对于离散元程序，模型是由离散的介质组成的，所以只能通过边界墙体的受力来反映试样整体所受到的作用力，不能对单个的颗粒进行计算。同时考虑到二维的计算情况，本书的计算方法具体如下。

（1）轴向应力采用式（3.26）进行计算：

$$\sigma_1 = \frac{F_{上}^{(w)} - F_{下}^{(w)}}{2w_n l} \tag{3.26}$$

式中：$F_{上}^{(w)}$、$F_{下}^{(w)}$ 为上、下“墙体”所受到的作用力（程序可自动检测）；$w_n$ 为每一计算时步模型的宽度；$l$ 为试样的厚度，取为1。

由于力在计算中是有方向的，本书中坐标系设置向上和向右为正，所以式（3.26）中分子表示的是上、下“墙体”所受到的作用力的和。

（2）轴向应变的计算根据上边界墙体的移动距离 $D_y$ 除以试样的总高度 $H$ 得到

$$\varepsilon_a = \frac{D_y}{H} \tag{3.27}$$

（3）体积应变。由于二维和三维的计算方法不同，在计算体积应变时，本书的计算公式为

$$\varepsilon_v = \varepsilon_x + \varepsilon_y + \varepsilon_x \varepsilon_y \tag{3.28}$$

式中：$\varepsilon_x$ 和 $\varepsilon_y$ 为 $x$ 和 $y$ 方向的应变，可按照式（3.27）计算方式求得。

本书中假定的是体积压缩为正，体积膨胀为负，所以式（3.28）中有正负之分。

## 3.2 微观参数对粗粒料宏观特性的敏感性分析

在基于离散单元法的颗粒流程序中，模型的宏观力学参数和颗粒单元的微观参数一般不能直接简单地联系在一起，这和我们通常所熟知的基于有限元理论的模型有着本质的区别。在连续介质中，参数不需要经过任何处理，就可以对模型直接赋予已经得到的物理参数。而对于颗粒流程序，无法对单个的颗粒赋予一个宏观参数，模型的宏观参数是通过调节微观参数得到的。宏观参数不仅和颗粒的微观参数有关，还与颗粒的形状以及模型的构成方式有关，这就决定了宏观参数和微观参数之间的联系复杂且多变。所以，在进行数值模拟之前，必须先对相应模型的宏观参数和微观参数之间的关系进行研究，从而得到合理

的、可满足要求的微观参数。

本节主要是通过对砂砾石类粗粒料进行双轴数值试验模拟，在大尺寸的试验条件下，对宽级配的试样进行微观参数的研究，分析不同的微观参数对试样宏观变量的影响规律，为后续研究的参数选取提供借鉴。

### 3.2.1 微观参数和宏观参数的联系

试样的宏观尺度表现和微观量值之间的关系见图 3.3。在宏观方面，主要是通过某种本构关系将应力和应变联系在一起；而在微观方面，表现出来的是颗粒之间的接触力和接触变形，再通过某种计算方法把二者联系起来，这称之为微观本构。

可以通过将试样的应力和应变等宏观表现离散化，得到颗粒之间的接触力和接触变形等微观特性。反过来，在微观条件下，又可以通过统计平均值的方式来近似得到模型的宏观参数，以此来判定细观模型参数选取的合理性。

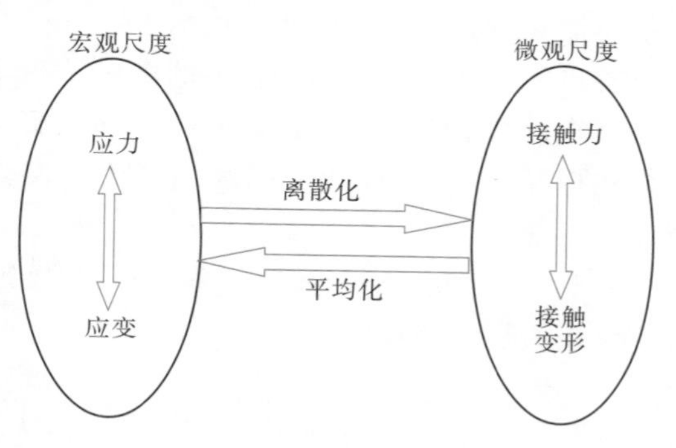


图 3.3 宏观参数和微观参数之间的关系

颗粒流模型中，颗粒的微观参数主要包括颗粒的几何参数、颗粒的力学参数和颗粒的接触形式，其中前两种对任何一个模型都是不可或缺的，第三种是计算宏观参数的方式，可以根据不同模拟对象选择。对于不同的计算模型，颗粒的微观力学参数也不尽相同，这部分已在第 3.1 节中介绍过。

### 3.2.2 计算模型的建立

由于本书针对的是圆度较好且破碎率低的砂砾石类粗粒料进行的双轴数值试验，试验中将粗粒料假定为只发生弹性变形并不发生破碎的圆形颗粒（图 3.4），并且两颗粒单元之间采用线性弹性接触关系，颗粒之间允许有一定的重叠量，用以计算颗粒之间的接触

图 3.4 砂砾石类粗粒料试验模型

力。所以，本书涉及的参数主要有颗粒之间的接触刚度和颗粒之间的摩擦系数。本书模型的微观参数和宏观参数见表3.2。

表3.2 本书模型的微观参数和宏观参数

| 微观参数 | 宏观参数 | 微观参数 | 宏观参数 |
|---|---|---|---|
| 颗粒法向刚度 $k_n$ | 初始弹性模量 $E_i$ | 刚度比 $k_n/k_s$ | 表观峰值强度 $\sigma_f$ |
| 颗粒切向刚度 $k_s$ | 初始体积模量 $B_i$ | 颗粒摩擦系数 $\mu$ | |

在数值试验中，采用线性弹性接触关系的计算模型。对颗粒单元赋予力学参数时，只包括颗粒的法向刚度 $k_n$、颗粒的切向刚度 $k_s$ 以及颗粒之间的摩擦系数 $\mu$，前两个参数主要确定颗粒单元所受到的法向接触力，后一个参数确定颗粒单元所受到的切向力。综合统计颗粒单元受到的所有的接触力的作用，在试样内部表现的是颗粒之间的相互作用，外部则是试样的宏观表现。根据试验得到的最直接的宏观表现是试样的初始弹性模量 $E_i$、初始体积模量 $B_i$ 和表观峰值强度 $\sigma_f$，从而根据这三个量的变化来评判颗粒微观参数的敏感性。

试验选取某水利工程的上坝料原级配缩尺之后的试验级配作为研究对象，并且此级配和后续研究所用级配相同（图3.5）。

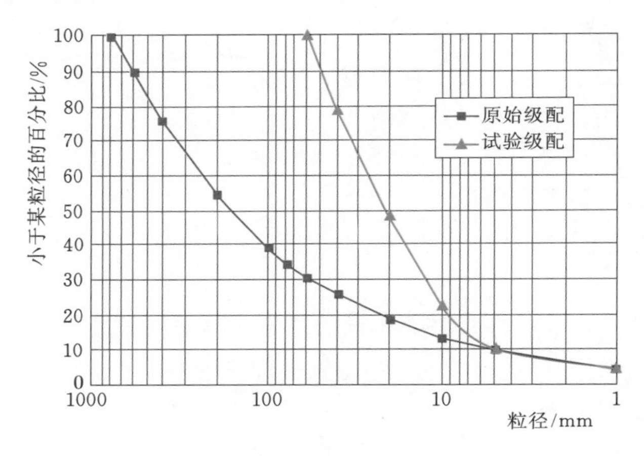


图3.5 试验级配

本试验试样尺寸采用常规大型三轴试验尺寸，宽为0.3m，高为0.6m，根据规范的要求，可以试验的最大颗粒粒径为60mm。采用前面提到的充填法来生成试样，试样的最小粒径控制在1mm，最大粒径为60mm。试样的孔隙率控制在25%。并且对于四个墙体边界的摩擦系数都设置为0，用以模拟光滑边界；左右墙体的法向刚度和切向刚度都设置为 $1\times10^8$N/m，这与颗粒的刚度相同或较小，可以模拟柔性边界；为了将上下墙体模拟为加压板，法向刚度和切向刚度都为左、右墙体刚度的10倍，设置为 $1\times10^9$N/m，比颗粒的刚度大，防止颗粒穿墙而出。

### 3.2.3 数值试验方案

根据大量试验和前人研究成果可以确定，影响模型宏观力学特性的颗粒微观力学参数不仅仅是上述三个，大部分情况是各个微观参数相互结合，呈现非线性的影响关系。目前得知颗粒的法向刚度 $k_n$ 和颗粒的切向刚度 $k_s$ 会以比值的形式，对宏观参数有较大的影响，即刚度比 $k_n/k_s$。

本章结合微观参数敏感性已有研究成果[61]，在保证试样尺寸和级配相同的条件下，设计了2组方案分别对颗粒接触刚度和颗粒摩擦系数的敏感性进行了分析，见表3.3和表3.4。

表3.3　试验方案A及试验参数

| 方案 | 摩擦系数 | 刚度比 $k_n/k_s$ | $k_n$ /($\times10^8$N/m) | 围压 $\sigma_3$ /MPa |
|---|---|---|---|---|
| A | 0.5 | 0.5 | 1 | 0.4、0.8、1.2 |
| | | | 2 | 0.4、0.8、1.2 |
| | | | 5 | 0.4、0.8、1.2 |
| | | 1 | 1 | 0.4、0.8、1.2 |
| | | | 2 | 0.4、0.8、1.2 |
| | | | 5 | 0.4、0.8、1.2 |
| | | 2 | 1 | 0.4、0.8、1.2 |
| | | | 2 | 0.4、0.8、1.2 |
| | | | 5 | 0.4、0.8、1.2 |
| | | 5 | 1 | 0.4、0.8、1.2 |
| | | | 2 | 0.4、0.8、1.2 |
| | | | 5 | 0.4、0.8、1.2 |
| | | 10 | 1 | 0.4、0.8、1.2 |
| | | | 2 | 0.4、0.8、1.2 |
| | | | 5 | 0.4、0.8、1.2 |

表3.4　试验方案B及试验参数

| 方案 | $k_n$ /($\times10^8$N/m) | $k_s$ /($\times10^8$N/m) | 摩擦系数 | 围压 $\sigma_3$ /MPa |
|---|---|---|---|---|
| B | 1 | 1 | 0 | 0.4、0.8、1.2 |
| | | | 0.2 | 0.4、0.8、1.2 |
| | | | 0.4 | 0.4、0.8、1.2 |
| | | | 0.6 | 0.4、0.8、1.2 |
| | | | 0.8 | 0.4、0.8、1.2 |
| | | | 1 | 0.4、0.8、1.2 |
| | | | 1.2 | 0.4、0.8、1.2 |
| | | | 1.5 | 0.4、0.8、1.2 |

试验方案A从颗粒法向刚度和颗粒切向刚度的比值（$k_n/k_s$，即刚度比）出发，共进行了45组数值试验，研究了试样在相同尺寸和相同试验级配的条件下，颗粒的刚度比 $k_n/k_s$ 的变化对模型的初始弹性模量、初始体积模量和表观峰值强度的影响规律。对于每一个刚度比，特别设置了3个不同的法向刚度，而对于每一个法向刚度又进行了3个不同围压的试验，从而可以分析法向刚度及法向刚度和刚度比在不同围压下的影响规律。

方案B在保证颗粒法向刚度和切向刚度相同的情况下，设置了8个不同的颗粒摩擦系数，对每个颗粒摩擦系数又设置了3个不同的围压，共进行了24组数值试验，来分析颗粒摩擦系数对宏观参数的敏感性，研究在不同的围压下摩擦系数的敏感性变化。在此需要说明的是，方案B中颗粒摩擦系数为0的设置纯粹是为了研究试验规律所用，在实际试验中不会出现这种情况。

两种方案都是在保证墙体边界条件完全一致的情况下设置的，对每一个微观参数进行研究时，其他参数都保持不变，只改变了这一微观参数的数值，所以方案设置符合参数敏感性分析的要求。

### 3.2.4 微观参数变化对宏观特性的影响分析

#### 3.2.4.1 数值试验方案模型的生成及计算结果

根据3.2.3部分中方案A和方案B的设置参数生成试验模型，由于设置的试验组数较多，图3.6展示了两个方案的部分数值试样模型。

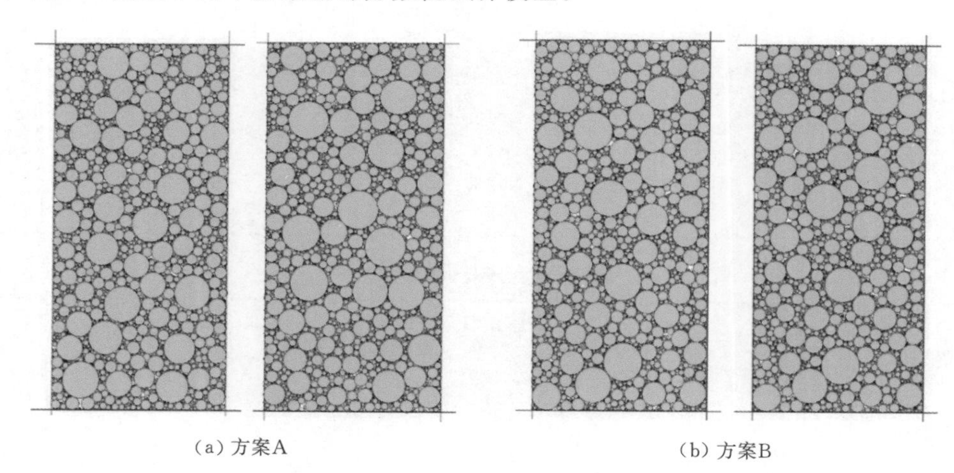

(a) 方案A　　(b) 方案B

图3.6 方案A和方案B部分数值试样模型

对试样进行双轴剪切试验，按照应变控制的方式控制试验，当轴向应变达到15%时试验结束。图3.7为方案A中某一试样在剪切过程中的位移矢量图。

由位移矢量图可知，生成的数值试样能较好地模拟双轴剪切试验：在试验刚开始的时候，试样在轴压和围压的作用下都出现了向试样中间移动的现象，试样主要表现为体积缩小的趋势；当轴向应变进一步增加时，试样的长度会变短，内部颗粒单元逐渐向两侧移动，挤压侧向边界，为了能保持围压的恒定，侧向边界就会出现向外移动的现象，导致试

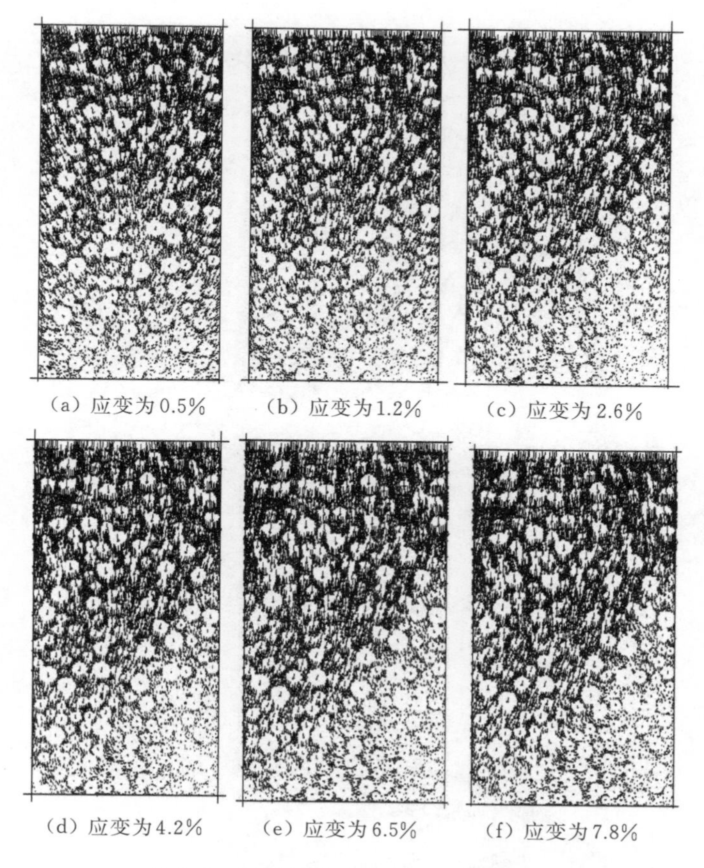


图 3.7 试样剪切过程中的位移矢量图

样宽度变大，但由于试样长度在轴向方向也在减少，此时试样仍然表现为体积缩小的趋势；当轴向应变达到2%～4%时，在轴向力的作用下，克服了试样内部的摩擦，试样中出现了与水平方向约成45°夹角的剪切带，此时试样达到了峰值强度，出现了破坏；继续对试样进行加载时，试样内部的作用力主要表现为剪切带上的摩擦力，而外部的表现主要是峰值强度迅速减小。

根据上述剪切过程，能够记录轴向力、轴向应变和体积应变在每一时刻的变化值，从而可以得到偏差应力和体积应变随着轴向应变的变化曲线，进而可以求得其他的宏观力学参数。

#### 3.2.4.2 颗粒接触刚度对宏观特性的影响分析

对方案A设计的颗粒刚度比 $k_n/k_s$ 的敏感性进行剪切数值试验，分别按照法向刚度 $k_n=1\times10^8$N/m、$k_n=2\times10^8$N/m 和 $k_n=5\times10^8$N/m 的结果进行了整理（图3.8和图3.9）。为了更加准确地分析颗粒接触刚度的影响，避免围压对分析结果的影响，对于每一个法向刚度，又统计了0.4MPa、0.8MPa和1.2MPa三个围压的试验结果。

方案A当 $k_n=1\times10^8$N/m 时，在不同刚度比和不同围压下的试验结果见图3.8和图3.9。

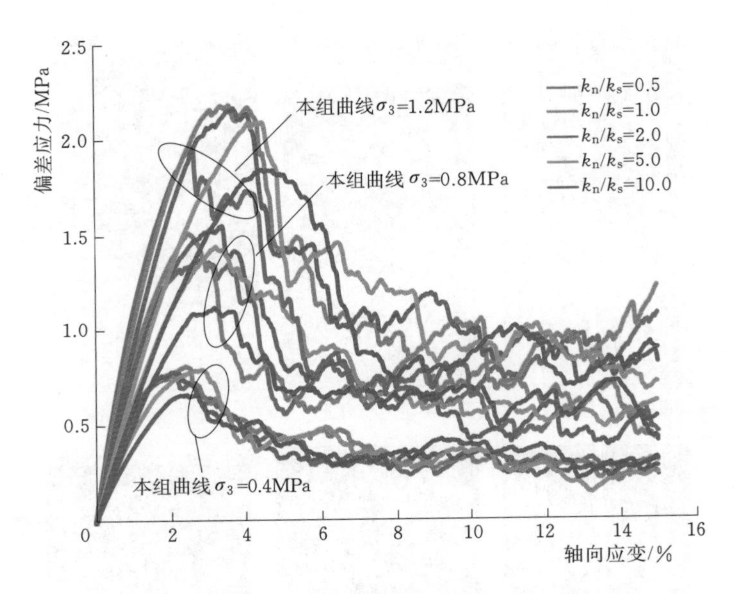


图3.8 方案A偏差应力-轴向应变试验曲线
($k_n=1\times10^8$N/m)

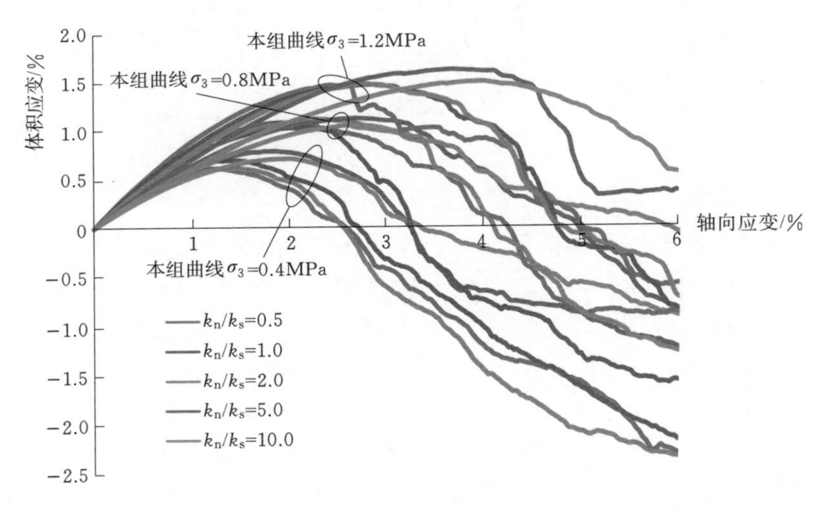


图3.9 方案A体积应变-轴向应变试验曲线
($k_n=1\times10^8$N/m)

方案A当$k_n=2\times10^8$N/m时，在不同刚度比和不同围压下的试验结果见图3.10和图3.11。

方案A当$k_n=5\times10^8$N/m时，在不同刚度比和不同围压下的试验结果见图3.12和图3.13。

由试验结果可知，在三种围压下，偏差应力均先随着轴向应变的增加而增大。当轴向应变达到2%～4%时，偏差应力值达到最大，试样出现峰值强度。由于数值试验的材料

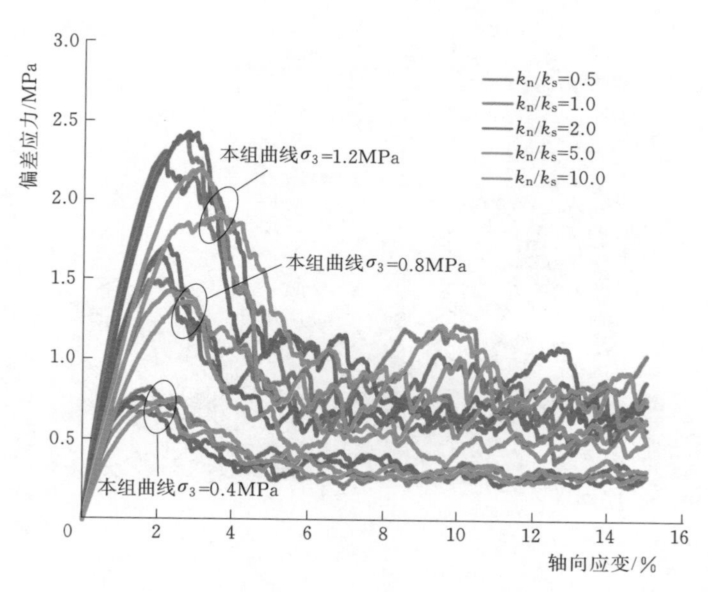


图 3.10 方案 A 偏差应力-轴向应变试验曲线
($k_n=2\times10^8$N/m)

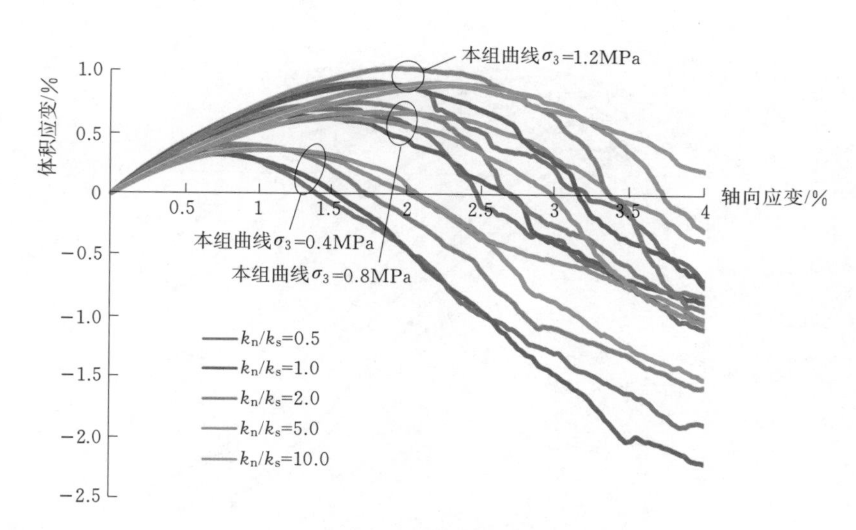


图 3.11 方案 A 体积应变-轴向应变试验曲线
($k_n=2\times10^8$N/m)

为圆形颗粒，在剪切的过程中主要发生的是颗粒的弹性变形和颗粒之间的摩擦作用；而实际试验的材料大多为不规则的块体，在剪切过程中发生的是颗粒破碎和颗粒之间的相互咬合作用，所以实际试验中无明显的峰值强度出现。

数值试验中，当出现峰值强度后，偏应力会迅速减小，最后趋于稳定。这是因为，在开始阶段由于颗粒之间存在摩擦力，偏应力会一直增加，当达到峰值强度后，试样内部颗粒在外力的作用下，克服颗粒之间的摩擦作用开始滑动，且圆形颗粒也不存在咬合的作

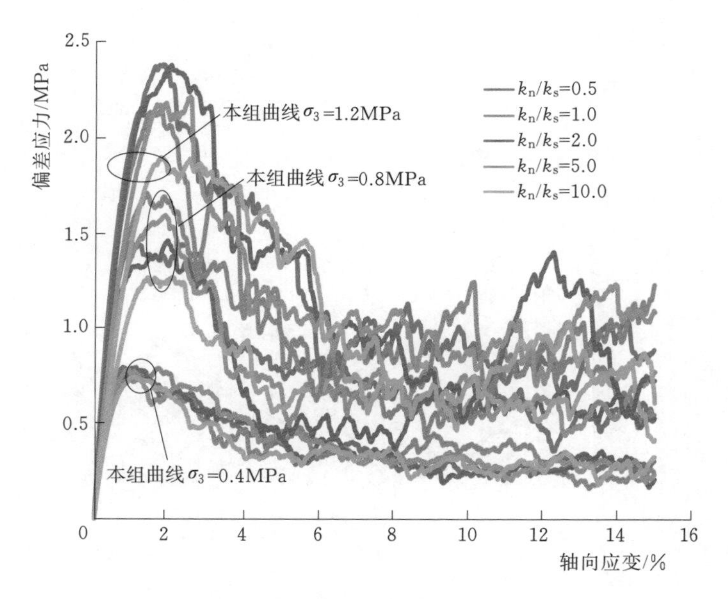


图 3.12 方案 A 偏差应力-轴向应变试验曲线
($k_n=5\times10^8$N/m)

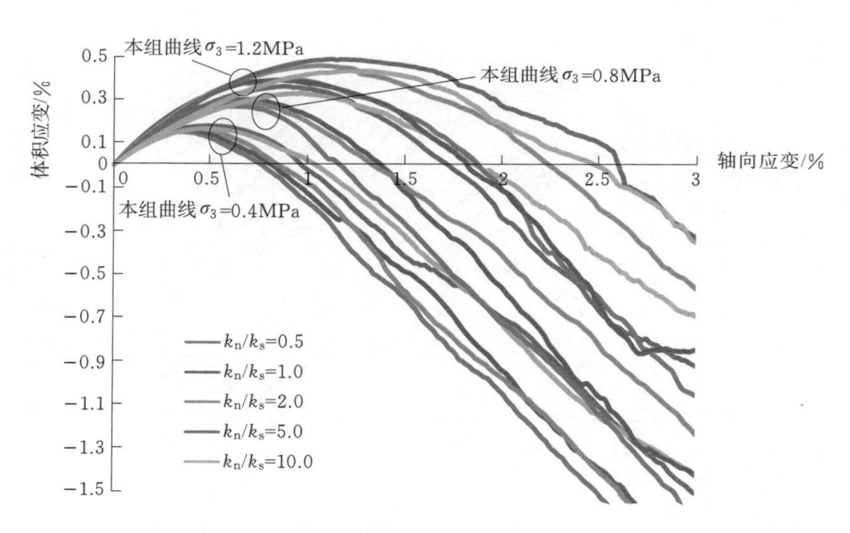


图 3.13 方案 A 体积应变-轴向应变试验曲线
($k_n=5\times10^8$N/m)

用，所以，偏应力就会在出现峰值强度后急剧减小，而且当围压增大时，这种急剧减小的现象更加明显。

由于本试验设定的是压应力为正、拉应力为负，即体积减小为正，体积增大为负。初始时刻主要表现是试样内部颗粒受到挤压向中间移动，体积缩小。在体积应变-轴向应变坐标系中，开始时刻体积应变为正值；当试样达到峰值强度时，体积应变值最大，此时试样的体积最小；当达到峰值强度后，体积应变也开始迅速减小，最终表现为剪胀现象。由于试验中的颗粒是不可破碎的，当试样破坏后，对试样继续加载，试样内部主要表现为颗粒的位置调整，这和物理试验试样内部既有颗粒破碎又有位置调整有一定差距，所以体积应变最终较难出现收敛趋势。

根据偏差应力、轴向应变和体积应变三个试验参数，按照规范要求，选取试验中应力水平为0.7和0.95的两个点，就可以求得初始弹性模量$E_i$和初始体积模量$B_i$，以此来分析刚度比$k_n/k_s$对这两个宏观参数的影响规律，从而分析刚度比的敏感性。

图3.14～图3.16为三种法向刚度下，初始弹性模量$E_i$、初始体积模量$B_i$和表观峰值强度$\sigma_f$随着刚度比$k_n/k_s$的变化曲线，对于每一个法向刚度，又统计了三个围压条件的试验结果。

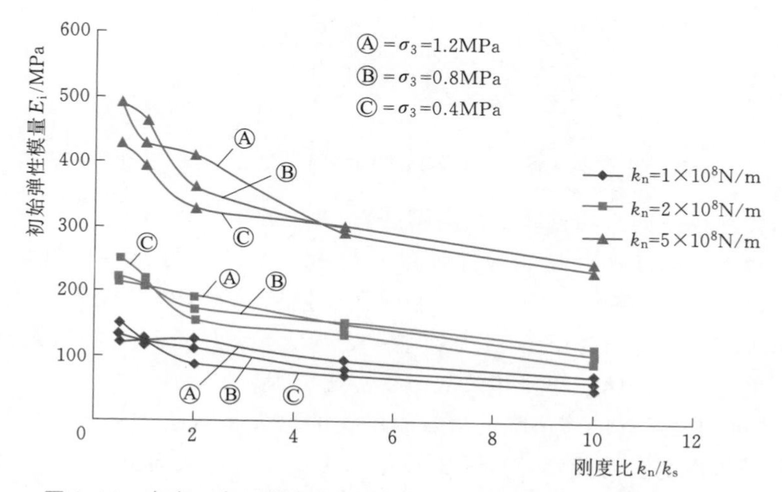


图3.14 方案A各试样初始弹性模量$E_i$随刚度比$k_n/k_s$变化曲线

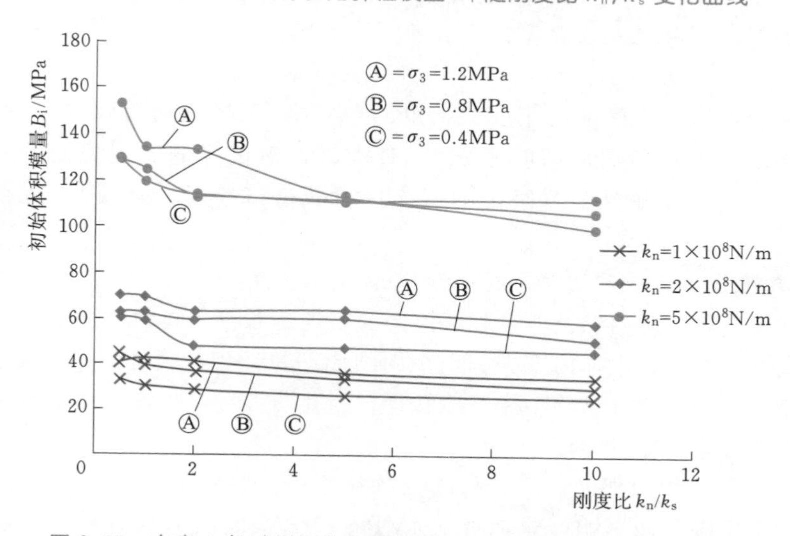


图3.15 方案A各试样初始体积模量$B_i$随刚度比$k_n/k_s$变化曲线

由图3.14和图3.15可知，当法向刚度相同时，试样的初始弹性模量和初始体积模量均随着刚度比的增大而减小，并且刚度比越大，减少的量越小。围压条件对试样的初始弹

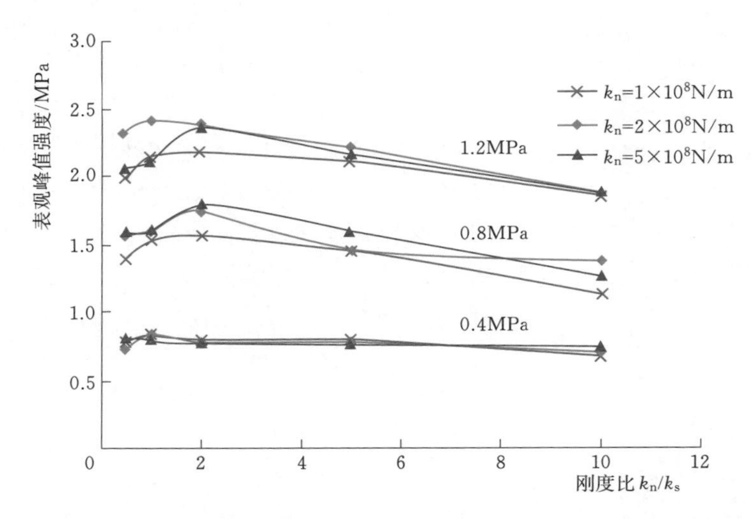


图 3.16 方案 A 各试样表观峰值强度随刚度比 $k_n/k_s$ 变化曲线

性模量和初始体积模量的影响比颗粒法向刚度 $k_n$ 大小的影响要小。

法向刚度越大，刚度比对初始弹性模量和初始体积模量的影响越明显。当 $k_n=5\times10^8$N/m，刚度比从 0.5 变化到 10 时，初始弹性模量从 492MPa 减少到了 234MPa，减少了 52%；初始体积模量从 153MPa 减少到了 113MPa，减少了 26%。当 $k_n=1\times10^8$N/m 时，初始弹性模量和初始体积模量相对减小得都比较少。

由图 3.16 可知，试样的峰值强度随着刚度比的增大呈减小的趋势，并且在高围压条件下，试样的峰值强度波动较大。当围压等于 0.4MPa 时，法向刚度取 $1\times10^8$N/m 的试样，当刚度比小于 5 时，峰值强度的变化基本在 0.77～0.80MPa 之间，当刚度比达到 10 时，峰值强度变为 0.62MPa，表现为明显的下降趋势。当围压较大时，试样的峰值强度减少得更多。

由上述分析可知，当颗粒的刚度比 $k_n/k_s$ 过小时，试样的初始弹性模量和初始体积模量受到的影响较大；当颗粒刚度比 $k_n/k_s$ 较大时，对试样的表观峰值强度影响明显。所以，对大尺寸的试验条件，宽级配的试样进行数值试验时，建议颗粒的刚度比取值为 1.0～5.0。

#### 3.2.4.3 颗粒摩擦系数对宏观特性的影响分析

对堆石材料进行物理剪切试验，材料内部的表现是颗粒之间的摩擦及咬合。而对于颗粒流模拟的离散元材料，试样内部为一个个的圆形颗粒，相互之间只有摩擦作用。在此，颗粒之间的摩擦综合了实际试验中的摩擦和咬合的共同影响，所以颗粒之间的摩擦系数是数值试验中一个重要的影响参数。

方案 B 设计了在相同刚度比下，只改变颗粒摩擦系数对试验结果的影响，同时为了在结果分析中考虑围压的影响，分别对 0.4MPa、0.8MPa 和 1.2MPa 三个围压条件的试验结果进行了整理，见图 3.17～图 3.22。

由偏差应力-轴向应变、体积应变-轴向应变关系曲线可知，不同摩擦系数试样的应力-应变曲线相差较大。初始弹性模量、初始体积模量和表观峰值强度都有很大的变化，特别是表观峰值强度。当颗粒之间摩擦系数为0时，几乎没有明显的峰值强度点，试样内部主要表现为颗粒之间的相互挤压及颗粒位置的调整，所以偏应力曲线不是一条平滑的曲线，表现为应力的突然增大或减小。

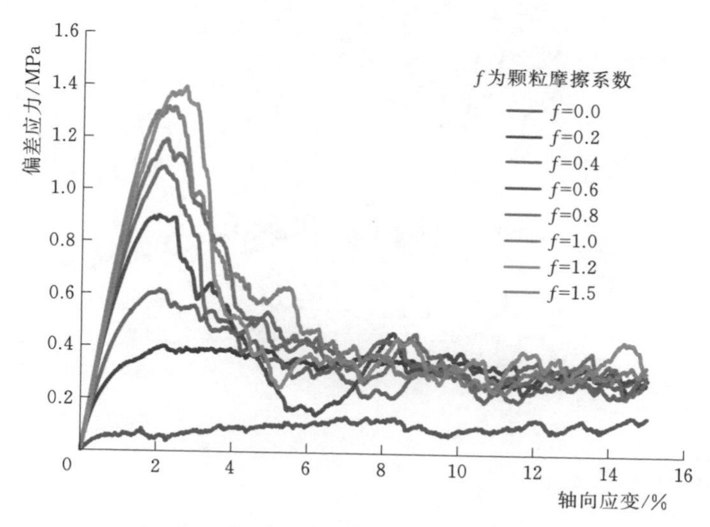


图3.17 方案B偏差应力-轴向应变试验曲线（$\sigma_3=0.4$MPa）

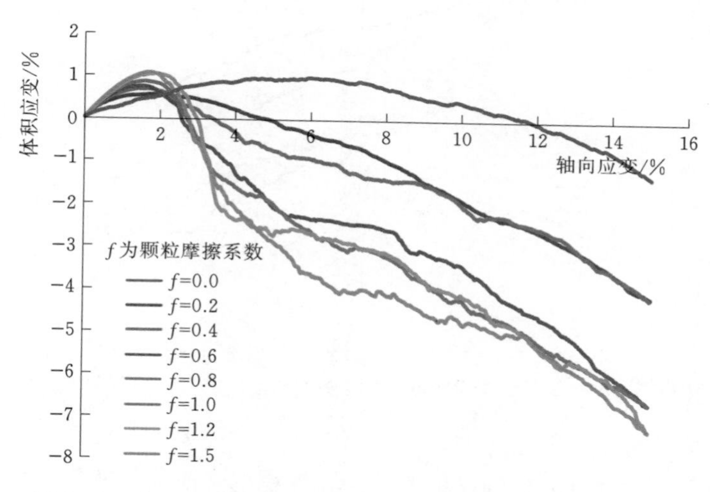


图3.18 方案B体积应变-轴向应变试验曲线（$\sigma_3=0.4$MPa）

当颗粒摩擦系数不为0时，开始时刻表现为应力随着轴向应变的增大而增大，当轴向应变达到2%～3%时，几乎所有试样都达到了峰值强度，即试样出现了破坏。这说明颗粒摩擦系数的大小对试样出现峰值强度时的轴向应变值影响不明显，并且当围压越大时，试样出现峰值强度时的轴向应变也越大。当试样达到峰值强度后，对试样继续进行加载，随着摩擦系数的增大，应变软化现象越明显；当试样再次达到稳定后，同一个围压条件下，试样的残余强度相差不大，并且残余强度的量值随着围压的增大而增大。

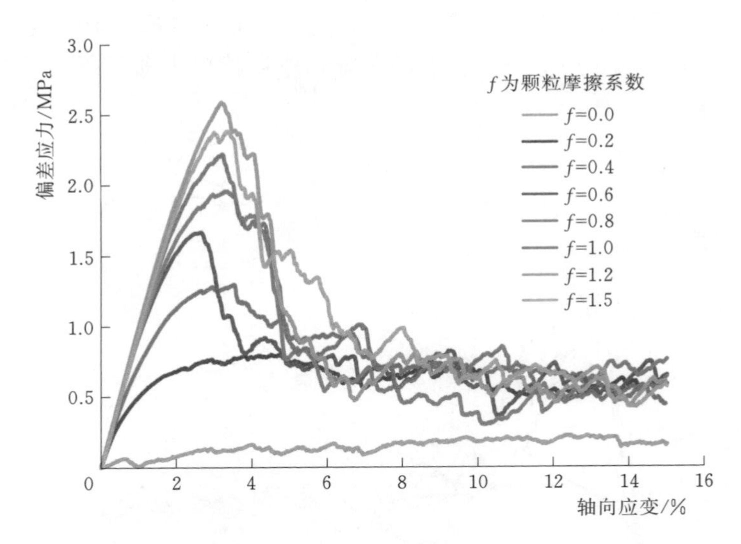


图 3.19 方案B偏差应力-轴向应变试验曲线（$\sigma_3=0.8$MPa）

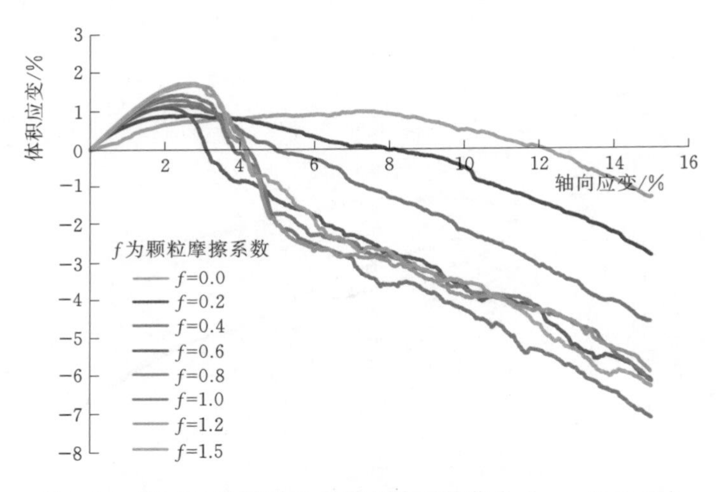


图 3.20 方案B体积应变-轴向应变试验曲线（$\sigma_3=0.8$MPa）

由体积应变曲线可知，开始时刻试样仍出现体缩的现象，并且试样的颗粒摩擦系数越小，试样由体缩转变为体胀时的轴向应变越大，体积应变曲线的变化也相对平滑。颗粒的摩擦系数越大，试样出现破坏点时的体积缩小量越大，出现峰值后的体积应变曲线也变得越不平滑。对于颗粒摩擦系数为0的试样，几乎整个试验过程都处于体缩状态。

需要说明的是，试验中摩擦系数为0的设置只是作为对比试验来研究，是为了分析试验现象，而实际三轴试验中不会出现这种情况。

根据《土工试验规程》（SL 237—1999），针对方案B的试验结果，整理了初始弹性模量 $E_i$、初始体积模量 $B_i$ 及表观峰值强度 $\sigma_f$，用以分析颗粒摩擦系数的影响规律，结果见图3.23和图3.24。为了能够更好地分析摩擦系数对初始弹性模量和初始体积模量的影响规律，专门将二者随颗粒摩擦系数的变化曲线放在了同一个坐标系下。

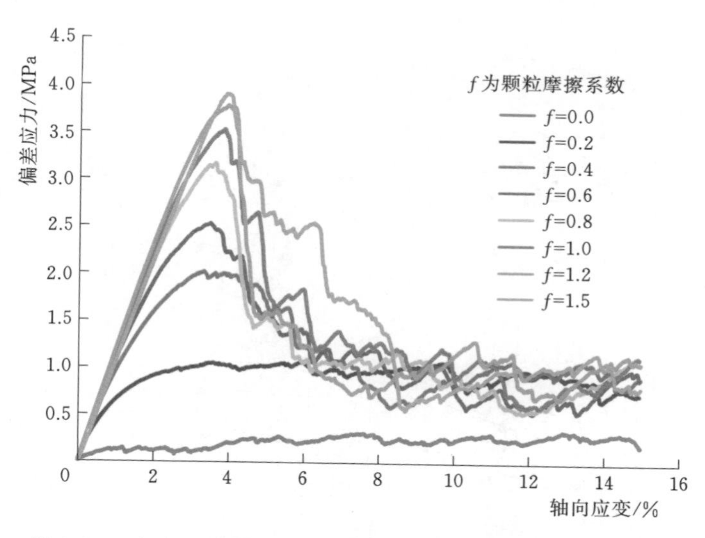


图 3.21 方案 B 偏差应力-轴向应变试验曲线（$\sigma_3=1.2$MPa）

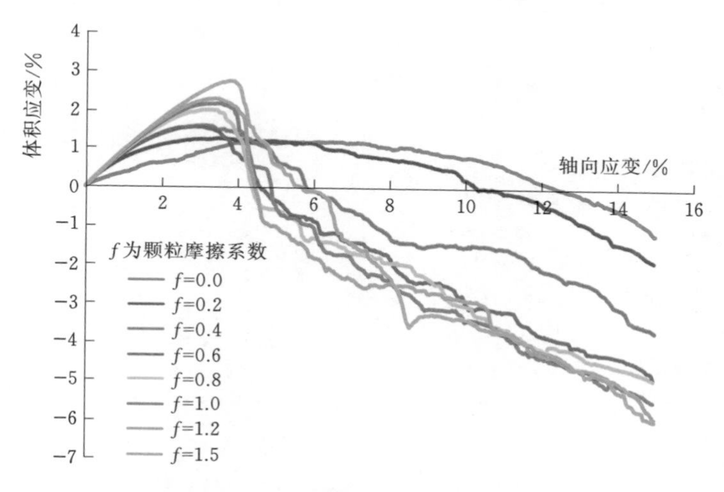


图 3.22 方案 B 体积应变-轴向应变试验曲线（$\sigma_3=1.2$MPa）

由试验结果可知，初始弹性模量、初始体积模量以及表观峰值强度均随着颗粒摩擦系数的增大而增大，且增加速率逐渐变缓。当摩擦系数大于 0.8 时，初始弹性模量和初始体积模量几乎没有增加，峰值强度则仍有较大的增长。这说明了数值试验中颗粒的摩擦系数，对试样的变形特性影响较小，而对试样的强度特性影响较显著。当摩擦系数由 0.2 变化到 1.5 时，围压等于 0.4MPa 时的峰值强度从 0.35MPa 增加到了 1.3MPa，更大的围压则增加得更多，同时初始弹性模量和初始体积模量的变化也随着围压的增大有较大的变化。

由以上分析可知，当颗粒摩擦系数小于 0.8 时，初始弹性模量受到的影响显著，而过大的摩擦系数又会导致峰值强度的增加，使得软化现象更加明显。所以，综合考虑，建议在宽级配的试验条件对大尺寸的试样进行数值模拟时，颗粒摩擦系数取为 0.4～0.8。

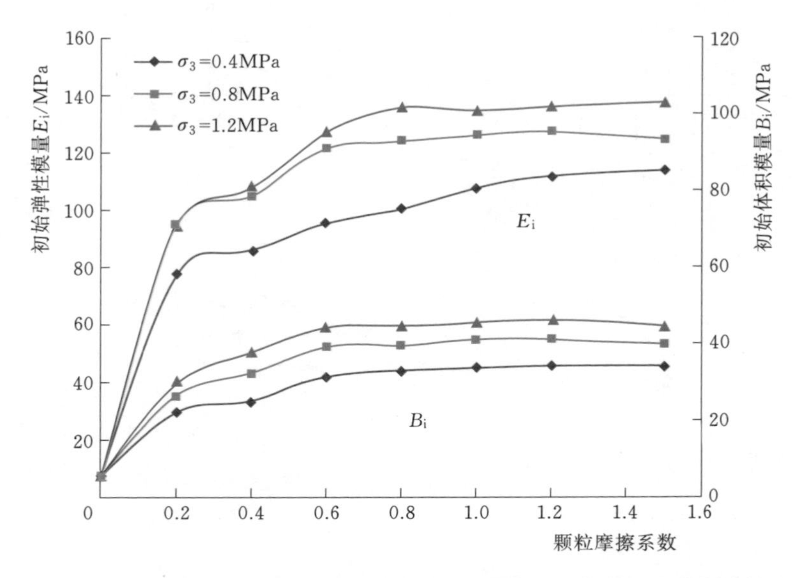


图 3.23　方案 B 初始弹性模量和初始体积模量随颗粒摩擦系数的变化曲线

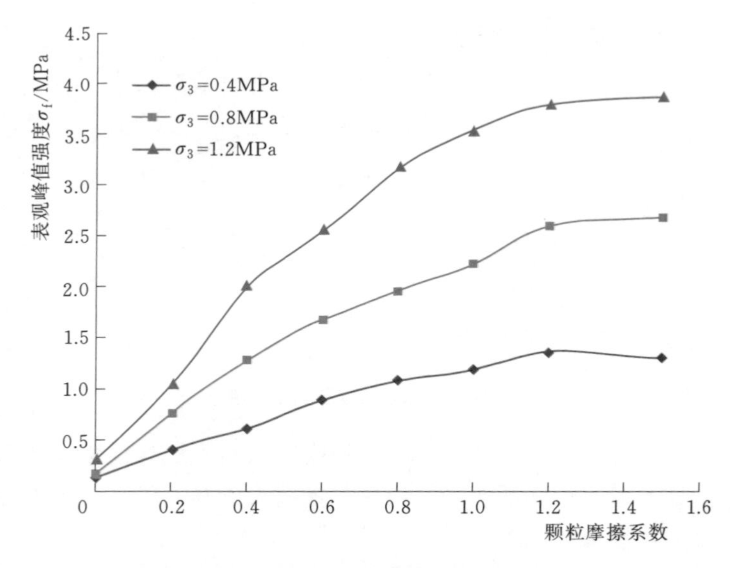


图 3.24　方案 B 表观峰值强度随颗粒摩擦系数的变化曲线

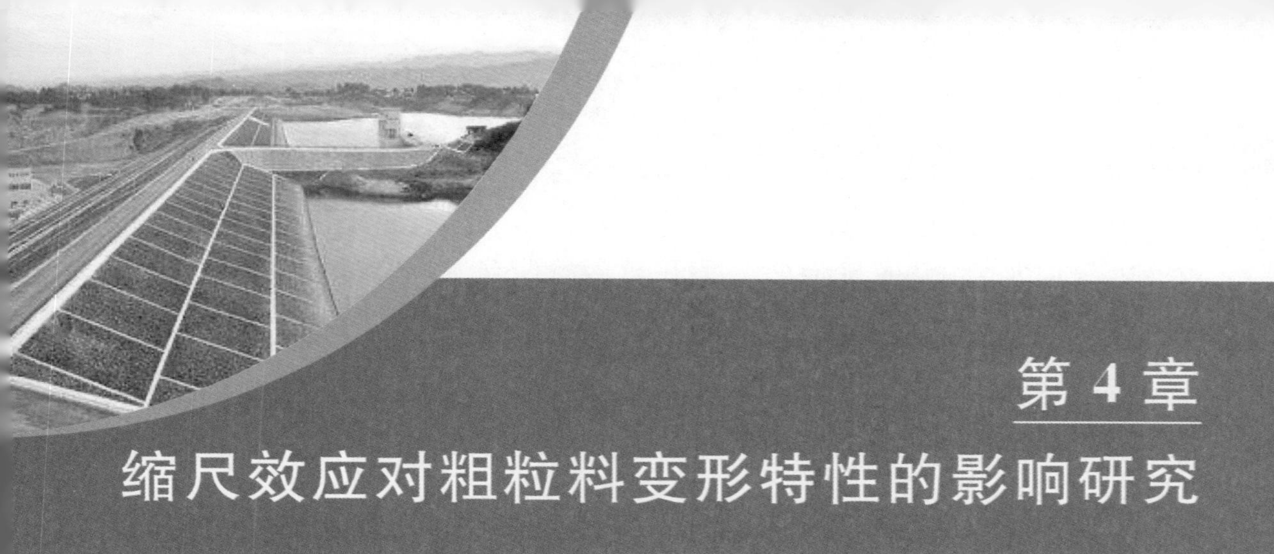

# 第4章 缩尺效应对粗粒料变形特性的影响研究

粗粒料是由碎石颗粒堆积而成的离散体结构材料。碎石颗粒的大小、形状、母岩性质、级配等都对粗粒料的力学特性有显著影响。对粗粒料性质的研究，目前主要以大型常规三轴压缩试验为主，仪器尺寸多为直径30cm。目前土石坝工程中使用的超粒径粗粒料，最大粒径都达到了1m的量级，还没有仪器能够对其直接进行剪切试验。也有人提出，可以通过现场试验测定粗粒料的强度和变形参数。然而，一方面，原位试验工作量大，试验难以控制；另一方面，试验排水、位移、应力等条件难以保证。目前通常的做法是，对超粒径的材料进行缩尺，用缩尺之后的粗粒料进行大型常规三轴试验，近似地确定实际材料的物理力学性质。

一些研究成果及监测资料都表明，缩尺前后堆石料的力学性质有较大差别。缩尺后堆石料的力学性质并不能完全反应原级配堆石料的力学性质。简单使用缩尺后堆石料的试验结果作为坝体应力变形特性分析的参数，势必使得分析结果有很大的不准确性，对合理分析评价大坝的应力变形状态产生较大困难。

对粗粒料缩尺效应的众多研究中，方法包括了物理试验和数值试验，主要围绕堆石料的强度和压实度的缩尺效应，分析了粗粒料的$\varphi$值变化规律，而对粗粒料的变形特性在缩尺前后的关系的研究并不多。本章的研究一方面在于设计合理的研究粗粒料缩尺效应数值试验方案，另一方面在于研究如何对粗粒料的缩尺效应进行分析，重点是对粗粒料缩尺前后的变形参数建立定量化的表达式，提出根据室内三轴压缩试验结果推算原级配粗粒料变形参数的方法，为合理确定土石坝筑坝所用的原级配粗粒料的变形参数提供借鉴。

## 4.1 数值试验方案及级配选取

### 4.1.1 试验材料级配及缩尺

对粗粒料原级配进行缩尺的方法主要有四种，分别是等量替代法、相似级配法、剔除法和混合法。等量替代法是根据仪器所允许的最大粒径以下和粒径大于5mm的土粒，按比例等质量地替换超粒径颗粒，这种方法细颗粒的含量保持不变，但是均化了粗颗粒的含量。相似级配法是根据原级配的粒径，按照几何相似的方法，等比例地将原级配粒径缩小至仪器所允许的粒径范围，缩尺前后的不均匀系数和曲率系数不变，但是使得细粒含量相对增加。剔除法是直接剔除掉超粒径的颗粒。混合法则是同时采用等量替代法和相似级配法，即对原级配先按照相似级配法等比例地缩小，然后再采用等量替代的方法缩小至仪器所允许的粒径范围。

然而不论是采用哪种缩尺方法，粗粒料的原级配都被明显地改变了，颗粒之间的充填关系受到了显著影响，造成了试验级配和原始级配的力学性质存在差异。因此缩尺方法也是影响研究缩尺效应的一个重要因素，本书为了避免缩尺方法对试验结果分析的影响，对四种缩尺方法都进行了计算分析。

本书选取了某水库工程沥青心墙砂砾石坝上坝砂砾料的级配作为原始级配，原级配最大粒径为800mm，分别采用等量替代法、混合法、相似级配法、剔除法按照控制最大粒径为600mm、400mm、200mm、100mm、60mm进行缩尺，原始级配及缩尺后的级配见图4.1～图4.4。

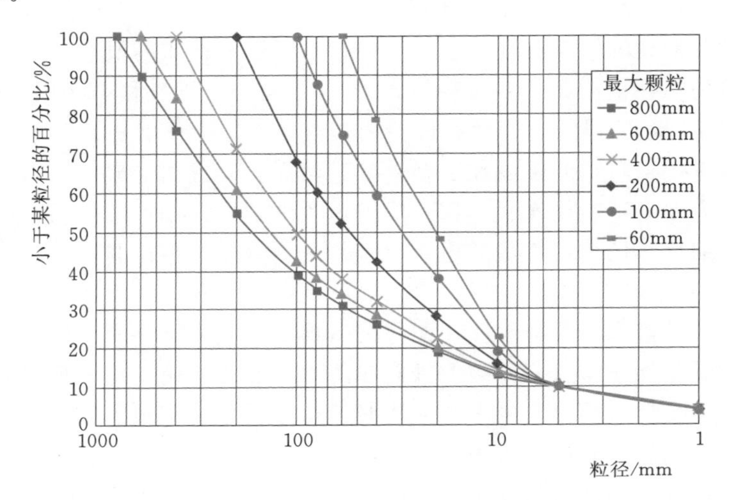


图4.1 某水利工程上坝料用等量替代法缩尺后的级配

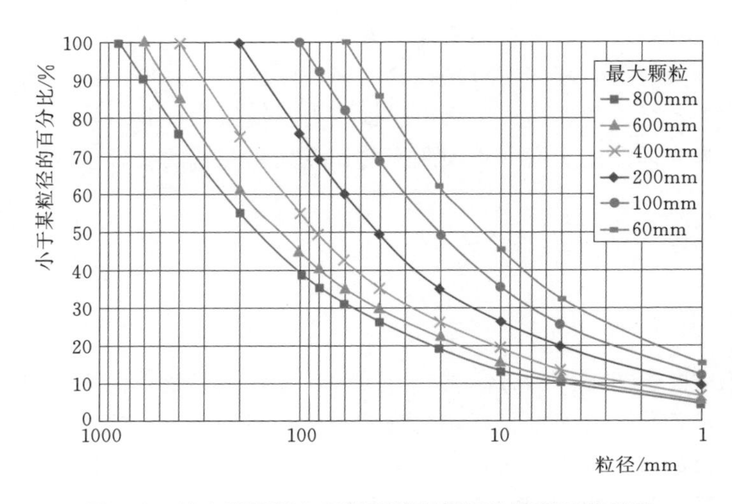


图4.2 某水利工程上坝料用相似级配法缩尺后的级配

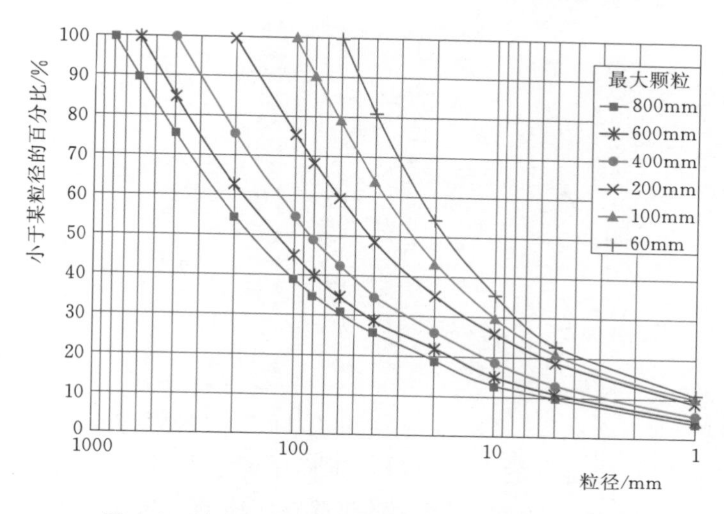


图 4.3 某水利工程上坝料用混合法缩尺后的级配

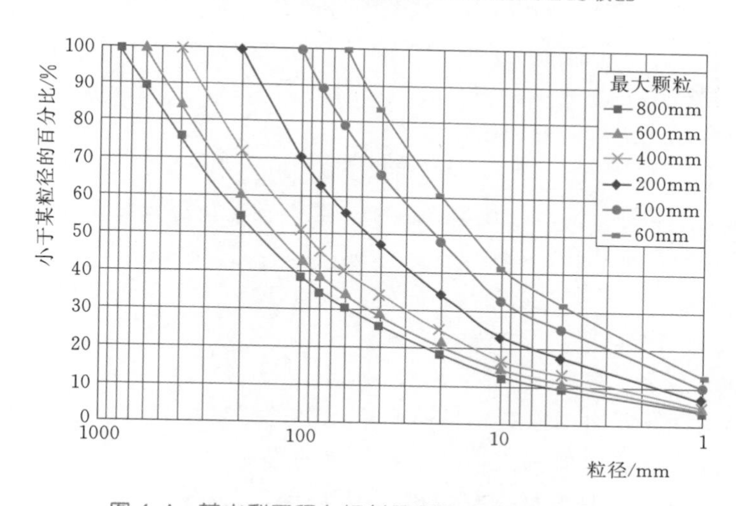


图 4.4 某水利工程上坝料用剔除法缩尺后的级配

每种缩尺方法得到的级配曲线，最小粒径都取到了 1mm。而在实际的数值试验中，考虑到计算速度，在生成数值试验时，颗粒的最小粒径往往不会取到 1mm，本章在生成试样的时候，对各个级配的最小粒径都取到了 5mm。

### 4.1.2 试验方案

为研究缩尺效应的科学性、合理性，对所有的数值试验均保证了相同的试验条件，为消除试样尺寸的影响，对所有的试验均设置了相同的试样尺寸。根据土工试验规程要求，对进行常规三轴剪切试验的试样，要满足试样宽度（直径）大于等于 5 倍最大颗粒粒径的要求，所以对数值试验的试样宽度设置到了 4m，试样的高度为试样宽度的 2 倍。这样一来，试样的最大粒径可以做到 800mm，可以满足原级配的数值试验，具体见表 4.1。

表 4.1 试验方案 A 及试验参数

| 试样尺寸(宽×高)/(m×m) | 缩尺方法 | 试验方案编号 | 最大粒径/mm | $R_d$ | 围压/MPa |
|---|---|---|---|---|---|
| 4×8 | 原级配 | A1 | 800 | 1 | 0.4、0.8、1.2、1.6 |
| | 等量替代法、混合法、相似级配法、剔除法 | A2、B2、C2、D2 | 600 | 1.33 | |
| | | A3、B3、C3、D3 | 400 | 2 | |
| | | A4、B4、C4、D4 | 200 | 4 | |
| | | A5、B5、C5、D5 | 100 | 8 | |
| | | A6、B6、C6、D6 | 60 | 13.3 | |

方案中共设置了 21 个试样，其中一个试样是对原始级配进行的数值试验，另外 20 个试样为采用四种缩尺方法得到的数值试样，试样中的颗粒的最大粒径分别为 600mm、400mm、200mm、100mm 和 60mm。表中的试验方案编号 A2、B2、C2、D2 原始级配经过缩尺后，级配的最大粒径为 600mm，其余编号的含义类似。对于每一个试样又设置了 4 个不同的围压条件，并且都进行了剪切试验。试验中的试样尺寸都相同。假定粗粒料的原始级配的最大粒径用 $D_{max}$ 表示，缩尺后粗粒料的最大粒径用 $d_{max}$ 表示，定义 $R_d$ 为缩尺前后粗粒料最大粒径之比，即缩尺比：

$$R_d = D_{max}/d_{max} \tag{4.1}$$

缩尺比将原级配和缩尺后的级配联系在了一起，在分析粗粒料在缩尺前后变形参数之间的关系中起到了纽带的作用。

## 4.2 数值试样的生成

考虑到计算机计算能力的限制，目前尚且无法进行颗粒总数在百万级数量的数值试样。根据目前对计算机能力的测试，对于颗粒流的程序，可以计算的最大颗粒总数约为 20 万。因此，为将试样的颗粒总数控制在 20 万以内，对于小于 5mm 的颗粒的质量全部由 5mm 的颗粒代替。根据级配曲线在试样内按照填充法生成颗粒单元，颗粒在试样内的空间位置采用随机分布，各组试样的孔隙率均控制为 20%。根据第 3 章的微观参数的敏感性分析，选取了合理的试验参数（表 4.2）。此次试验中的所有试样的微观参数选取都相同，这样也就排除了微观参数的变化对研究结果的影响，试验中唯一改变的就是试样的级配，这样就保证了对缩尺效应研究的科学性。

表 4.2 数值试验微观参数

| $k_n^{ball}$ /(×10⁸N/m) | $k_s^{ball}$ /(×10⁸N/m) | $k_n^{wall}$（上下）/(×10⁸N/m) | $k_s^{wall}$（上下）/(×10⁸N/m) | $k_n^{wall}$（左右）/(×10⁸N/m) | $k_s^{wall}$（左右）/(×10⁸N/m) | $\mu^{ball}$ | $\mu^{wall}$ |
|---|---|---|---|---|---|---|---|
| 1 | 1 | 100 | 100 | 1 | 1 | 0.5 | 0 |

根据试验设计方案，针对四种缩尺方法，按照上表中试验参数生成试样，图 4.5 为方案中的部分数值试样模型。表 4.3 为生成的 21 个数值试样的颗粒数量。

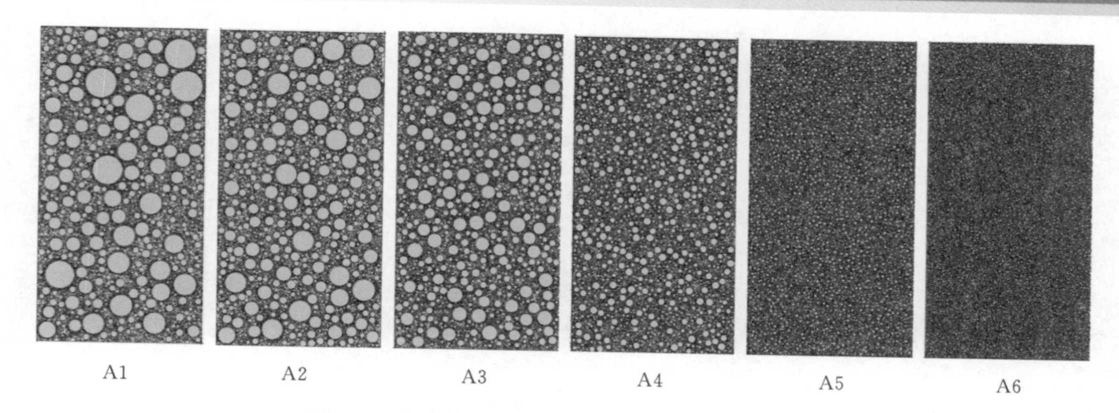


图 4.5　方案中部分数值试样模型（等量替代法）

表 4.3　　数值试样的颗粒数量

| 方案编号 | 颗粒数量 | 方案编号 | 颗粒数量 | 方案编号 | 颗粒数量 | 方案编号 | 颗粒数量 |
|---|---|---|---|---|---|---|---|
| A1 | 39098 | | | | | | |
| A2 | 41073 | B2 | 44940 | C2 | 45913 | D2 | 46488 |
| A3 | 50193 | B3 | 55268 | C3 | 56216 | D3 | 57080 |
| A4 | 68731 | B4 | 72699 | C4 | 75039 | D4 | 76927 |
| A5 | 84792 | B5 | 91048 | C5 | 108927 | D5 | 112876 |
| A6 | 100468 | B6 | 123209 | C6 | 155829 | D6 | 168370 |

## 4.3　数值试验结果及邓肯 E－B 模型参数的整理

### 4.3.1　试验结果

按照上节提到的方法对各个试样进行双轴剪切试验，试验按照应变控制方式，当轴向应变达到 15%时，试验结束。试验中某一数值试样的位移矢量图见图 4.6。

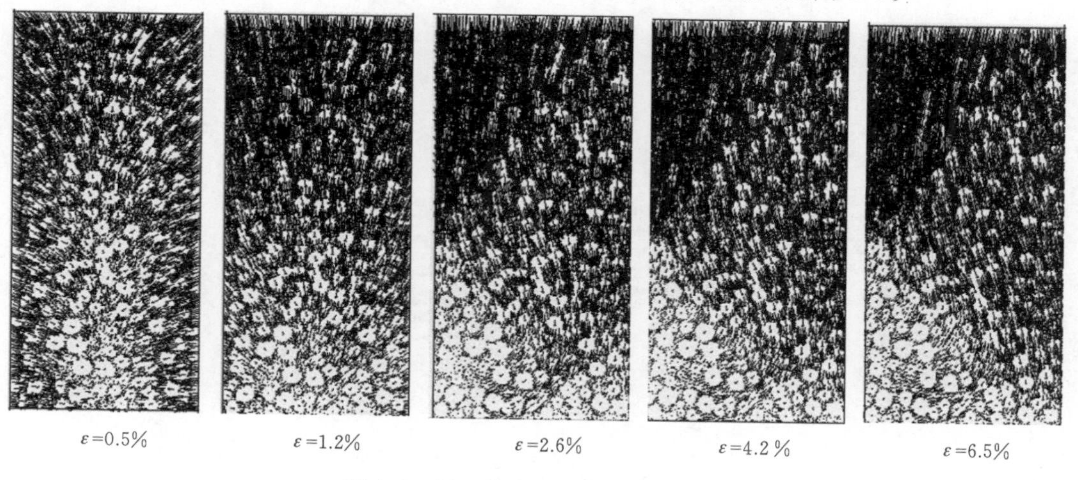


图 4.6　某一数值试样的位移矢量图

位移矢量图显示，试样在剪切过程中符合实际的变化规律。开始阶段，颗粒表现为向中间挤压的现象；随着轴向压力的增大，逐渐克服了颗粒之间的摩擦力；当达到峰值强度时，试样内部出现和轴向成45°夹角的破裂面；继续对试样进行加载时，试样表现为明显的应变软化现象。

本章对采用四种缩尺方法的试样进行了剪切试验，并且整理了偏差应力-轴向应变、体积应变-轴向应变曲线，见图4.7～图4.10。

试验中，对每种缩尺方法的试验曲线都统计了4个不同的围压。其中，对相似级配法、混合法和剔除法三种缩尺方法，考虑到试验的计算效率和对试验结果分析的有用性等

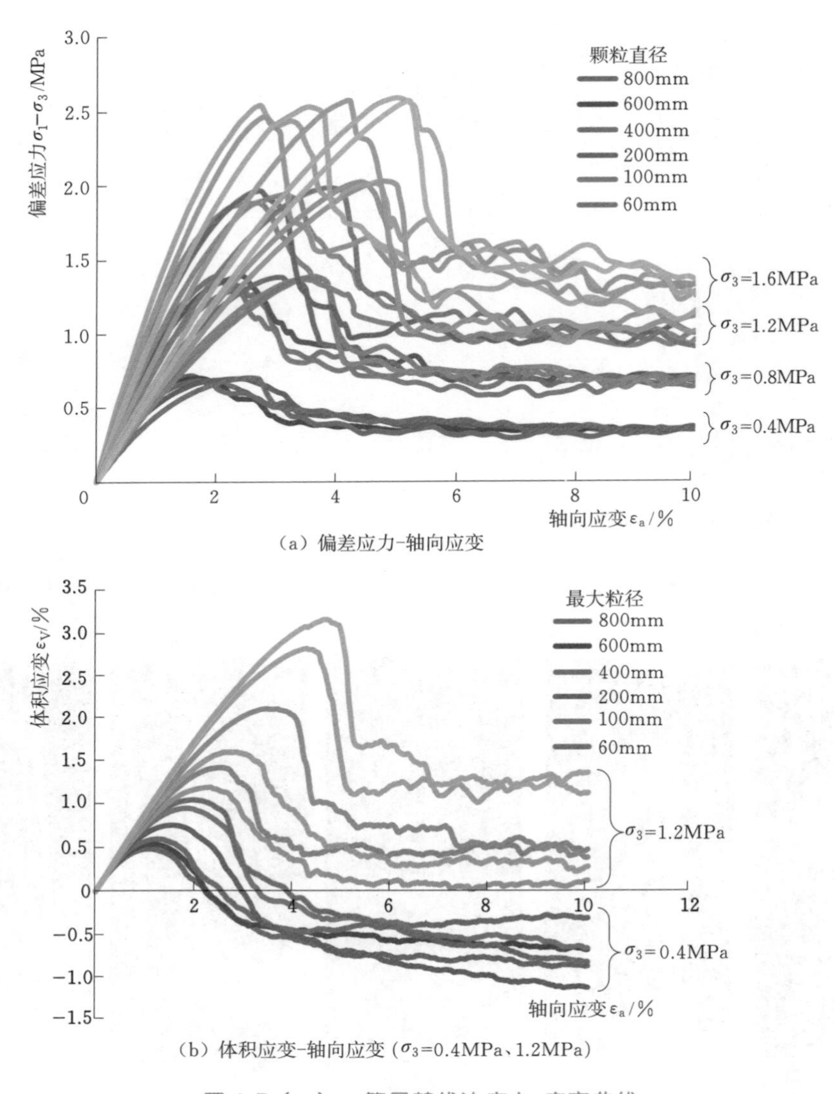


（a）偏差应力-轴向应变

（b）体积应变-轴向应变（$\sigma_3$=0.4MPa、1.2MPa）

图4.7（一） 等量替代法应力-应变曲线

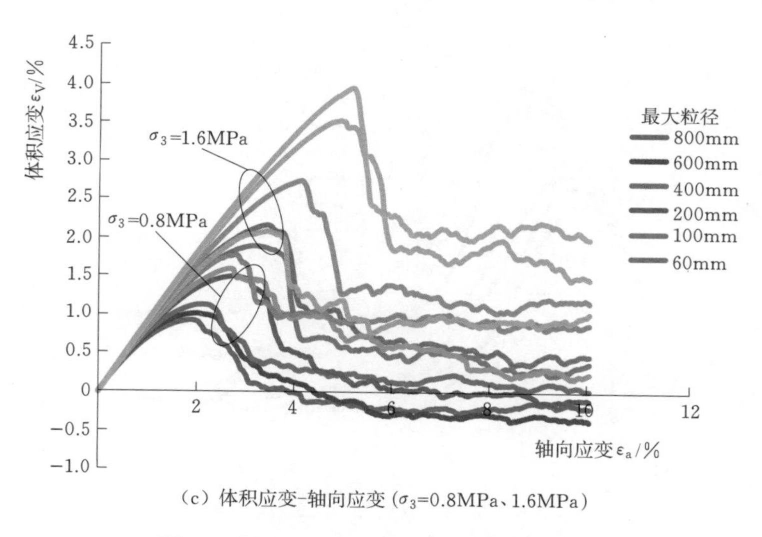

（c）体积应变-轴向应变（$\sigma_3$=0.8MPa、1.6MPa）

图 4.7（二） 等量替代法应力-应变曲线

因素，当轴向应变达到 8%时，控制试验结束。由试验结果可知，当轴向应变达到 8%时，所有的试样都已经出现了峰值强度，而试验结果的后续分析中，只是对峰值强度出现之前的偏差应力、轴向应变和体积应变有用。所以 8%的应变控制，完全可以满足试验分析的要求。

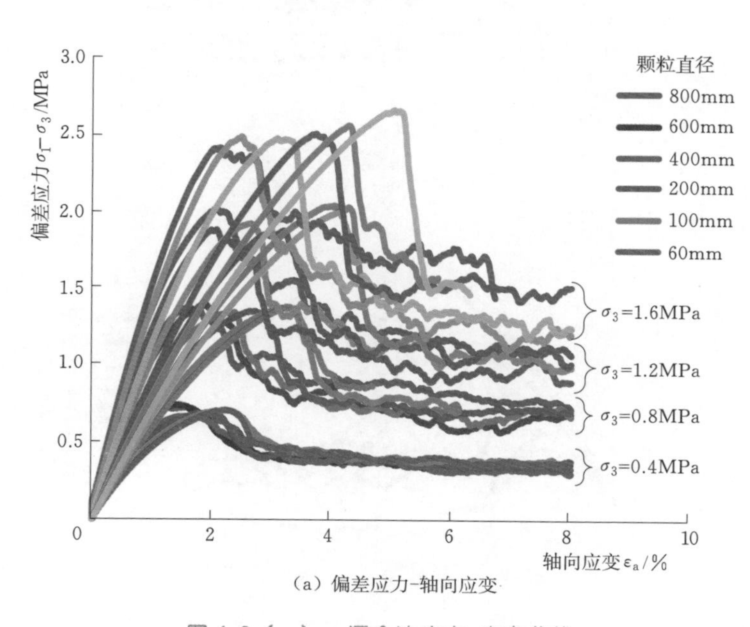

（a）偏差应力-轴向应变

图 4.8（一） 混合法应力-应变曲线

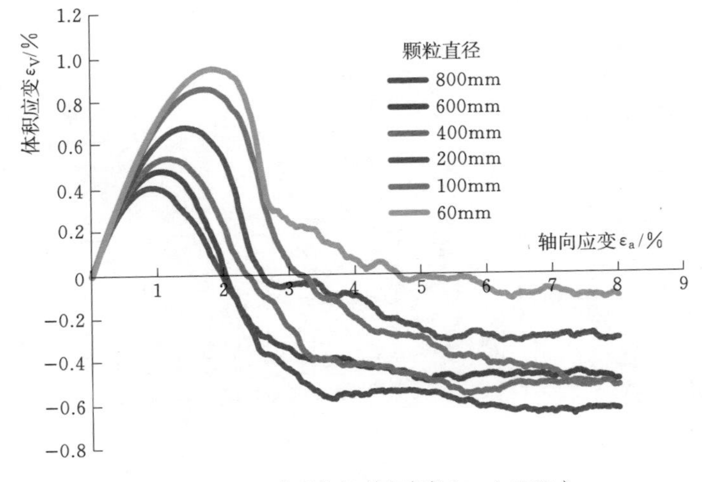


(b) 体积应变-轴向应变 ($\sigma_3=0.4$MPa)

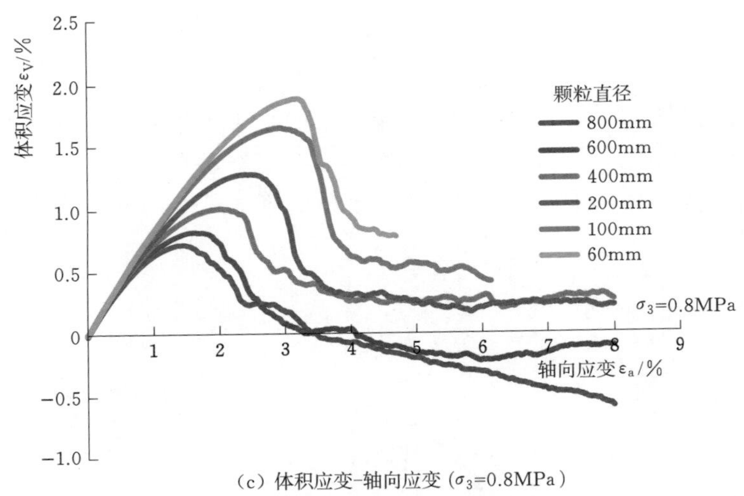


(c) 体积应变-轴向应变 ($\sigma_3=0.8$MPa)

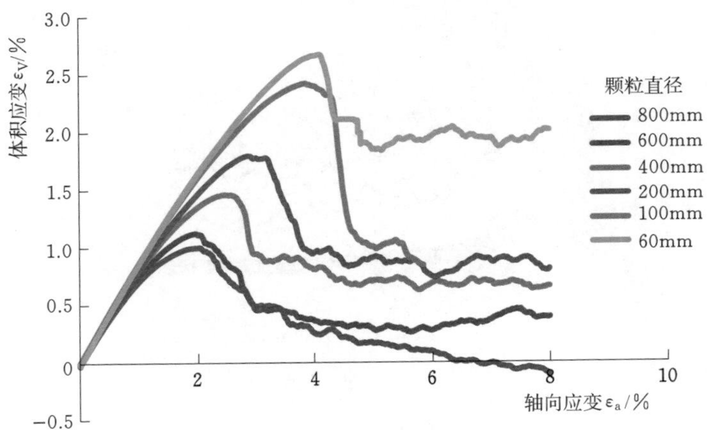


(d) 体积应变-轴向应变 ($\sigma_3=1.2$MPa)

图 4.8 (二)  混合法应力-应变曲线

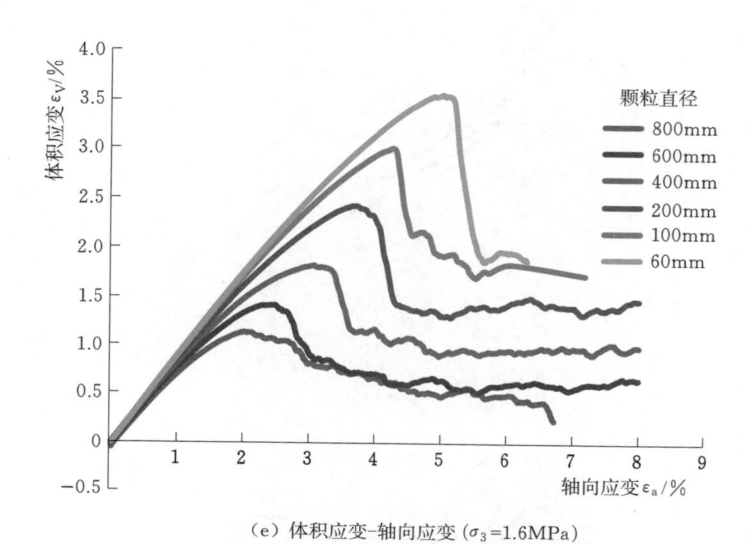


(e) 体积应变-轴向应变 ($\sigma_3$=1.6MPa)

图 4.8 (三) 混合法应力-应变曲线

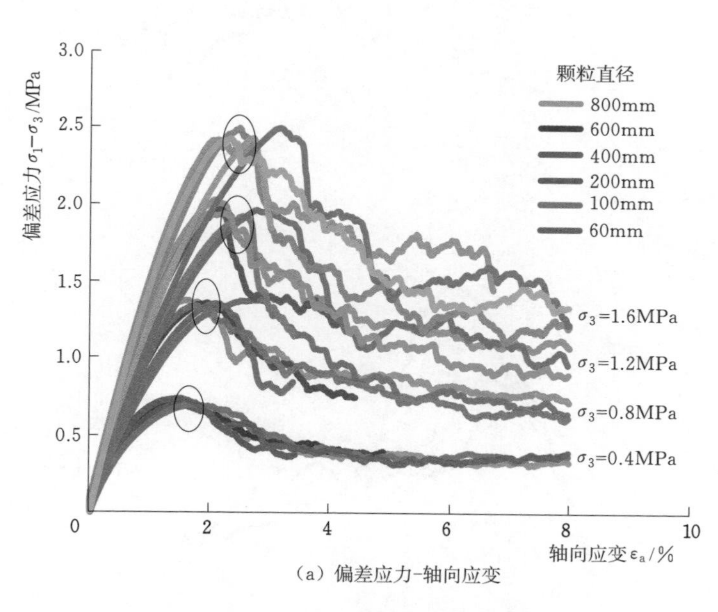


(a) 偏差应力-轴向应变

图 4.9 (一) 剔除法应力-应变曲线

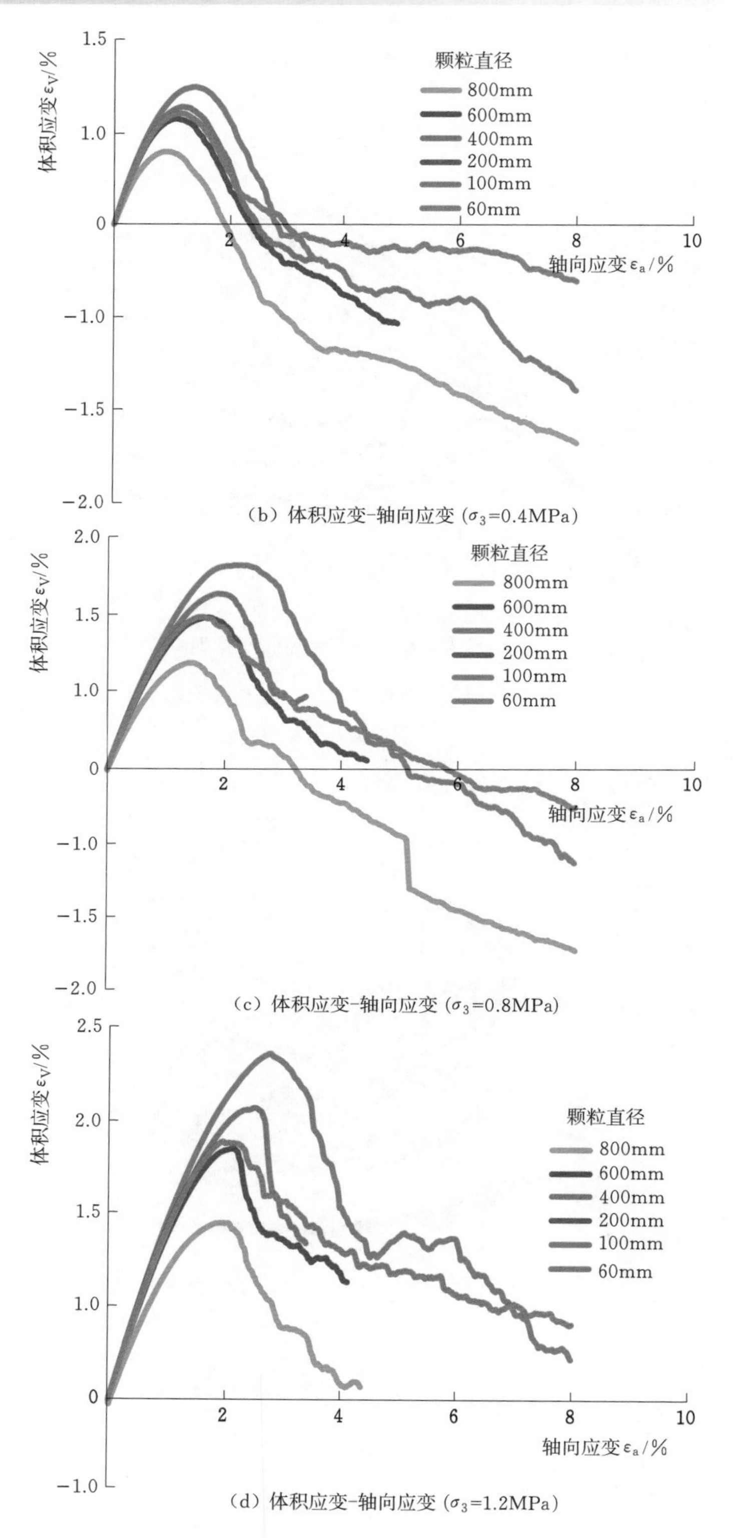


(b) 体积应变-轴向应变 ($\sigma_3$=0.4MPa)

(c) 体积应变-轴向应变 ($\sigma_3$=0.8MPa)

(d) 体积应变-轴向应变 ($\sigma_3$=1.2MPa)

图 4.9 (二)　剔除法应力-应变曲线

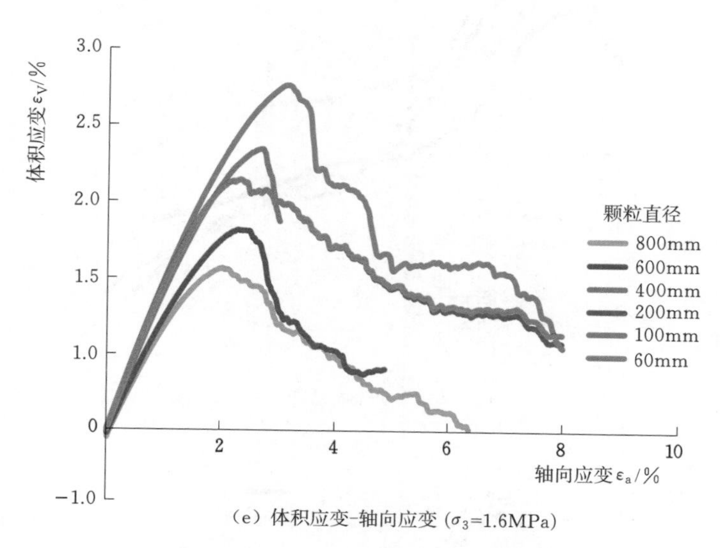


(e) 体积应变-轴向应变 ($\sigma_3$=1.6MPa)

图 4.9 (三) 剔除法应力-应变曲线

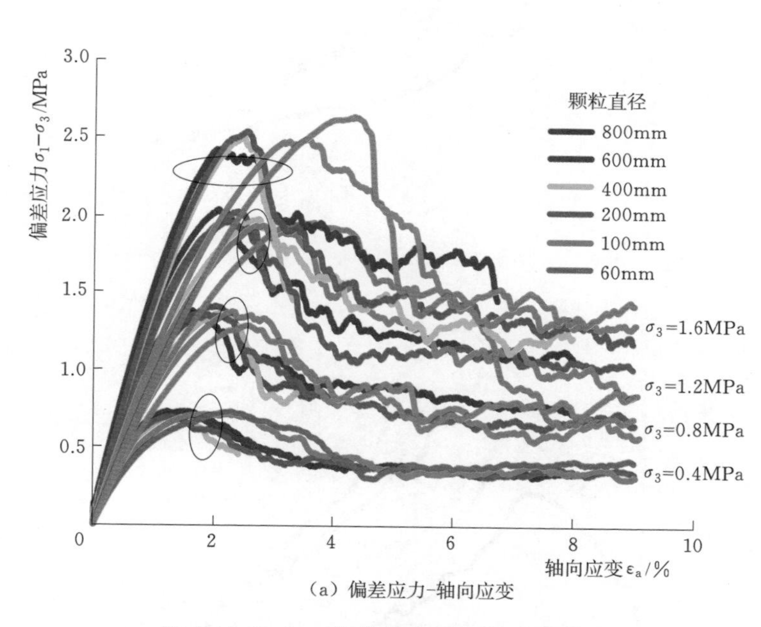


(a) 偏差应力-轴向应变

图 4.10 (一) 相似级配法应力-应变曲线

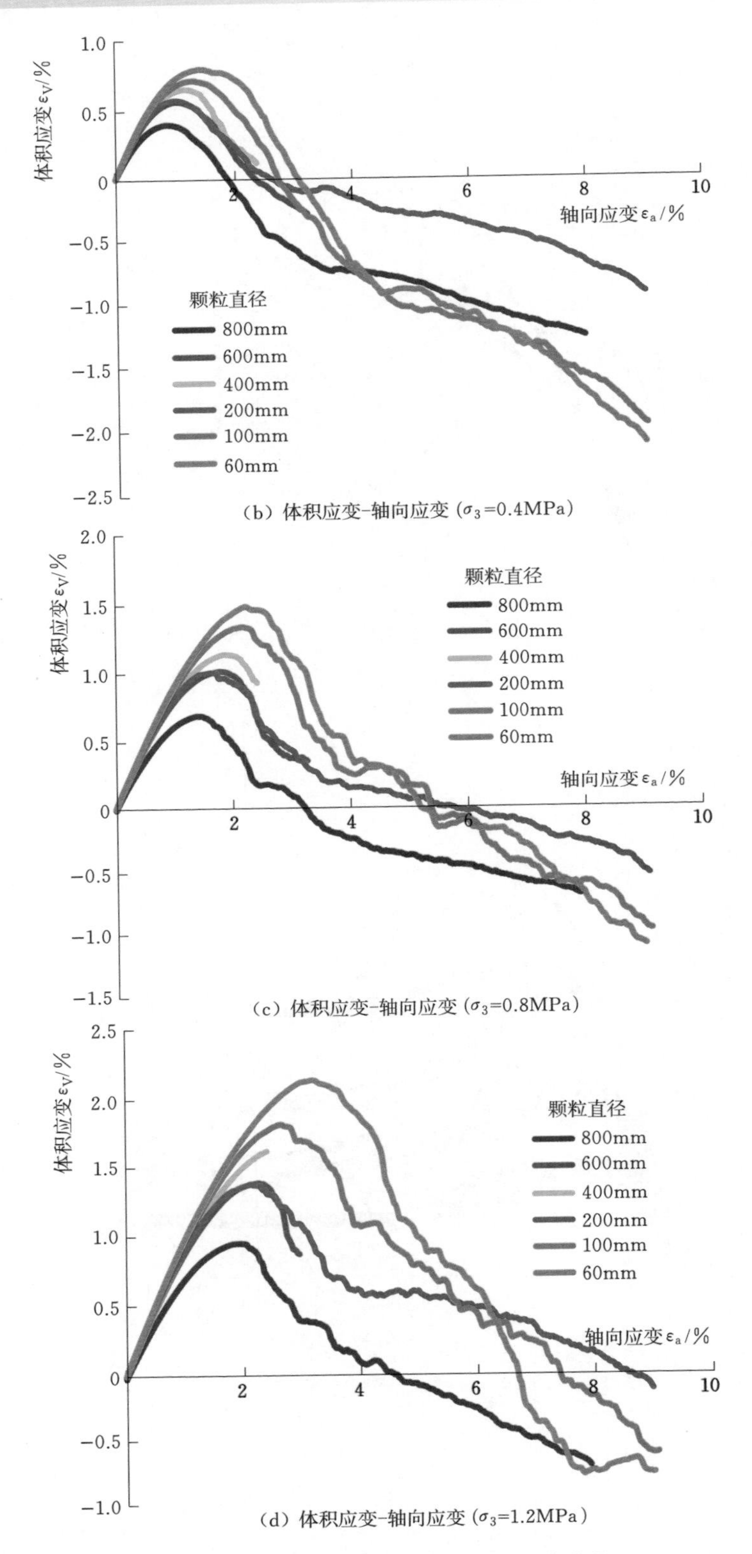


(b) 体积应变-轴向应变 ($\sigma_3$=0.4MPa)

(c) 体积应变-轴向应变 ($\sigma_3$=0.8MPa)

(d) 体积应变-轴向应变 ($\sigma_3$=1.2MPa)

图 4.10（二） 相似级配法应力-应变曲线

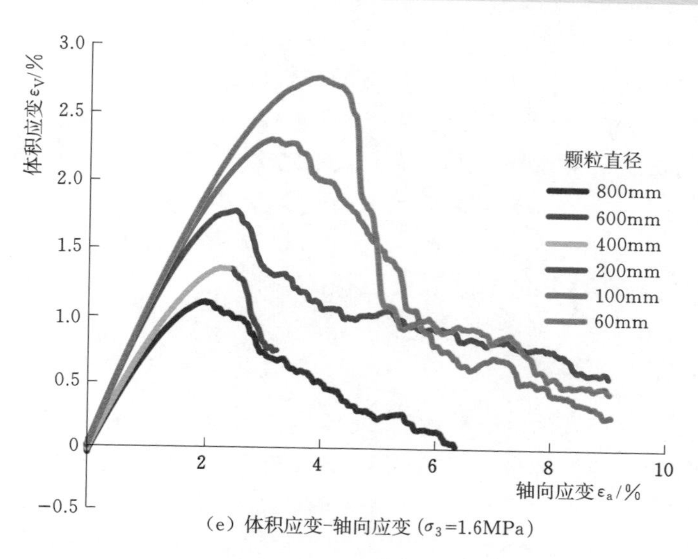

(e) 体积应变-轴向应变 ($\sigma_3$=1.6MPa)

图 4.10（三） 相似级配法应力-应变曲线

### 4.3.2 邓肯 E－B 模型变形参数的整理

目前，描述土体的瞬时应力变形特性，主要采用的模型有线性弹性模型、非线性弹性模型、弹塑性模型等。邓肯 E－B 非线性弹性模型理论成熟，应用简单，有可参考的实践经验等，因而被广泛应用于土石坝工程计算中。邓肯 E－B 模型是把三轴剪切试验得到的应力应变关系近似地认为是双曲线，即

$$\sigma_1 - \sigma_3 = \frac{\varepsilon_a}{a + b\varepsilon_a} \tag{4.2}$$

式中：$a$ 为初始弹性模量 $E_i$ 的倒数；$b$ 为主应力差的渐进值。

式（4.2）中的变量只有两个：一个是偏差应力 $\sigma_1-\sigma_3$，另一个是轴向应变 $\varepsilon_a$，转换后可得如下形式：

$$\frac{\varepsilon_a}{\sigma_1 - \sigma_3} = a + b\varepsilon_a \tag{4.3}$$

式中改变了纵坐标的变量，使得应力和应变的关系变成了直线，从而可以根据应力-应变曲线上的两点确定这一条直线，然后求得截距和斜率就得到了 $a$ 和 $b$ 的值。

本书中根据数值试验得到的应力-应变曲线，首先整理得到了初始弹性模量 $E_i$ 和初始体积模量 $B_i$，并且画出了 $E_i$、$B_i$ 和表观峰值强度 $\sigma_f$ 随着缩尺比 $R_d$ 变化曲线。然后按照邓肯 E－B 模型参数的整理方法，整理得到了模型中的参数 $K$、$K_b$ 值和缩尺比 $R_d$ 的相关关系。从而根据上述物理量和缩尺比的关系，分析原级配在缩尺前后的试验参数的相关关系。

结果表明，不同的缩尺方法得到的试验规律相似。无论采用哪种缩尺方法，在同一围压下得到的表观峰值强度基本无明显的变化；然而试样的变形量在缩尺前后则有很大的变化：初始弹性模量和初始体积模量随着缩尺比增大呈减小的趋势。通过对邓肯 E－B 模型

参数的整理，发现模型参数 $K$、$K_b$ 值也呈现出类似的变化趋势。如果以原级配的模型参数作为基准，其他组试验在缩尺之后的 $K$ 值的降低幅度为 8%～55%，$K_b$ 值的降低幅度为 7%～51%。由试验结果还可以看到，对于邓肯 E－B 模型变形参数 $K$、$K_b$ 值，采用四种缩尺方法得到的试验结果差异不大，量值差别约为 10%，而且，模型中另外两个参数 $n$、$m$ 值也差别不大。

## 4.4　粗粒料变形特性在缩尺前后的关系

### 4.4.1　缩尺前后的变形参数

根据 4 种缩尺方法得到的变形参数的试验结果（图 4.11～图 4.14），可以发现存在比较一致的规律，即初始弹性模量 $E_i$ 和初始体积模量 $B_i$ 都随着缩尺比 $R_d$ 的增大呈现出规律性的减小。对试验参数 $E_i$、$B_i$ 和 $R_d$ 的关系曲线进行拟合，可以发现在相同的围压条件下，初始弹性模量 $E_i$ 和初始体积模量 $B_i$ 都和缩尺比 $R_d$ 呈现很好的幂函数关系。所以，可以对 $E_i$ 和 $R_d$ 的关系以及 $B_i$ 和 $R_d$ 的关系用如下幂函数表示：

$$E_i = \alpha R_d^{\beta} \tag{4.4}$$

$$B_i = \gamma R_d^{\delta} \tag{4.5}$$

式（4.4）和式（4.5）表示同一个围压条件下 $E_i$、$B_i$ 和 $R_d$ 的关系，其中 $\alpha$、$\beta$、$\gamma$、$\delta$ 是参数。

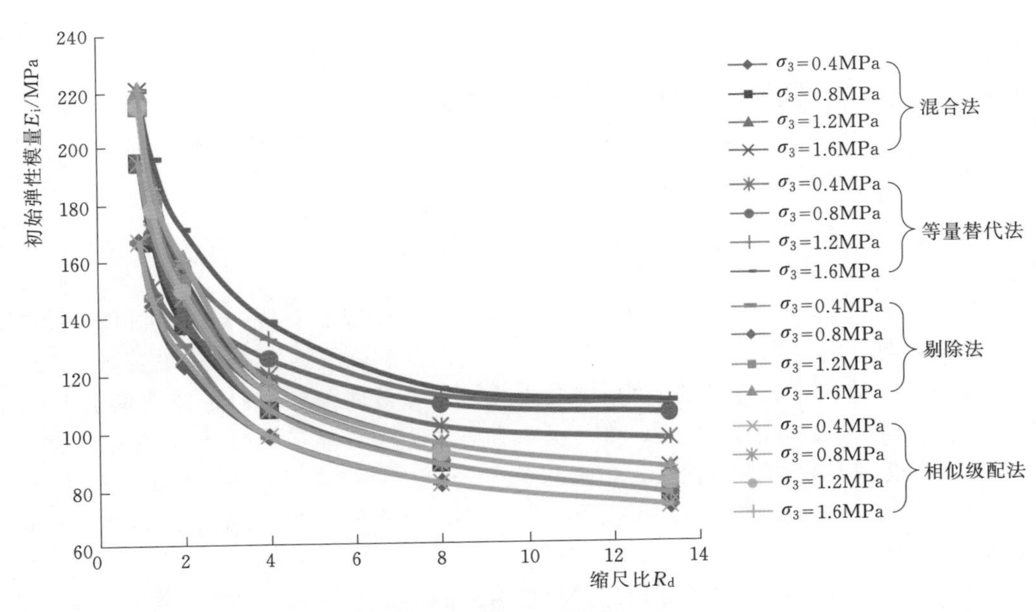


图 4.11　初始弹性模量 $E_i$ 随缩尺比 $R_d$ 的变化曲线

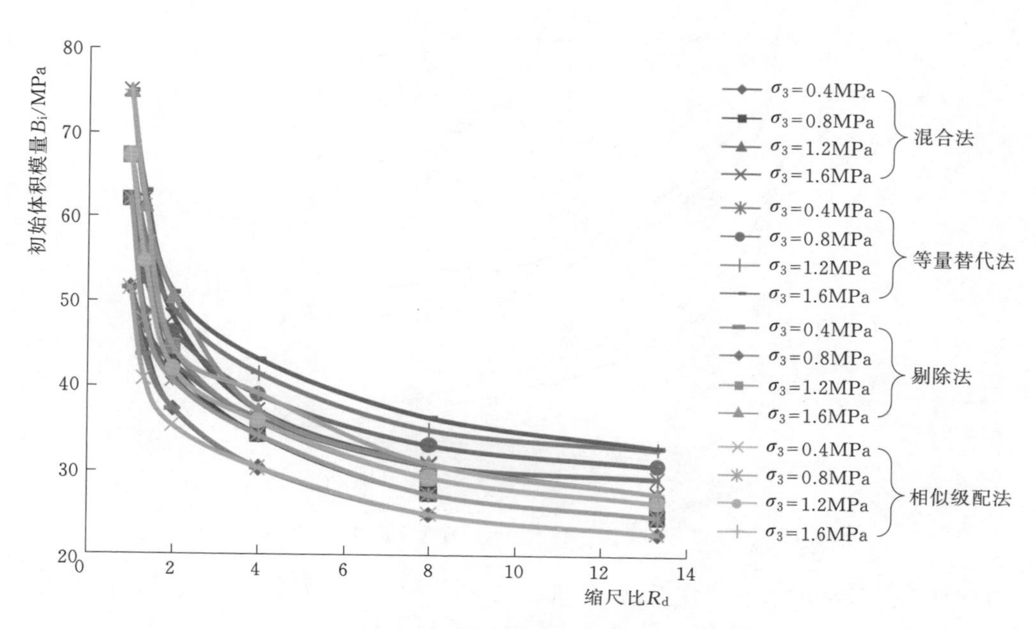


图 4.12 初始体积模量 $B_i$ 随缩尺比 $R_d$ 的变化曲线

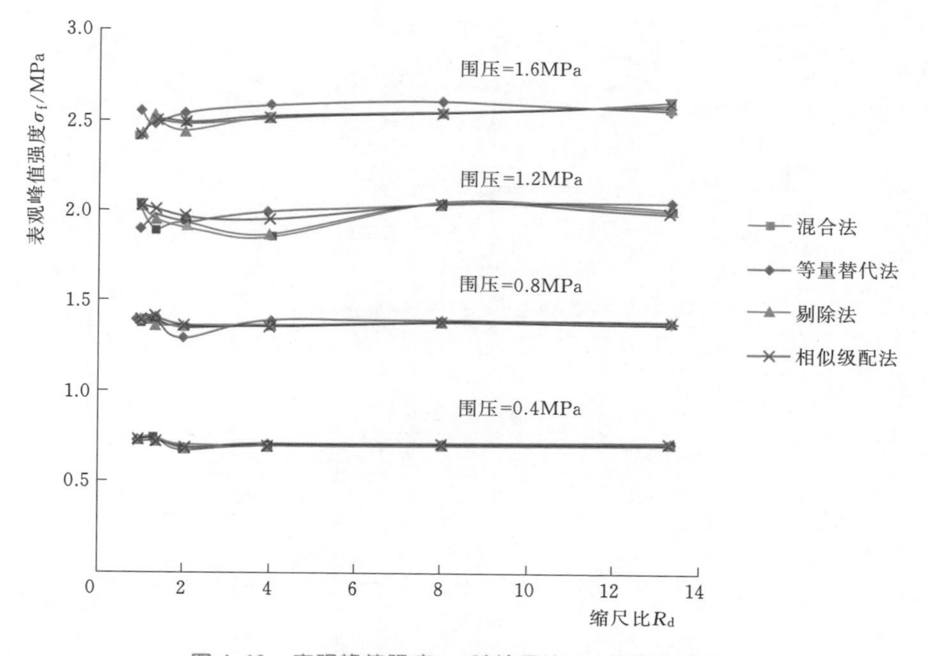


图 4.13 表观峰值强度 $\sigma_f$ 随缩尺比 $R_d$ 的变化曲线

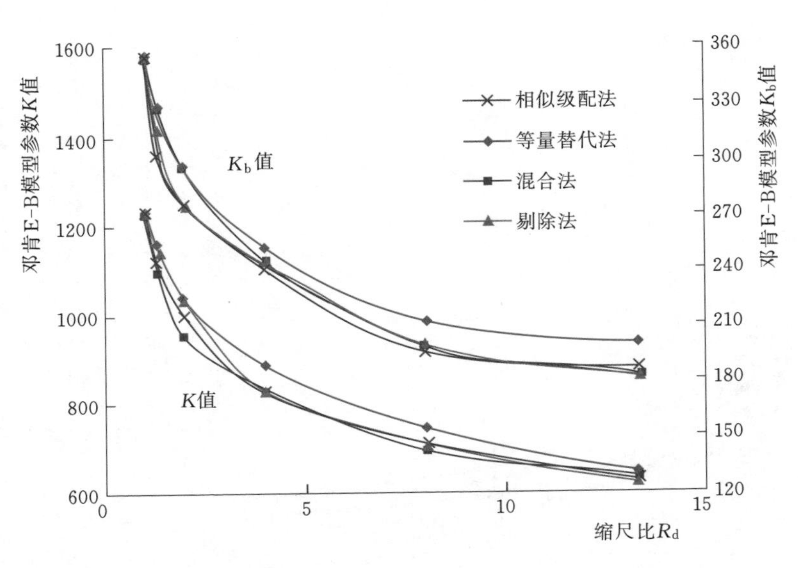


图 4.14 邓肯 E-B 模型参数 $K$、$K_b$ 值随缩尺比 $R_d$ 的变化曲线

对四种缩尺方法的初始弹性模量 $E_i$ 和初始体积模量 $B_i$ 的计算结果进行幂函数的拟合分析，得到了 $\alpha$、$\beta$、$\gamma$、$\delta$ 参数，见表 4.4。可以看到，相关系数 $R^2$ 非常接近于 1，这也验证了 $E_i$、$B_i$ 和 $R_d$ 的关系非常符合幂函数关系。

表 4.4 试验结果的拟合参数

| 缩尺方法 | $\sigma_3$ /MPa | $E_i=\alpha R_d^{\beta}$ | | | $B_i=\gamma R_d^{\delta}$ | | |
|---|---|---|---|---|---|---|---|
| | | $\alpha$ | $\beta$ | $R^2$ | $\gamma$ | $\delta$ | $R^2$ |
| 等量替代法 | 0.4 | 135.4 | −0.272 | 0.990 | 41.4 | −0.295 | 0.992 |
| | 0.8 | 150.8 | −0.307 | 0.996 | 46.7 | −0.309 | 0.995 |
| | 1.2 | 168.4 | −0.337 | 0.989 | 50.8 | −0.322 | 0.992 |
| | 1.6 | 174.4 | −0.350 | 0.993 | 53.6 | −0.323 | 0.994 |
| 混合法 | 0.4 | 158.8 | −0.318 | 0.988 | 48.7 | −0.315 | 0.981 |
| | 0.8 | 183.7 | −0.352 | 0.986 | 58.4 | −0.356 | 0.979 |
| | 1.2 | 198.4 | −0.366 | 0.979 | 62.1 | −0.356 | 0.968 |
| | 1.6 | 206.2 | −0.361 | 0.979 | 68.3 | −0.380 | 0.963 |
| 相似级配法 | 0.4 | 160.1 | −0.321 | 0.990 | 46.4 | −0.294 | 0.957 |
| | 0.8 | 188.8 | −0.362 | 0.991 | 55.2 | −0.332 | 0.959 |
| | 1.2 | 200.2 | −0.369 | 0.983 | 60.2 | −0.344 | 0.949 |
| | 1.6 | 208.3 | −0.365 | 0.982 | 67.3 | −0.371 | 0.946 |
| 剔除法 | 0.4 | 162.3 | −0.326 | 0.991 | 48.3 | −0.311 | 0.980 |
| | 0.8 | 185.7 | −0.356 | 0.989 | 55.7 | −0.336 | 0.964 |
| | 1.2 | 202.3 | −0.373 | 0.985 | 61.6 | −0.352 | 0.968 |
| | 1.6 | 208.3 | −0.365 | 0.982 | 69.0 | −0.383 | 0.973 |

由上述 $E_i$、$B_i$ 和 $R_d$ 的幂函数关系式可知，每个式中都有两个未知参数，如果知道这两个参数，就可以根据缩尺比求得对应缩尺后的初始弹性模量或初始体积模量。如果令缩尺比为 1，那么就可以求得原始级配的初始弹性模量和初始体积模量，进而可以得到原级配的邓肯 E－B 模型参数。这样一来就找到了联系缩尺前后变形参数的关键点。

然而，对于三轴剪切试验结果，每次试验只能得到一个围压条件下的变形参数，即每次试验只能得到一个 $E_i$ 和 $B_i$。而上述关系式表示的是二元一次方程，所以很难根据缩尺之后的试验结果推得关系式中的 $\alpha$、$\beta$ 和 $\gamma$、$\delta$ 参数值。

为了能够求得式（4.4）和式（4.5）中的参数，研究了表 4.4 中对 $\alpha$、$\beta$、$\gamma$、$\delta$ 的拟合结果，发现对于四种缩尺方法，$\beta$ 和 $\delta$ 这两个参数的数值都在－0.3 上下，并且都很接近－0.3。因此，为了能对缩尺前后的 $E_i$ 和 $B_i$ 建立联系，本书对上述幂函数表达式进行了简化，假定 $\beta$ 和 $\delta$ 均为常数，数值为－0.3，表达式变为

$$E_i = \alpha R_d^{-0.3} = \frac{\alpha}{R_d^{0.3}} \tag{4.6}$$

$$B_i = \gamma R_d^{-0.3} = \frac{\gamma}{R_d^{0.3}} \tag{4.7}$$

式（4.6）和式（4.7）中，每个式中只有 $\alpha$ 和 $\gamma$ 两个未知数。所以，就可以根据缩尺之后四个围压条件下的三轴剪切试验得到的 $E_i$ 和 $B_i$ 的数值，再结合缩尺比 $R_d$，代入表达式（4.6）和式（4.7）中，即可求得相应围压条件下的 $\alpha$ 和 $\gamma$。当各围压条件下 $\alpha$ 和 $\gamma$ 都已被求出，把 $R_d=1$ 代入式（4.6）和式（4.7），即可求出对应围压条件下原级配粗粒料的 $E_i$ 和 $B_i$。根据邓肯 E－B 模型参数整理方法，可以进一步推算出邓肯 E－B 模型参数。

### 4.4.2 推求变形参数方法的数值试验验证

目前国内外常用的大型三轴试验仪器的试样尺寸直径为 300mm，可以做的粗粒料的最大颗粒粒径为 60mm。按照常用的大型三轴试验仪器的试样尺寸建立数值试验模型，通过四种缩尺方法，控制颗粒的最大粒径为 60mm 进行缩尺，得到缩尺级配后进行数值试验。然后，根据得到的数值试验结果，按照式（4.6）和式（4.7），推算原级配（最大粒径为 800mm）的邓肯 E－B 模型变形参数 $K$、$n$、$K_b$ 和 $m$ 值。

同时，按照相同的试验参数和控制相同的最小粒径，对原级配建立数值模型，并求得邓肯 E－B 模型变形参数 $K$、$n$、$K_b$ 和 $m$。将原级配的试验结果和经推算公式推算得到的结果进行对比分析，见表 4.5。

表 4.5 数值试验得到的试验值和推算值

| 缩尺方法 | 试验值/推算值 | 邓肯 E－B 模型参数 | | | |
|---|---|---|---|---|---|
| | | $K$ | $K_b$ | $n$ | $m$ |
| 未缩尺 | 试验值 | 1368 | 407 | 0.14 | 0.17 |
| 等量替代法 | 试验值 | 642 | 201 | 0.12 | 0.15 |
| | 推算值 | 1429 | 447 | 0.12 | 0.14 |

续表

| 缩尺方法 | 试验值/推算值 | 邓肯 E-B模型参数 | | | |
|---|---|---|---|---|---|
| | | $K$ | $K_b$ | $n$ | $m$ |
| 混合法 | 试验值 | 637 | 182 | 0.11 | 0.14 |
| | 推算值 | 1413 | 412 | 0.14 | 0.15 |
| 相似级配法 | 试验值 | 629 | 186 | 0.12 | 0.16 |
| | 推算值 | 1380 | 427 | 0.13 | 0.15 |
| 剔除法 | 试验值 | 621 | 181 | 0.10 | 0.12 |
| | 推算值 | 1349 | 398 | 0.12 | 0.13 |

可以发现，经推算公式得到的原级配粗粒料的变形参数与未缩尺原级配粗粒料的变形参数很接近，并且经过不同缩尺方法推算得到的参数也比较接近。由推算公式得到的 $K$ 值和未缩尺试验得到的 $K$ 值的误差范围在±5%内，$K_b$ 值的误差范围在±10%内，总体的误差较小，这说明了推算方法是可行的。由推算公式得到的原级配参数值约为缩尺后试验值的2倍，而 $n$ 和 $m$ 值则比较接近。

### 4.4.3 推求变形参数方法的实际工程试验资料验证

由于筑坝原级配料的最大粒径一般为80～100cm，目前通常对现场的筑坝材料进行的是承载力试验，得到的是现场筑坝料的压缩模量，而无法直接获取原级配筑坝材料的邓肯E-B模型参数。现在通常的做法是通过对现场承载力试验进行数值模拟，对筑坝材料承载力试验进行反演分析，得出一组合适的邓肯E-B模型参数。本书鉴于现场试验条件的限制，从室内试验资料和现场试验反演资料两个方面，对得到的推算式（4.6）和式（4.7）进行可靠性分析。

#### 4.4.3.1 通过室内试验资料对推算公式进行可靠性分析

中国水利水电科学研究院分别对石门水库缩尺后的覆盖层砂砾料和坝壳砂砾料进行了大型三轴压缩试验。两种砂砾料的原级配和试验级配见图4.15和图4.16。

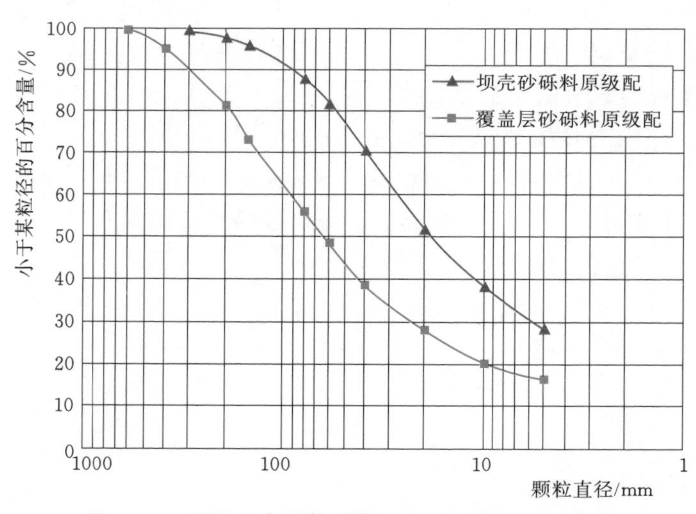


图4.15 石门水库覆盖层及坝壳砂砾料原级配曲线

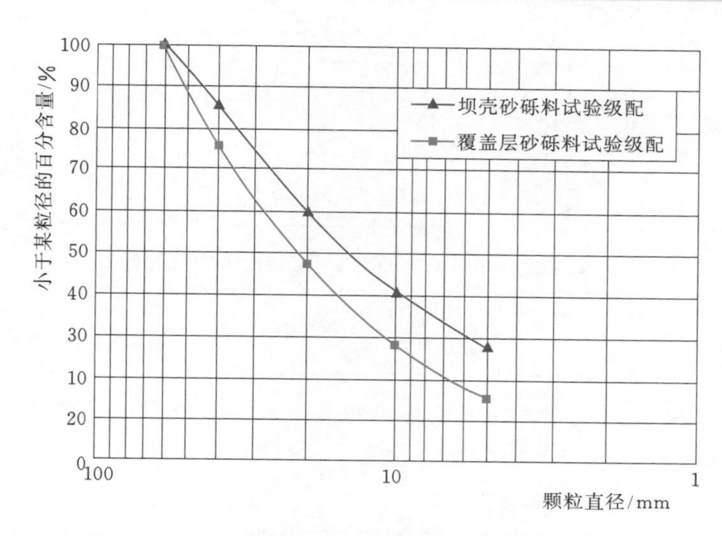


图 4.16 石门水库覆盖层及坝壳砂砾料试验级配曲线

表 4.6 石门水库邓肯模型参数

| 试样名称 | 干密度 /(g/cm³) | E-μ 及 E-B 模型参数 | | | | | | | | | | |
|---|---|---|---|---|---|---|---|---|---|---|---|---|
| | | $C$ /MPa | $\varphi_0$ /(°) | $\Delta\varphi$ /(°) | $R_f$ | $K$ | $n$ | $G$ | $F$ | $D$ | $K_b$ | $m$ |
| 坝壳砂砾料 | 2.192 | 0 | 42.5 | 4.4 | 0.832 | 660 | 0.43 | 0.45 | 0.17 | 2.26 | 330 | 0.18 |
| 覆盖层砂砾料 | 2.245 | 0 | 51.7 | 8.0 | 0.853 | 800 | 0.46 | 0.49 | 0.15 | 1.62 | 400 | 0.25 |

表 4.6 为试验得到的邓肯 E-B 模型参数。分析可知，覆盖层砂砾料的 $K$ 和 $K_b$ 值比坝壳砂砾料的 $K$ 和 $K_b$ 值都要大。两种料的最大粒径相同，而两种料试验级配 $D_{50}$ 不同，覆盖层砂砾料的 $D_{50}$ 为 23mm，坝壳砂砾料的 $D_{50}$ 为 15mm，这造成了两种试验材料结果的不同。可以得到 $K$ 和 $K_b$ 值随着 $D_{50}$ 的增加而增加。

式（4.6）和式（4.7）推测的是大粒径的变形参数。由推测公式可知，原级配的最大粒径越大，得到的变形参数 $K$ 和 $K_b$ 值越大。由上述四种缩尺方法得到的级配曲线可知，不同最大粒径级配的 $D_{50}$ 也随着最大粒径的增大而增大。所以，也可以说变形参数 $K$ 和 $K_b$ 值随着 $D_{50}$ 的增大而增大。石门水库的室内试验结果也验证了推算公式的可靠性。

#### 4.4.3.2 通过现场试验反演资料对推算公式进行可靠性分析

中国水利水电科学研究院对九甸峡工程筑坝材料坝基砂卵石料进行了大型三轴压缩试验，结果见表 4.7。

表 4.7 中的邓肯 E-B 模型参数是由四个围压条件下的三轴试验得到的，通过上述参数可以反推试验得到的初始弹性模量 $E_i$ 和初始体积模量 $B_i$。然后根据缩尺条件，应用本书得到的推算公式对现场砂卵石料进行了推算，得到了邓肯 E-B 模型 $K$、$n$、$K_b$ 和 $m$ 值，见表 4.8。

表 4.7 九甸峡坝基砂卵石料邓肯 E-B 模型参数试验值

| 试样名称 | 干密度 /(g/cm³) | $C$ /MPa | $\varphi_0$ /(°) | $\Delta\varphi$ /(°) | $R_f$ | $K$ | $n$ | $K_b$ | $m$ |
|---|---|---|---|---|---|---|---|---|---|
| 试验砂卵石料 | 2.09 | 0 | 42.5 | 4.4 | 0.832 | 660 | 0.43 | 330 | 0.18 |

表 4.8 九甸峡坝基砂卵石料邓肯 E-B 模型参数推算值

| 试样名称 | $K$ | $n$ | $K_b$ | $m$ |
|---|---|---|---|---|
| 原级配砂卵石料 | 1819.7 | 0.47 | 922.6 | 0.26 |

北京工业大学宋远齐[62]根据九甸峡现场旁压试验实测位移值，对部分现场试验值进行了反演分析，得到邓肯 E-B 模型反演参数（表 4.9）。

表 4.9 九甸峡旁压试验邓肯 E-B 模型反演参数值

| 试验编号 | 孔深 /m | 反 演 参 数 值 | | | | |
|---|---|---|---|---|---|---|
| | | $K$ | $n$ | $R_f$ | $K_b$ | $m$ |
| JD2-1 | 26.3 | 2250 | 0.342 | 0.803 | 139 | 0.205 |
| JD2-2 | 28.3 | 3664 | 0.310 | 0.796 | 134 | 0.211 |
| JD2-3 | 29.6 | 3186 | 0.318 | 0.805 | 111 | 0.234 |
| JD2-6 | 34.15 | 3307 | 0.333 | 0.819 | 126 | 0.237 |
| JD2-7 | 37.1 | 1990 | 0.318 | 0.785 | 129 | 0.204 |
| JD2-8 | 40.25 | 1975 | 0.346 | 0.784 | 131 | 0.229 |

由反演得到的参数值可知，变形参数 $K$ 值比试验值大很多，推测值和 JD2-7、JD2-8 试验编号的反演值则相差不大，可知推算公式能够较好推得原级配的变形参数 $K$ 值。由邓肯 E-B 模型参数的整理方法可知，一般情况下 $K_b$ 值会随着 $K$ 值的增大而增大，表现为 $K$ 值约为 $K_b$ 值的两倍，所以反演得到的 $K_b$ 值的可靠性有待进一步研究复核。

通过上述两个实际工程的资料，从最大粒径或平均粒径以及现场资料反演参数结果等方面，直接或间接地验证了推算公式的可靠性。并且也可以发现，现场筑坝材料的力学特性和室内试验相比有较大差别，现场筑坝料的变形参数容易被低估。

# 第 5 章 高心墙堆石坝动态模拟反馈分析

土石坝工程中实际填筑成的坝体与设计控制指标或多或少存在差异。这是因为：一方面，堆石坝设计时，对于某个料区的坝料视为均匀料，并假定具有相同工程性质指标，在此基础上进行分析和设计，但是实际上堆石坝中材料来源丰富，同一分区的材料可能来源于不同料场，即使同一料场中取得的材料在性质上也有很大差异；另一方面，为充分利用开挖料，施工过程中会持续对大坝填筑材料分区进行动态调整，甚至对压实填筑控制指标进行调整。

因此，土石坝坝体施工过程，是以设计方案为目标，进行大坝建设的动态反馈分析；以地质勘测、现场原位试验、室内试验研究为基础，以工程安全监测成果和施工期间现场检测结果为依据，对大坝性状状态进行动态反馈分析，预测新的施工规划、料源条件下的大坝应力变形模式和竣工、蓄水后的远期性状，可以及时为设计方案调整提供科学依据，实现大坝从建设之初到水库蓄水运行的全过程跟踪、预测与安全监控，从而有效控制大坝变形，确保大坝的成功建设与安全运行。

本章结合糯扎渡心墙堆石坝工程，以现场检测成果为依据，反馈分析了坝体的应力变形特性，论述了一种坝体筑坝料力学参数的反演分析方法。

## 5.1 研究背景

近年来，国内建成了糯扎渡大坝（坝高 261.5m）等具有代表性的高心墙堆石坝，积累了丰富的监测资料。从这些工程施工期及运行期监测成果来看，采取前期试验参数的数值计算结果与大坝实际工作性状均存在较大的差异。大量研究工作表明，造成差异的影响因素较多，其中坝料室内试验缩尺效应问题导致计算参数的误差是主要因素之一。目前，以大坝原型观测资料为基础，通过反演分析确定或验证计算参数，是解决这些问题的有效手段之一，同时可以检验计算模型的合理性。

## 5.2 糯扎渡心墙堆石坝

### 5.2.1 工程概况

糯扎渡水电站位于云南省普洱市思茅区和澜沧拉祜族自治县境内，澜沧江中下游河段。工程开发任务以发电为主，兼顾景洪市城市和农田防洪任务，并有改善航运、发展旅游业等综合利用效益。水库正常蓄水位812.00m，汛期限制水位804.00m，死水位765.00m，总库容237.03亿$m^3$，调节库容113.35亿$m^3$，具有多年调节能力。电站装机容量5850MW（9×650MW），多年平均年发电量239.12亿kW·h。工程枢纽由土心墙堆石坝、左岸岸边开敞式溢洪道及消力塘、左右岸各一条泄洪隧洞、左岸引水系统和地下厂房组成。

糯扎渡心墙堆石坝坝顶高程821.50m，最大坝高261.5m，坝顶宽度为18m，上游坝坡坡比为1∶1.9，下游坝坡坡比为1∶1.8，上游围堰与部分下游围堰与坝体结合，下游围堰后期改建为量水堰。砾质土直心墙采用掺砾土料，心墙顶部高程为820.5m，顶宽10m，上下游坡比均为1∶0.2；心墙上、下游侧均各设置Ⅰ、Ⅱ两层反滤层，上游侧每层各宽4m，下游侧每层各宽6m；在反滤层与堆石料间设置10m宽的细堆石过渡料区，以外为堆石体坝壳。大坝在高程770.00m以上设有不锈钢锚筋抗震设施。上游坝坡高程656.00m以上和下游坝坡采用新鲜花岗岩块石护坡。在心墙底部设1.2～3m混凝土垫层，在心墙中心线位置开挖基岩形成灌浆廊道。

大坝心墙及反滤区基础河床部分置于微新岩体上，右岸除高程690.00～770.00m部位置于强风化岩体中下部外，左、右岸心墙其余部分均置于弱风化基岩上。坝基支护以锚杆为主，局部布置锚筋桩和锚索。坝基固结灌浆布置在垫层混凝土上和灌浆廊道内，固结灌浆孔深入岩5～7m，用普通水泥灌注；右岸软弱岩带固结灌浆孔深入岩25m，用干磨细水泥灌注。

左岸岸坡较顺直，在Ⅵ勘线附近发育1号冲沟，水平切割深度20～40m。岸坡地形在高程720～750m以下相对较缓，地形坡度一般为35°～40°；以上至坝顶高程处为陡崖地形，坡度55°～65°。右岸岩体由于受构造、蚀变、风化以及卸荷等综合作用，岩体完整性差，多为散体结构或碎裂结构岩体，相应坝基岩体质量差，据平硐统计，硐深50m以外，Ⅴ～$Ⅳ_a$类岩体分布硐段长度约占总硐长的81%。构造软弱岩带为碎裂结构岩体，岩体质量属$Ⅳ_b$类，其中的断层破碎带为Ⅴ类，岩体的变形模量平均值约为0.9GPa（碎裂结构岩体为1～2GPa），总体变形模量值低。图5.1和图5.2为糯扎渡工程枢纽平面布置图和大坝典型断面图。

大坝坝基开挖及处理施工时段为2008年2月6日至2009年5月3日，垫层及廊道混凝土施工时段为2008年9月28日至2010年12月30日，坝基固结灌浆施工时段为2008年10月24日至2011年7月12日。大坝填筑从2008年10月3日开始，截至2011年9月30日，大坝共填筑土石方2603.52万$m^3$，心墙区填筑至高程744.89m（其余各区与其高程相差在1m以内）。截至2012年2月28日，坝体心墙已填筑至高程778.41m，后续大坝填筑工程量约为350万$m^3$，其中心墙掺砾土料约45万$m^3$。计划2012年5月31日大坝全断面填筑至高程804.00m，具备拦挡500年洪水重现期洪水条件；2012年12月31日填筑至坝顶高程，2013年6月30日大坝工程完工。图5.3～图5.6为大坝填筑示意图及2010年4月20日上、下游坝壳及心墙填筑面貌。

糯扎渡水库实际蓄水过程与规划的蓄水方案存在一定的差异。截至2012年3月12日，糯扎渡水库实际蓄水过程主要节点如下：2011年11月6日，1号、2号导流洞下闸；

图 5.1 糯扎渡枢纽平面布置图

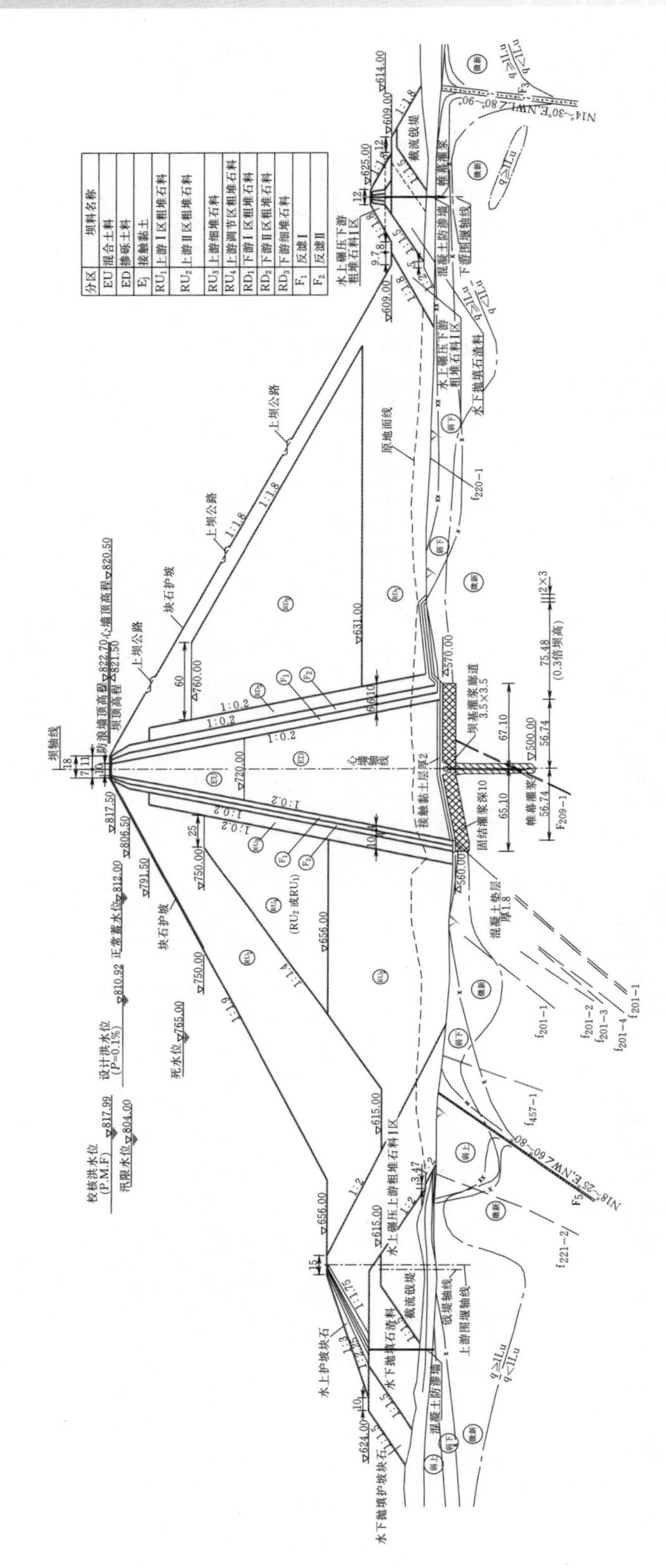


图 5.2　糯扎渡大坝典型断面图（单位：m）

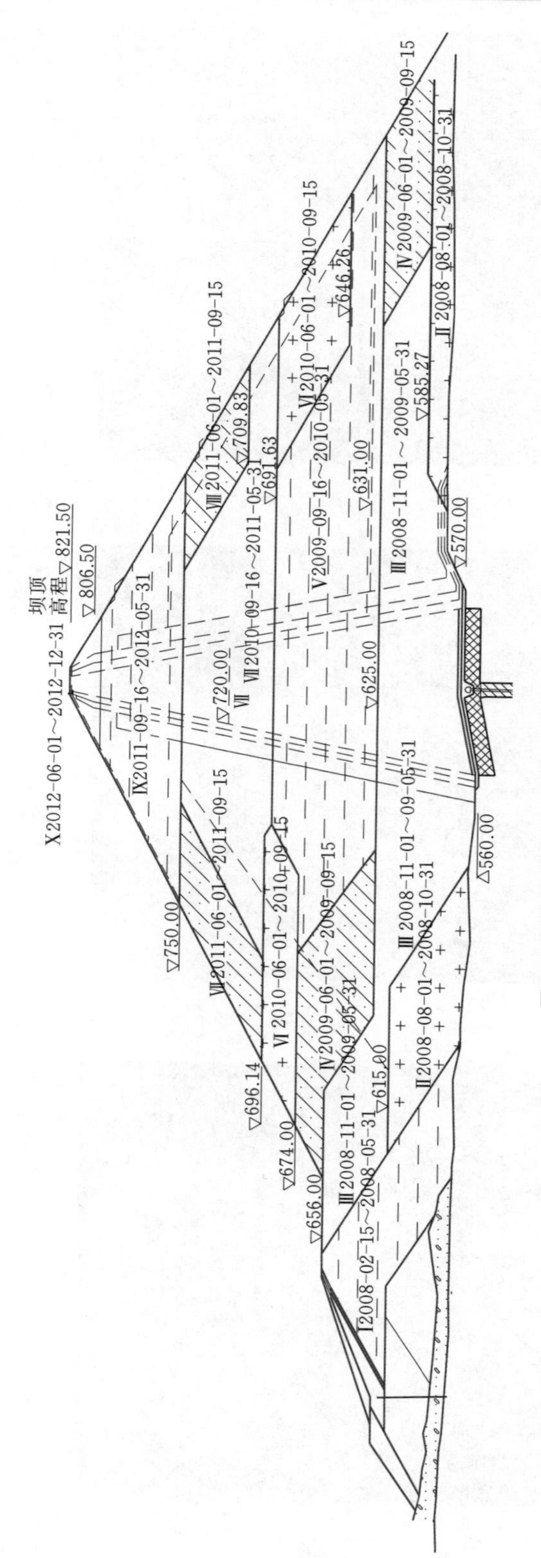


图 5.3 糯扎渡大坝填筑示意图（单位：m）

图 5.4 糯扎渡大坝上游坝壳 2010 年 4 月 20 日填筑面貌

图 5.5 糯扎渡大坝下游坝壳 2010 年 4 月 20 日填筑面貌

图 5.6 糯扎渡大坝心墙 2010 年 4 月 20 日填筑面貌

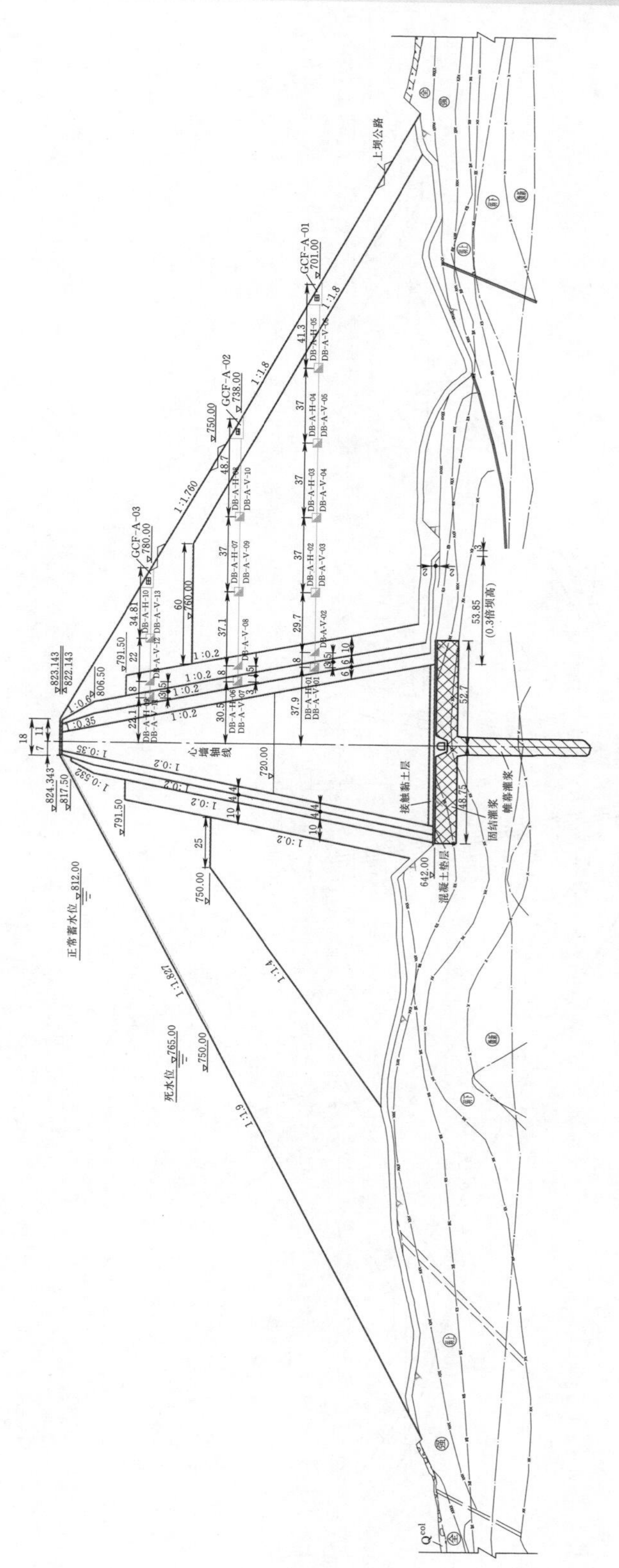


图 5.7 坝 0+169.360 监测断面布置（单位：m）

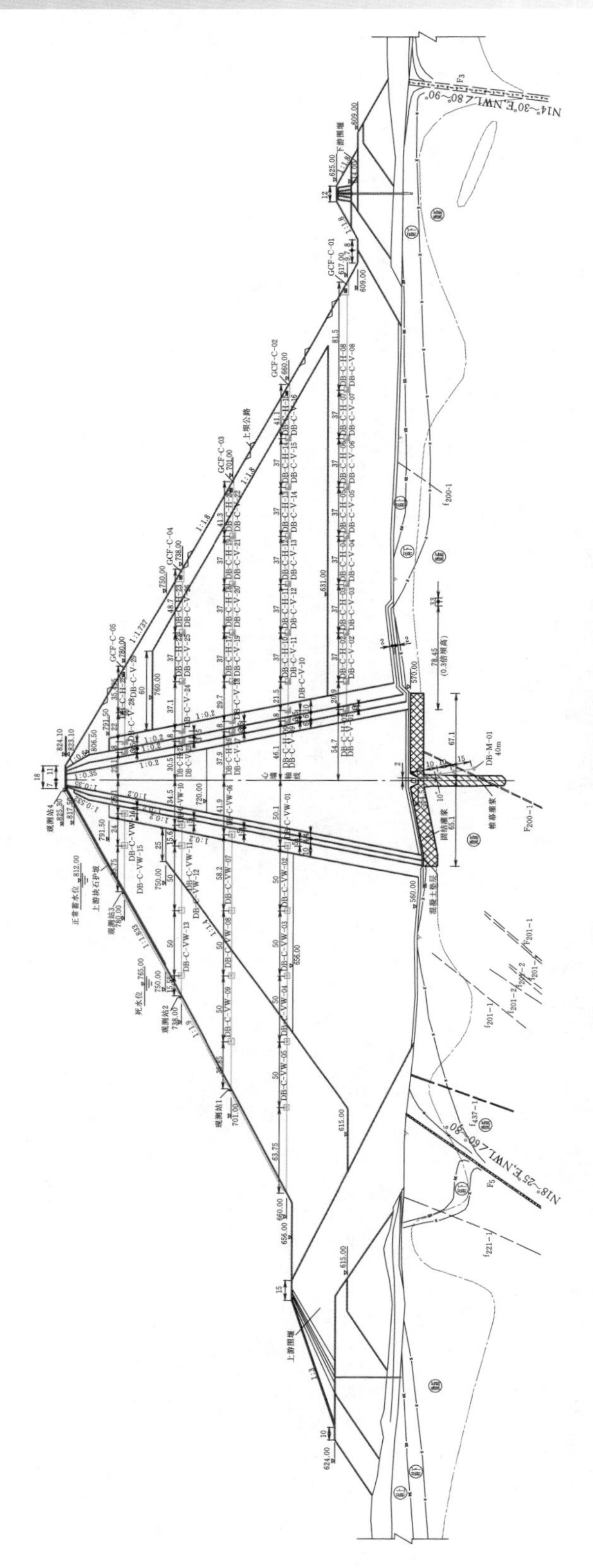

图 5.8　坝 0+309.600 监测断面布置（单位：m）

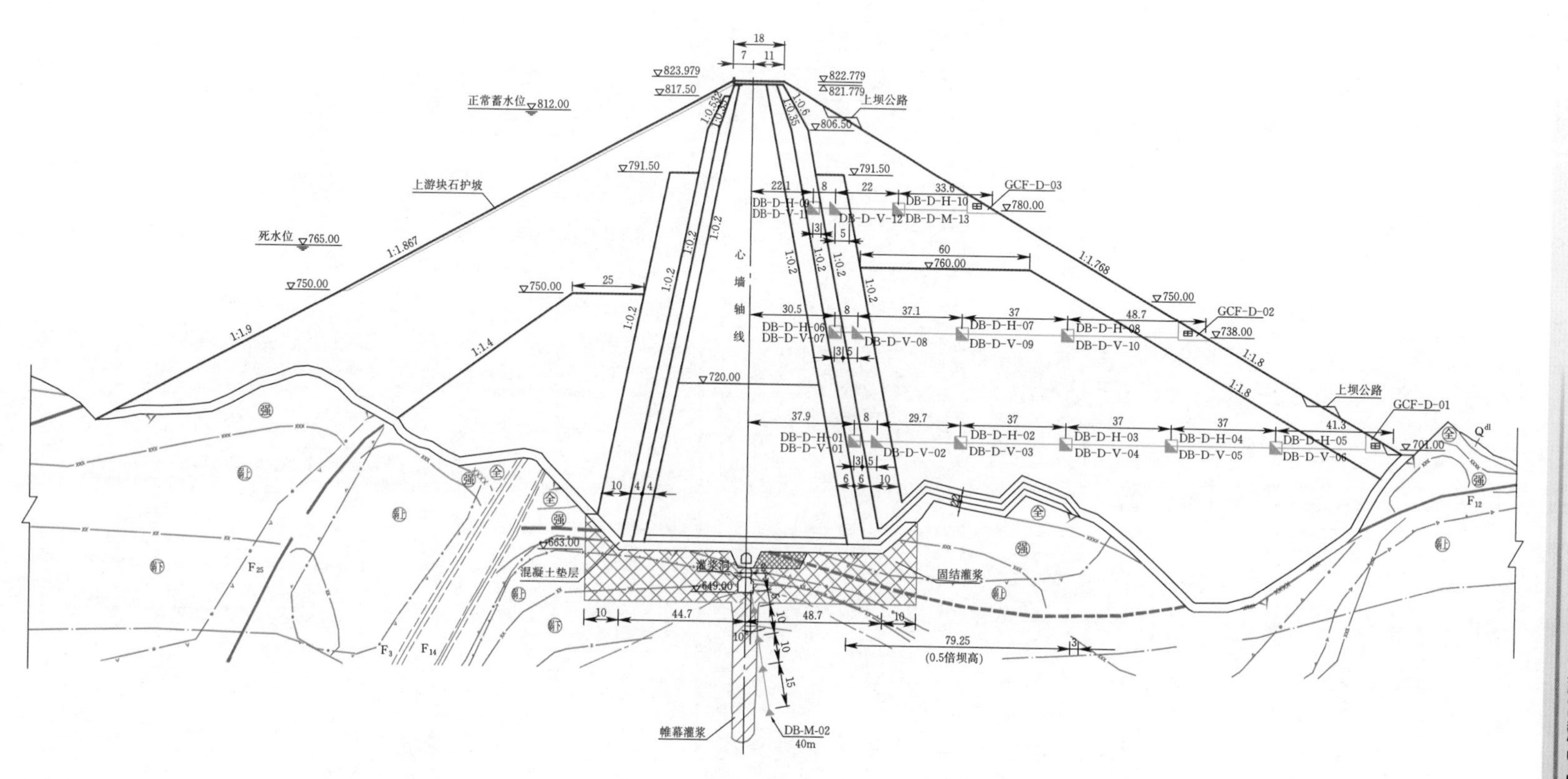


图 5.9　坝 0＋482.300 监测断面布置（单位：m）

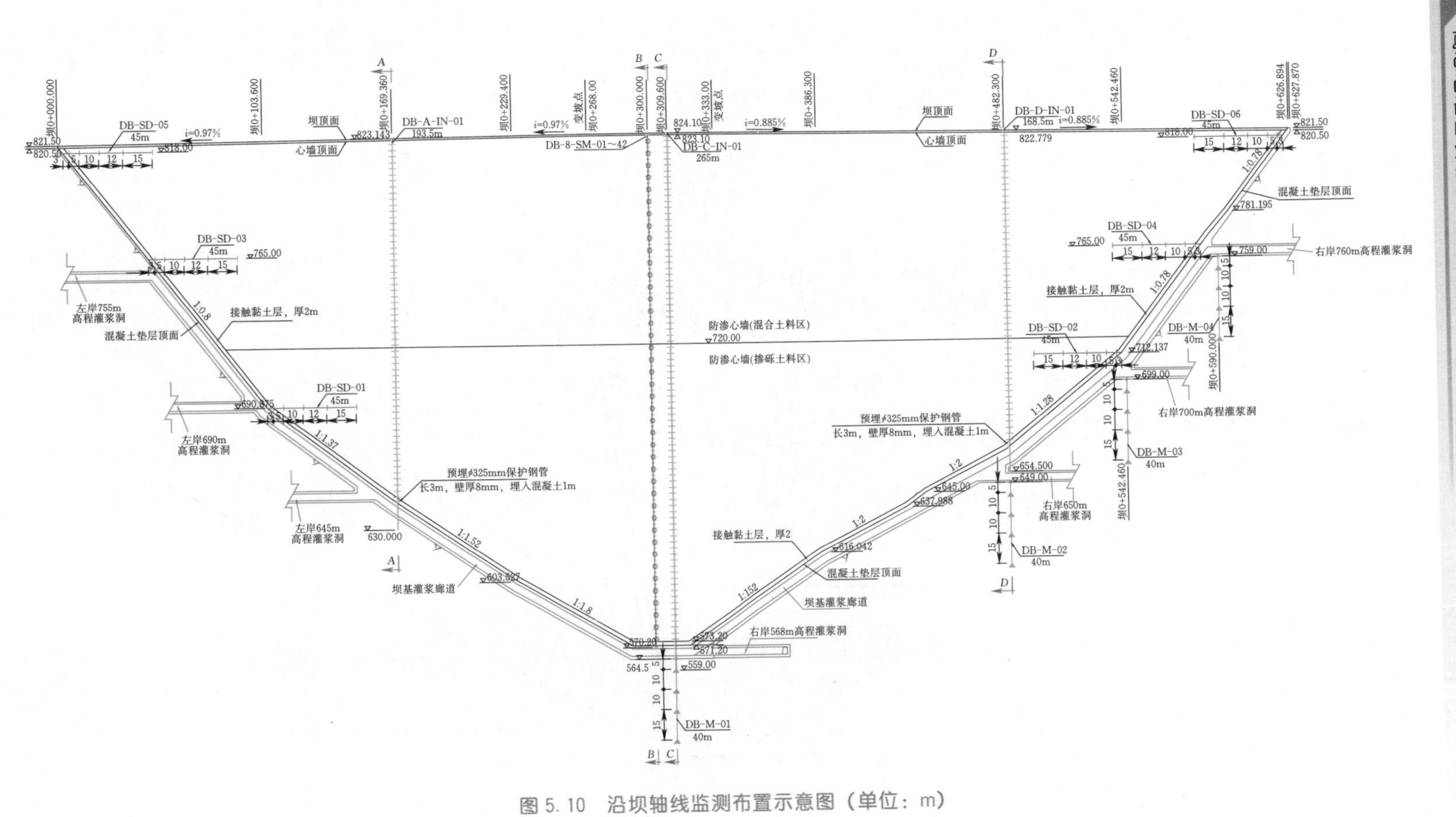


图 5.10 沿坝轴线监测布置示意图（单位：m）

2011年11月29日，3号导流洞下闸，水库开始蓄水；2012年2月8日，水库水位蓄至672.5m；2012年3月12日，水库水位蓄至693.0m。截至2012年12月底，上、下游水位分别为774.19m、602.17m。水库蓄水过程见表5.1。

表5.1　水库蓄水过程

| 时间 | | 水库蓄水位/m | 时间 | | 水库蓄水位/m |
|---|---|---|---|---|---|
| 2010年 | 9月前 | 575 | 2012年 | 1月16日 | 666 |
| | 11月18日 | 600 | | 2月27日 | 685 |
| 2011年 | 1月30日 | 610 | | 3月30日 | 698 |
| | 2月28日 | 612 | | 4月24日 | 708 |
| | 4月3日 | 613 | | 5月14日 | 714 |
| | 5月22日 | 614 | | 6月22日 | 738 |
| | 8月6日 | 613 | | 7月22日 | 761 |
| | 11月12日 | 613 | | 9月13日 | 767 |
| | 12月15日 | 666 | | 11月10日 | 767 |
| | | | | 12月18日 | 774 |

### 5.2.2　监测断面布置

根据心墙堆石坝坝体的布置情况、坝基地质条件，共设4个监测横断面和1个监测纵断面：坝0+169.360断面（图5.7）介于左岸岸坡与最大坝高断面之间，位于坝基体形变化处，为左岸大坝监测代表性断面；坝0+309.600监测断面（图5.8）为最大坝高断面，对于变形、渗流及应力等监测具有代表性；坝0+482.300断面、坝0+542.460断面基础位于右岸软弱岩带，为心墙堆石坝重点监测部位，其中坝0+482.300断面为主监测断面（图5.9），坝0+542.600为辅助监测断面；监测纵断面为沿心墙中心线断面（图5.10）。

## 5.3　糯扎渡工程反演分析研究

### 5.3.1　反演分析计算网格

按照糯扎渡心墙堆石坝的典型设计剖面及地形条件建立三维有限元计算网格（图5.11），反演计算分析均采用该网格。反演计算分析以坝0+309.600断面作为重点反演对照剖面，后续结果也重点介绍该剖面及沿坝轴线纵剖面结果。

### 5.3.2　计算分析本构模型

计算分析中坝体各分区均选用非线性弹性邓肯E-B模型，并采用增量迭代法进行计算。具体内容不再赘述，坝体计算本构模型见1.4.2部分，反演分析计算方法详见1.3.3部分。

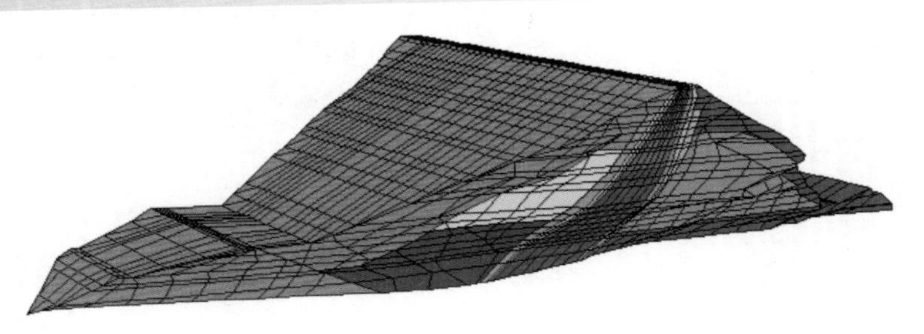

图 5.11 糯扎渡心墙堆石坝三维计算网格

### 5.3.3 计算参数

心墙堆石坝填筑有8种料，分别为粗堆石区坝料Ⅰ区、坝料Ⅱ区、细堆石料、反滤料Ⅰ、反滤料Ⅱ、心墙掺砾土料、接触黏土料、上下游块石护坡料。表5.2计算参数为设计单位施工详图设计阶段整理所得，其中统计平均值记为M1，小值平均值记为M2，另外，根据参数分析及工程类比提出了一套类比参数M3。

表5.2 施工详图设计阶段坝料的邓肯E-B模型计算参数

| 材料 | 干密度 $\rho_d$/(g/cm³) | $\varphi_0$/(°) | $\Delta\varphi$/(°) | $R_f$ | $K$ | $n$ | $K_{ur}$ | 邓肯E-B模型 $K_b$ | 邓肯E-B模型 $m$ | 备注 |
|---|---|---|---|---|---|---|---|---|---|---|
| 心墙掺砾土料(ED) | 2.01～2.15(2.06) | 41.79 | 10.35 | 0.8 | 402 | 0.48 | 603 | 309 | 0.27 | M1 |
| | | 38.03 | 7.86 | 0.72 | 238 | 0.56 | 357 | 184 | 0.39 | M2 |
| | | 41.79 | 10.35 | 0.8 | 402 | 0.4 | 603 | 250 | 0.25 | M3 |
| 反滤料Ⅰ($F_1$) | 1.8 | 48.45 | 7.48 | 0.71 | 1016 | 0.28 | 1524 | 744 | 0.15 | M1 |
| | | 41.38 | 1.92 | 0.55 | 403 | 0.46 | 604.5 | 54 | 0.73 | M2 |
| | | 48.45 | 7.48 | 0.71 | 800 | 0.28 | 1200 | 350 | 0.15 | M3 |
| 反滤料Ⅱ($F_2$) | 1.89 | 53.55 | 10.03 | 0.75 | 1416 | 0.28 | 2124 | 1113 | 0.02 | M1 |
| | | 50.57 | 6.94 | 0.67 | 998 | 0.41 | 1497 | 300 | 0.45 | M2 |
| | | 53.55 | 10.03 | 0.75 | 1200 | 0.28 | 1800 | 550 | 0.02 | M3 |
| 细堆石料($RU_3$、$RD_3$) | 2.03 | 52.1 | 8.94 | 0.75 | 1693 | 0.25 | 2539.5 | 1108 | 0.12 | M1 |
| | | 50.29 | 6.66 | 0.68 | 1100 | 0.41 | 1650 | 510 | 0.23 | M2 |
| | | 52.1 | 8.94 | 0.75 | 1250 | 0.25 | 1875 | 600 | 0.12 | M3 |
| Ⅰ区粗堆石料($RU_1$、$RD_1$) | 2.07 | 55.45 | 11.32 | 0.76 | 1852 | 0.32 | 2778 | 1418 | 0.07 | M1 |
| | | 48.92 | 7.72 | 0.68 | 947 | 0.47 | 1420.5 | 358 | 0.35 | M2 |
| | | 55.45 | 11.32 | 0.76 | 1450 | 0.26 | 2175 | 700 | 0.07 | M3 |
| Ⅱ区粗堆石料($RU_2$、$RD_2$) | 2.21 | 51.36 | 10.88 | 0.75 | 1486 | 0.26 | 2229 | 873 | 0.14 | M1 |
| | | 45.67 | 8.16 | 0.46 | 918 | 0.49 | 1377 | 282 | 0.65 | M2 |
| | | 51.36 | 10.88 | 0.75 | 1200 | 0.26 | 1800 | 580 | 0.14 | M3 |

## 5.4　采用试验参数的计算分析成果

本研究分别采用统计平均值 M1 参数、小值平均值 M2 参数以及类比 M3 参数，对糯扎渡心墙堆石坝的应力变形进行有限元分析。

### 5.4.1　采用统计平均值 M1 参数的计算结果

图 5.12 和图 5.13 为采用 M1 参数计算得到的坝 0+309.600 断面的沉降、顺河向位移、大、小主应力分布和沿坝轴线剖面的顺轴向位移分布。

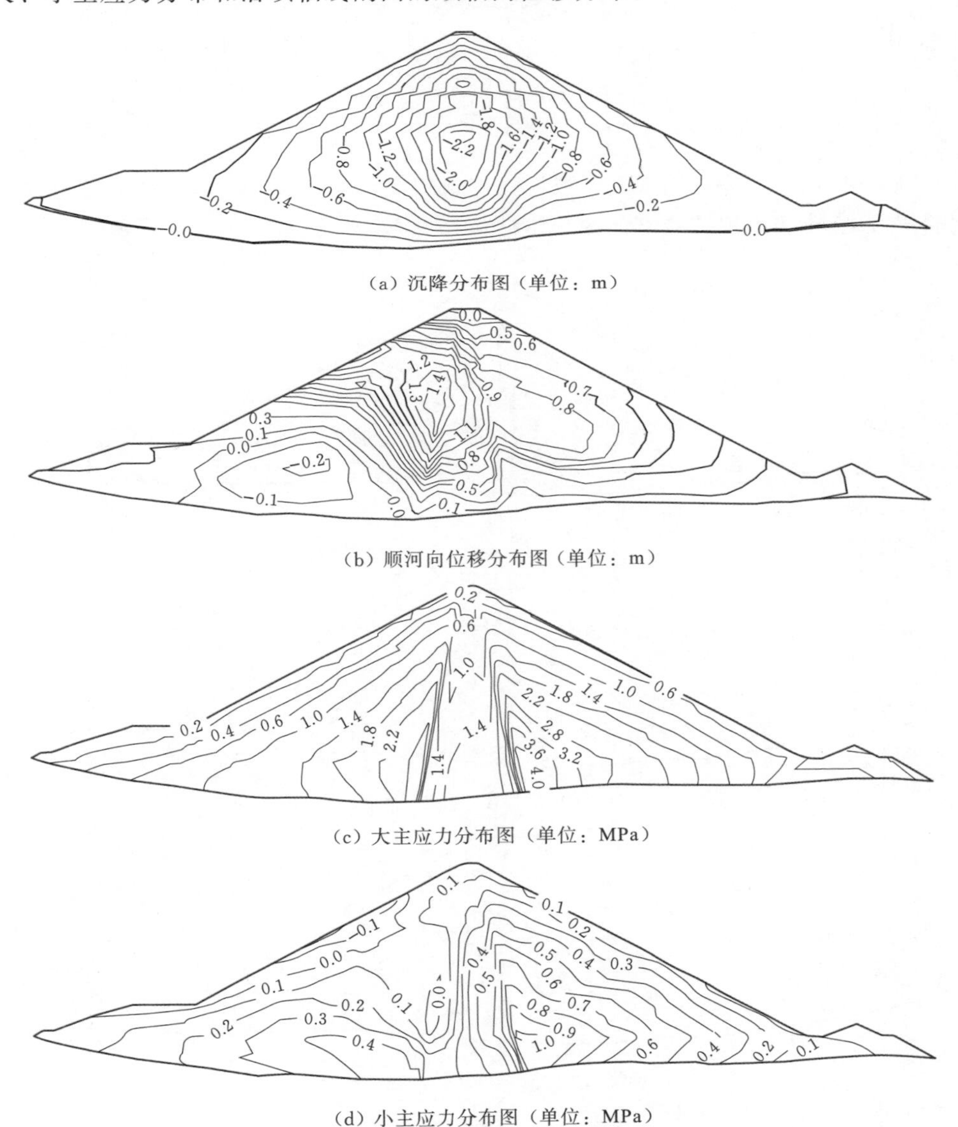


(a) 沉降分布图（单位：m）

(b) 顺河向位移分布图（单位：m）

(c) 大主应力分布图（单位：MPa）

(d) 小主应力分布图（单位：MPa）

图 5.12　采用 M1 参数的坝 0+309.600 断面计算结果

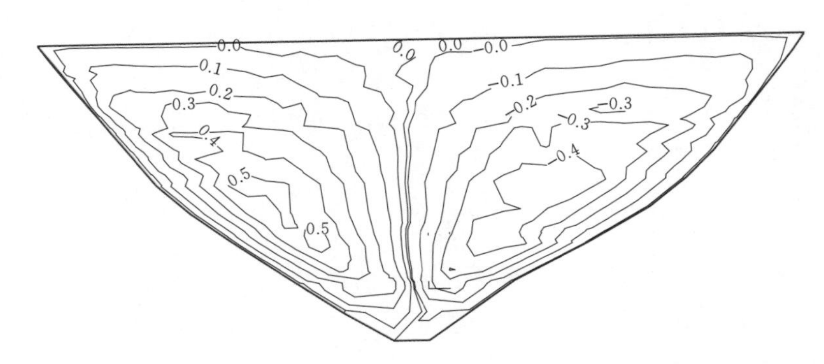


图 5.13 采用 M1 参数计算的沿坝轴线剖面的顺轴向位移分布图（单位：m）

### 5.4.2 采用小值平均值 M2 参数的计算结果

图 5.14 和图 5.15 为采用 M2 参数计算得到的 0＋300.000 断面的沉降、顺河向位移、大、小主应力分布和沿坝轴线剖面的顺轴向位移分布。

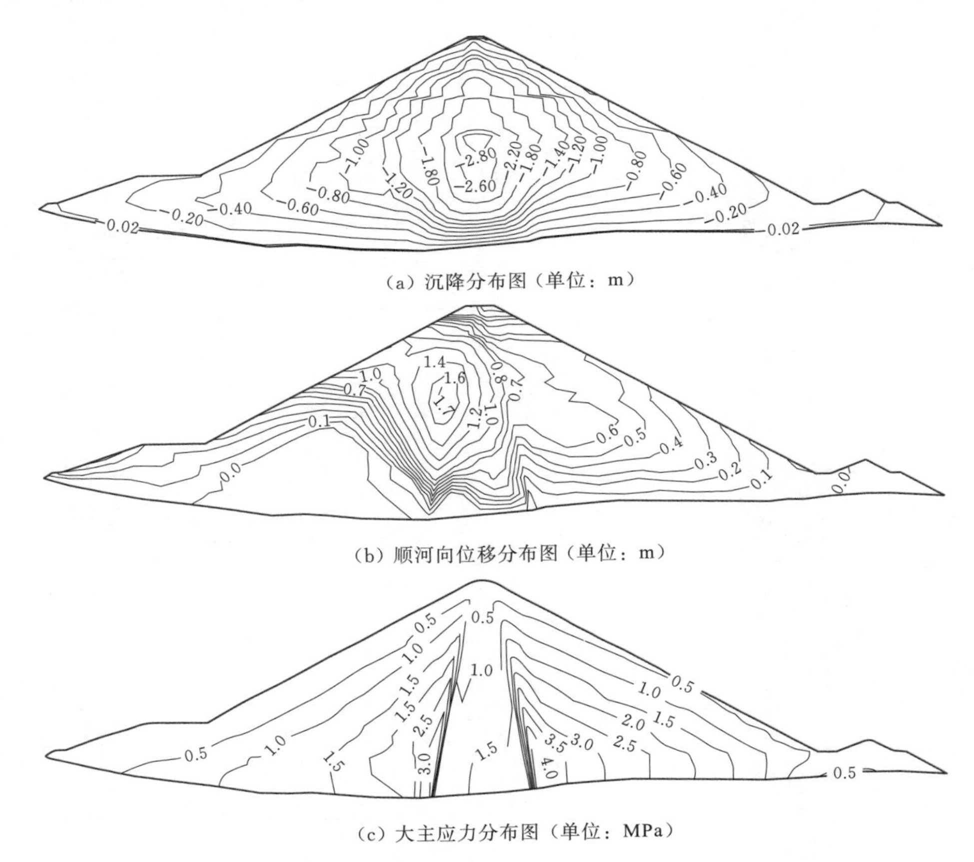


（a）沉降分布图（单位：m）

（b）顺河向位移分布图（单位：m）

（c）大主应力分布图（单位：MPa）

图 5.14（一） 采用 M2 参数的坝 0＋300.000 断面计算结果

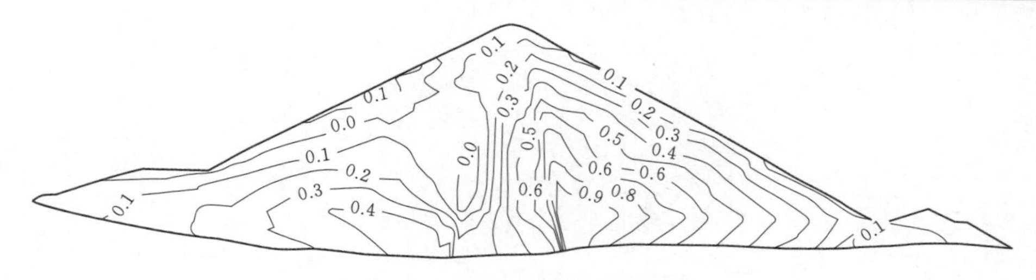


（d）小主应力分布图（单位：MPa）

图 5.14（二） 采用 M2 参数的坝 0＋300.000 断面计算结果

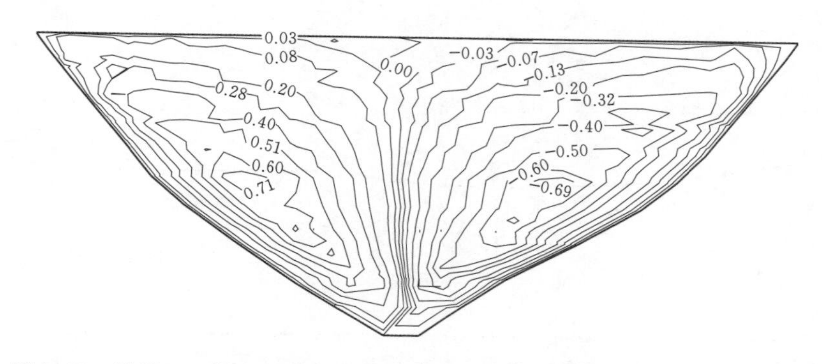


图 5.15 采用 M2 参数计算的沿坝轴线剖面的顺轴向位移分布图（单位：m）

## 5.4.3 采用类比 M3 参数的计算结果

图 5.16 和图 5.17 为采用 M3 参数计算得到的坝 0＋309.600 断面的沉降、顺河向位移、大、小主应力分布情况和沿坝轴线剖面的顺轴向位移分布。

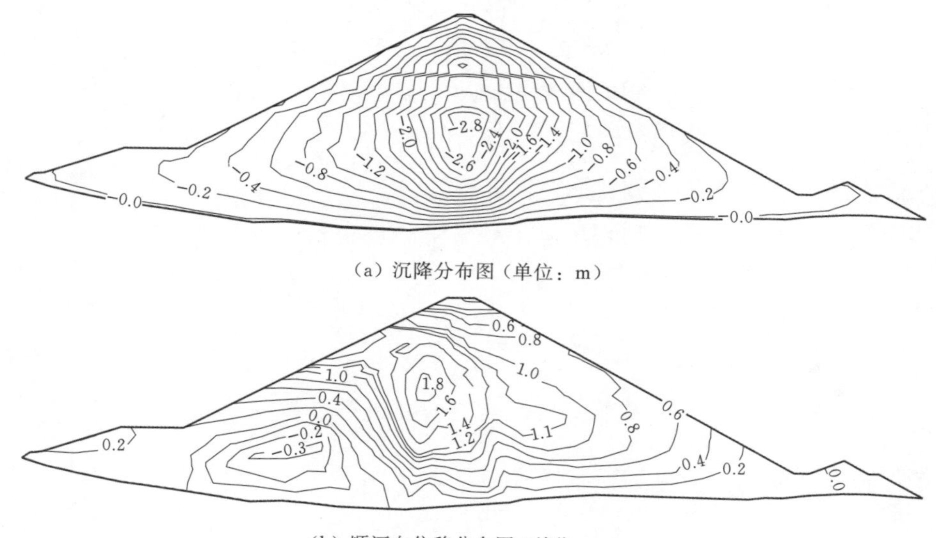


（a）沉降分布图（单位：m）

（b）顺河向位移分布图（单位：m）

图 5.16（一） 采用 M3 参数的坝 0＋309.600 断面计算结果

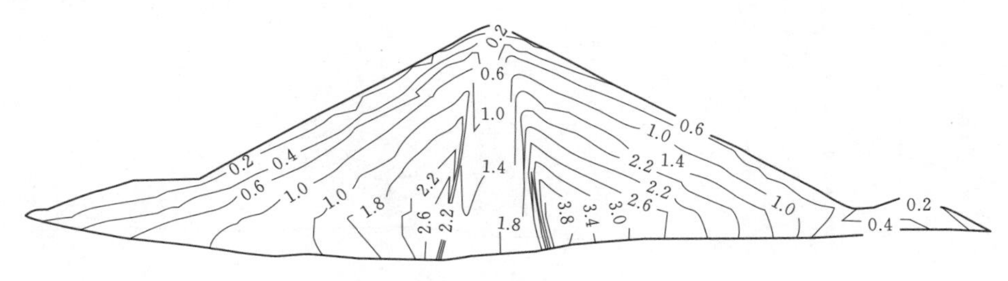


（c）大主应力分布图（单位：MPa）

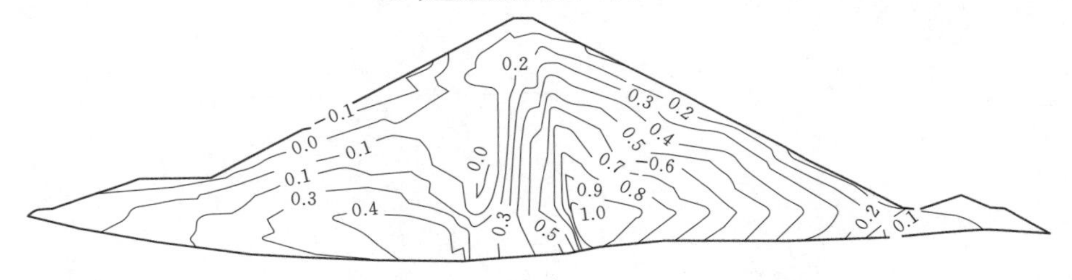


（d）小主应力分布图（单位：MPa）

图5.16（二） 采用M3参数的坝0+309.600断面计算结果

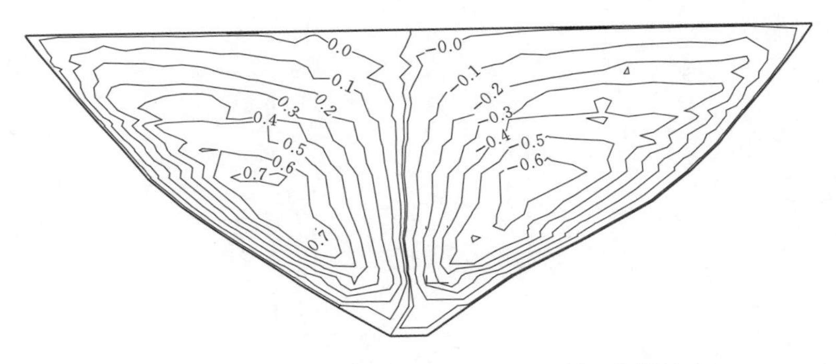


图5.17 采用M3参数计算的沿坝轴线剖面的顺轴向位移分布图（单位：m）

表5.3为采用M1～M3参数计算结果汇总。

表5.3 采用M1～M3参数计算成果汇总

| 计算工况 | | 竣工期 | | |
|---|---|---|---|---|
| 计算方案 | | M1 | M2 | M3 |
| 最大竖向位移/m | | 2.23 | 2.86 | 2.81 |
| 最大竖向位移占坝高比例/% | | 0.84 | 1.09 | 1.03 |
| 最大水平位移/m | 向上游 | 1.1 | 1.0 | 1.0 |
| | 向下游 | 1.4 | 1.7 | 1.8 |
| 有效主应力/MPa | $\sigma_1$ | 4.0 | 4.0 | 3.8 |
| | $\sigma_3$ | 1.0 | 0.9 | 1.0 |

根据坝体三维应力变形计算分析结果，大坝应力变形符合心墙堆石坝的一般规律。采用小值平均值 M2 参数和类比 M3 参数时，计算结果比较接近，平均值 M1 参数和二者计算结果有一定的差异。

对于 M1、M2、M3 参数，坝体最大竖向位移均出现在心墙中部偏下的位置，数值分别为 2.23m、2.86m、2.81m，大约为坝高的 0.84%、1.09%、1.03%。在顺河向，上、下游侧最大水平位移分别指向上、下游，向上游侧最大水平位移出现在上游坝壳的偏下部分，向下游侧的最大水平位移出现在下游坝壳靠近心墙的部分。对于三组参数，向上游侧最大水平位移差别不大，向下游侧最大水平位移有一定的差异，数值分别为 1.4m、1.7m、1.8m。在顺坝轴线方向，以河谷中心为界，靠近左岸的坝体向右岸方向发生位移，靠近右岸的坝体向左岸发生位移。

心墙内有效大主应力低于上、下游侧坝壳，有效小主应力低于下游侧坝壳，与上游侧比较接近。三组参数，最大有效大、小主应力比较接近，最大有效大主应力均约为 4.0MPa，出现在下游侧靠近心墙底部的位置；最大有效小主应力均约为 1.0MPa，出现位置与大主应力接近。

对采用三组参数的计算结果分析可知，心墙拱效应分布较明显的位置均出现在靠近坝顶的位置，拱效应系数最大的位置位于心墙高程 1/2 处偏下游。M3 参数的心墙拱效应在三组参数中相对较弱，靠近坝体的拱效应系数极小值约为 0.5，在三组参数计算结果中最大。采用 M1～M3 参数计算的心墙拱效应系数等值线图见图 5.18。在心墙的计算结果中，均未出现有效应力小于 0 的区域，心墙出现水力劈裂的可能性不大。

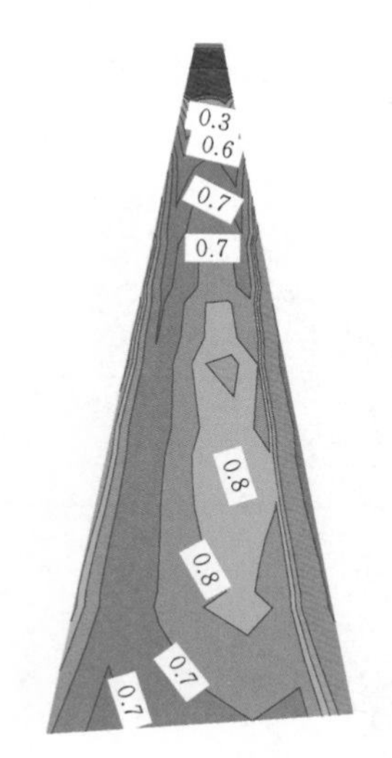

(a) 采用M1参数

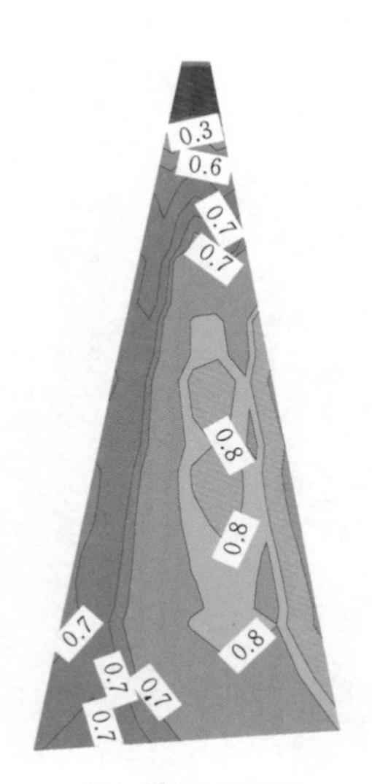

(b) 采用M2参数

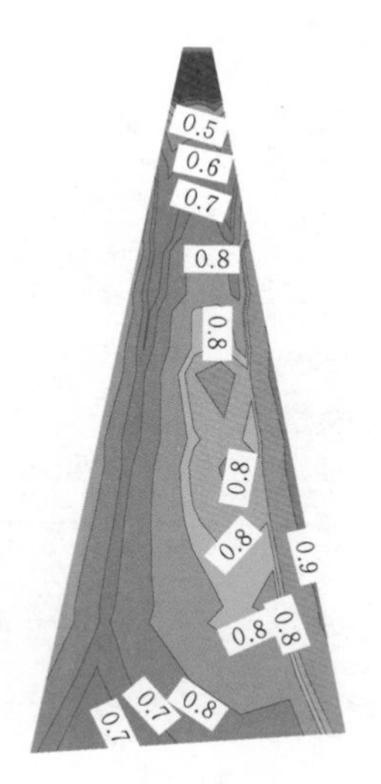

(c) 采用M3参数

图 5.18　采用 M1～M3 参数计算的心墙拱效应系数等值线图

# 5.5 反演分析结果

## 5.5.1 反演得到的计算参数

经过多次反复计算，参数库中目标函数最大值逐渐减小（图 5.19），在进行了 92 次循环计算之后，计算停止，此时参数库中目标函数的最大值为 0.28。选取此时参数库中使得满蓄期目标函数值最小的参数为反演分析最优参数（表 5.4）。

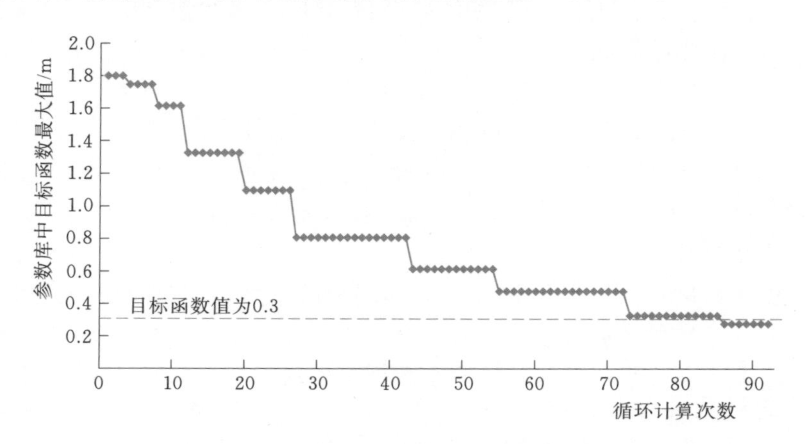


图 5.19 参数库中目标函数最大值随循环计算次数的变化

表 5.4 反演材料参数

| 材料 | $\varphi_0$ /(°) | $\Delta\varphi$ /(°) | $R_f$ | $K$ | $n$ | $K_{ur}$ | $K_b$ | $m$ |
|---|---|---|---|---|---|---|---|---|
| 掺砾土料（ED） | 41.79 | 10.35 | 0.8 | 310 | 0.38 | 465 | 200 | 0.23 |
| 反滤料Ⅰ（$F_1$） | 48.45 | 7.48 | 0.71 | 720 | 0.28 | 1080 | 380 | 0.15 |
| 反滤料Ⅱ（$F_2$） | 53.55 | 10.03 | 0.75 | 1050 | 0.3 | 1575 | 450 | 0.02 |
| 细堆石料（$RU_3$、$RD_3$） | 52.1 | 8.94 | 0.75 | 1100 | 0.25 | 1650 | 550 | 0.15 |
| Ⅰ区堆石（$RU_1$、$RD_1$） | 55.45 | 11.32 | 0.76 | 1250 | 0.26 | 1875 | 650 | 0.05 |
| Ⅱ区堆石（$RU_2$、$RD_2$） | 51.36 | 10.88 | 0.75 | 1100 | 0.26 | 1650 | 500 | 0.14 |

## 5.5.2 采用反演得到参数的大坝应力变形特性

利用反演所得参数进行三维正分析，使用正分析计算结果与监测数据进行对比，验证反演分析结果的合理性。

图 5.20 为坝体Ⅱ、Ⅲ、Ⅳ期填筑完成及竣工期的典型断面沉降分布情况。

图 5.21 为坝体Ⅱ、Ⅲ、Ⅳ期填筑完成及竣工期的典型断面顺河向位移分布情况。

图 5.22 为坝体Ⅱ、Ⅲ、Ⅳ期填筑完成及竣工期的沿心墙中心线断面顺坝轴线位移分布情况。

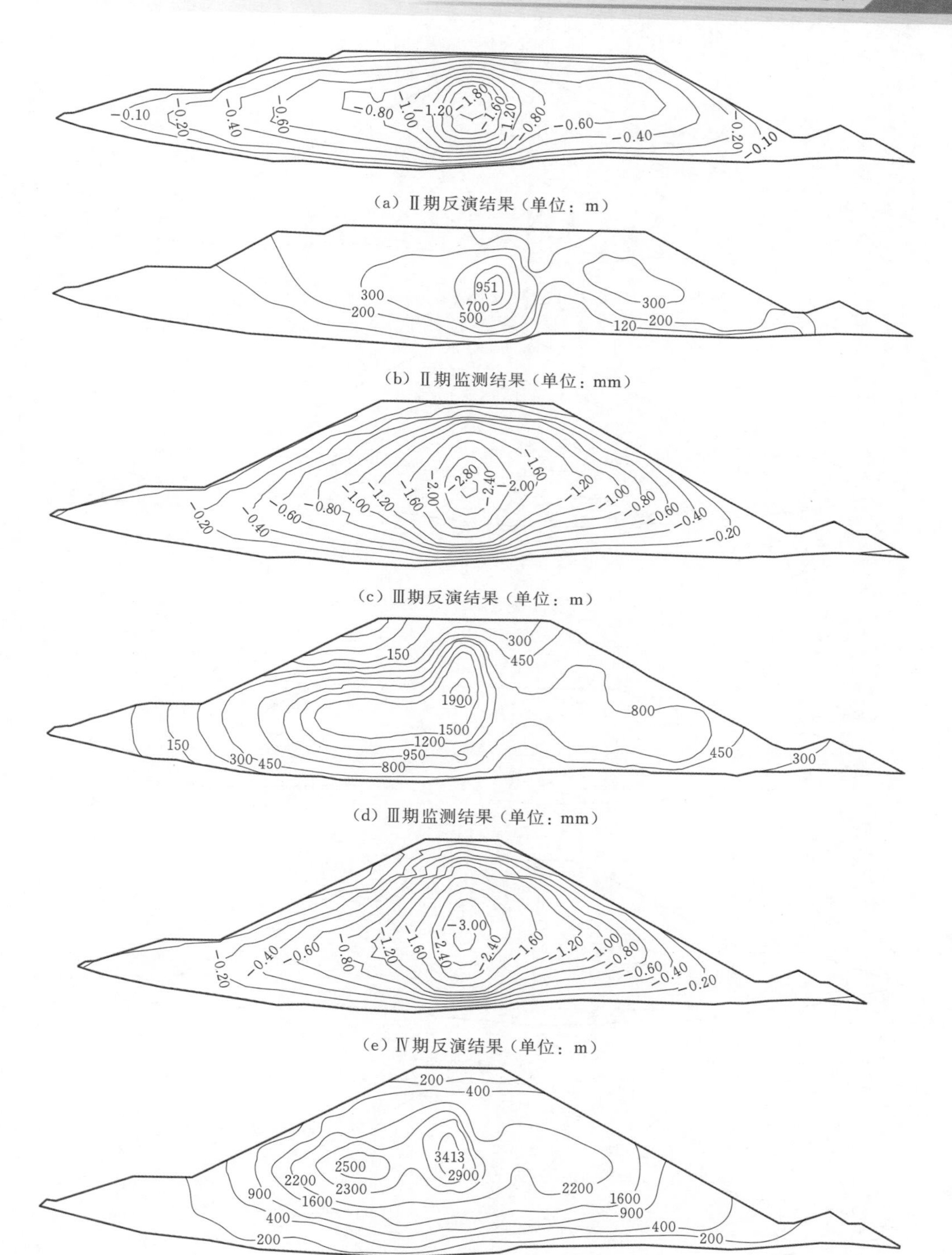


（a）Ⅱ期反演结果（单位：m）

（b）Ⅱ期监测结果（单位：mm）

（c）Ⅲ期反演结果（单位：m）

（d）Ⅲ期监测结果（单位：mm）

（e）Ⅳ期反演结果（单位：m）

（f）Ⅳ期监测结果（单位：mm）

图5.20（一） 坝体Ⅱ、Ⅲ、Ⅳ期填筑完成及竣工期坝0+309.600断面沉降分布

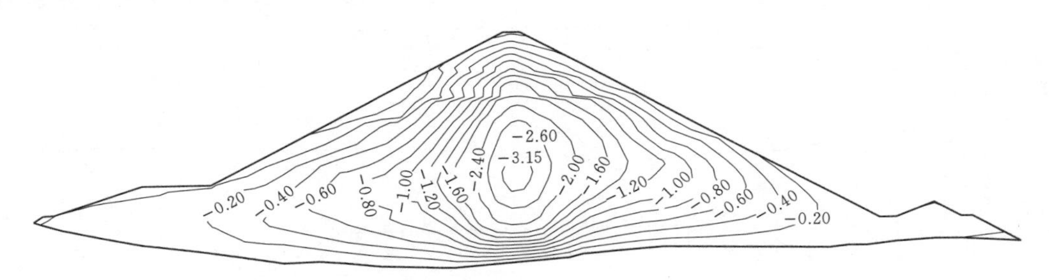


(g) 竣工期反演结果(单位:m)

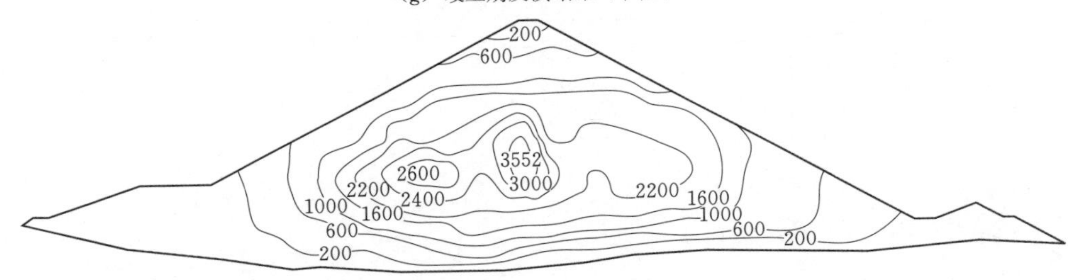


(h) 竣工期监测结果(单位:mm)

图 5.20(二) 坝体Ⅱ、Ⅲ、Ⅳ期填筑完成及竣工期坝 0+309.600 断面沉降分布

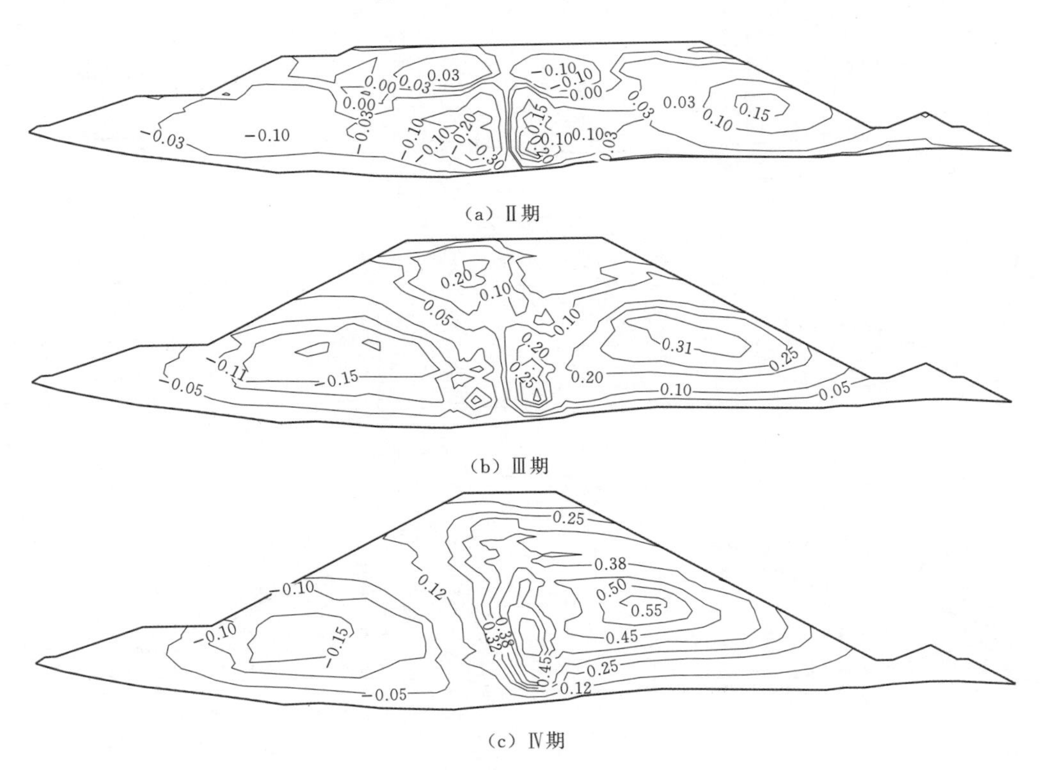

(a) Ⅱ期

(b) Ⅲ期

(c) Ⅳ期

图 5.21(一) 坝体Ⅱ、Ⅲ、Ⅳ期填筑完成及竣工期坝 0+309.600 断面顺河向位移分布(单位:m)

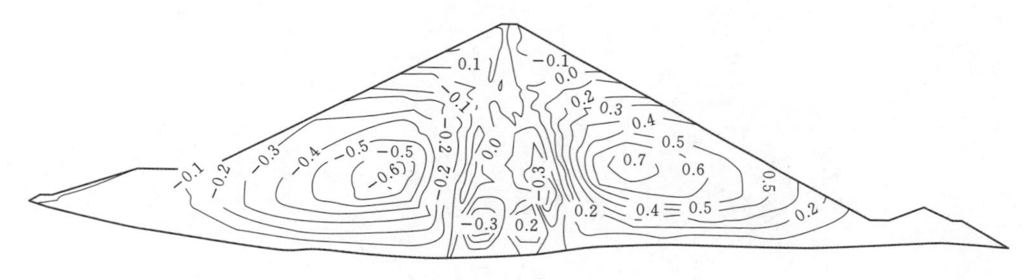


(d) 竣工期

图 5.21（二） 坝体Ⅱ、Ⅲ、Ⅳ期填筑完成及竣工期坝 0+309.600 断面顺河向位移分布（单位：m）

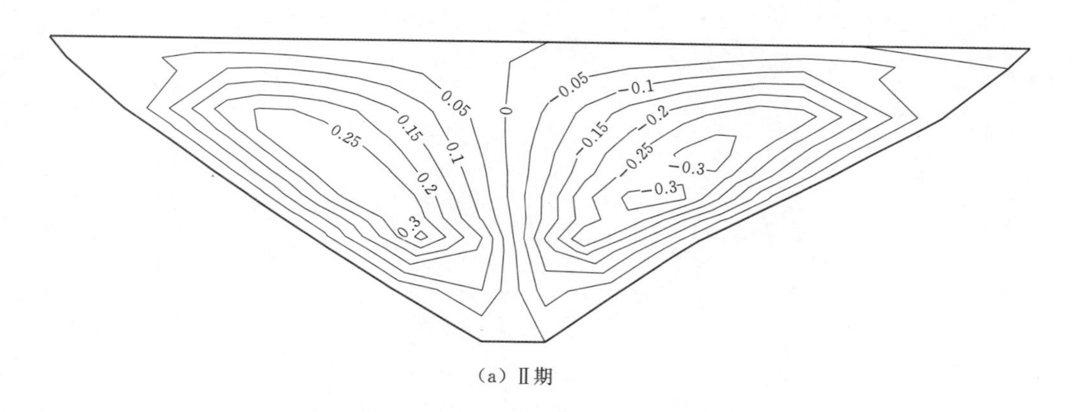


(a) Ⅱ期

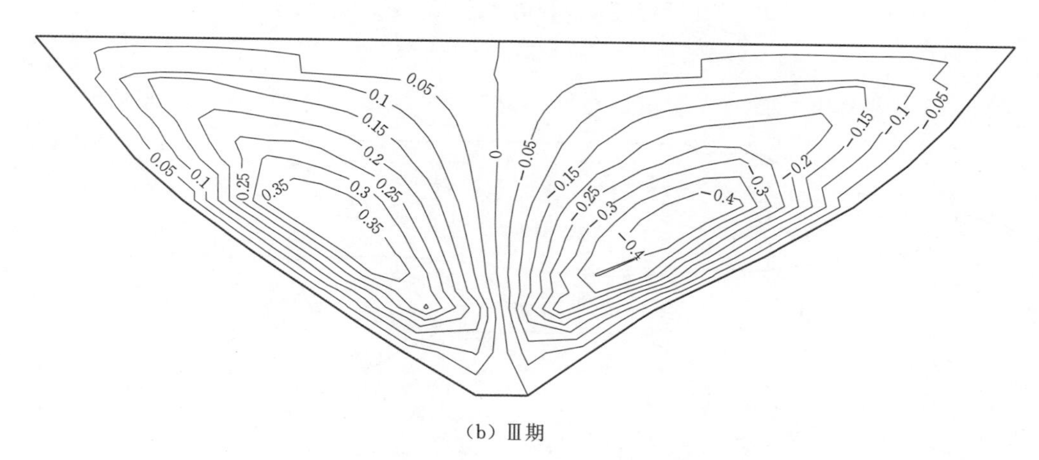


(b) Ⅲ期

图 5.22（一） 坝体Ⅱ、Ⅲ、Ⅳ期填筑完成及竣工期沿心墙中心线断面顺坝轴线位移分布（单位：m）

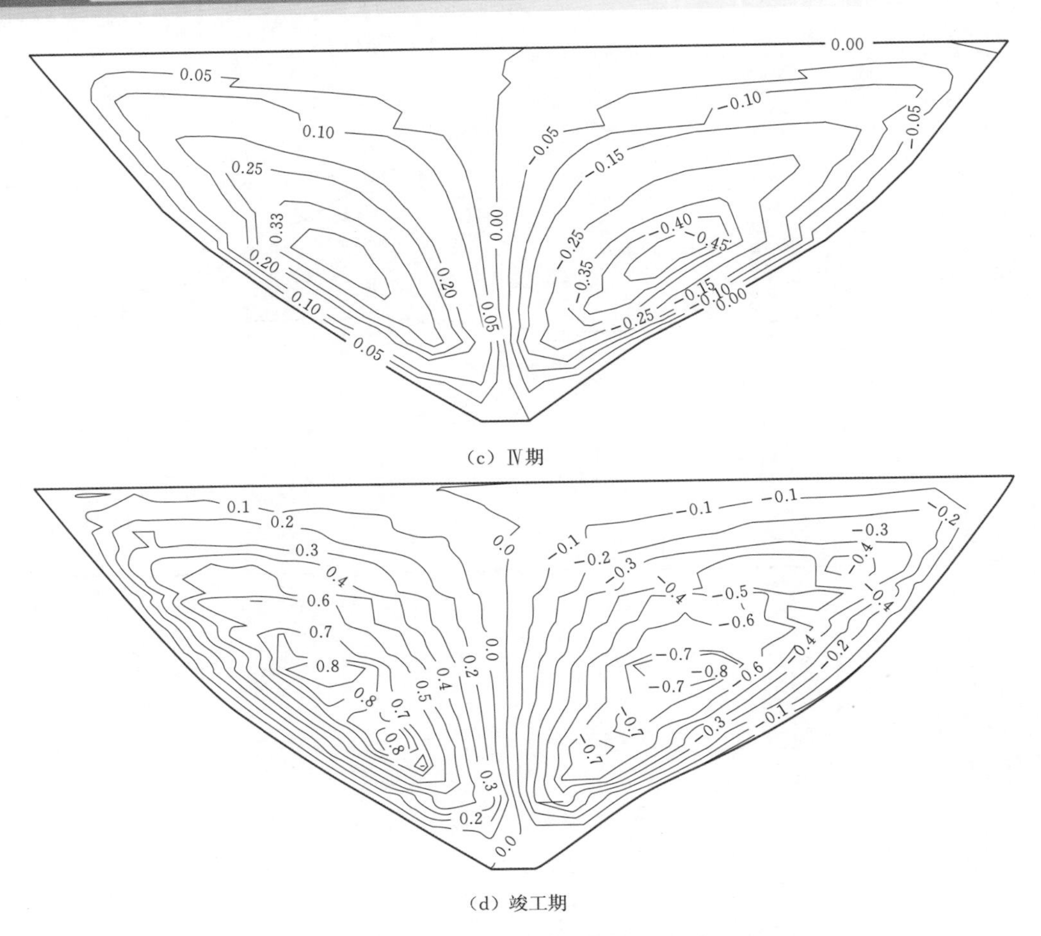


(c) Ⅳ期

(d) 竣工期

图 5.22（二）　坝体Ⅱ、Ⅲ、Ⅳ期填筑完成及竣工期沿心墙中心线断面顺坝轴线位移分布（单位：m）

图 5.23 为坝体Ⅱ、Ⅲ、Ⅳ期填筑完成及竣工期的典型断面大主应力分布情况。

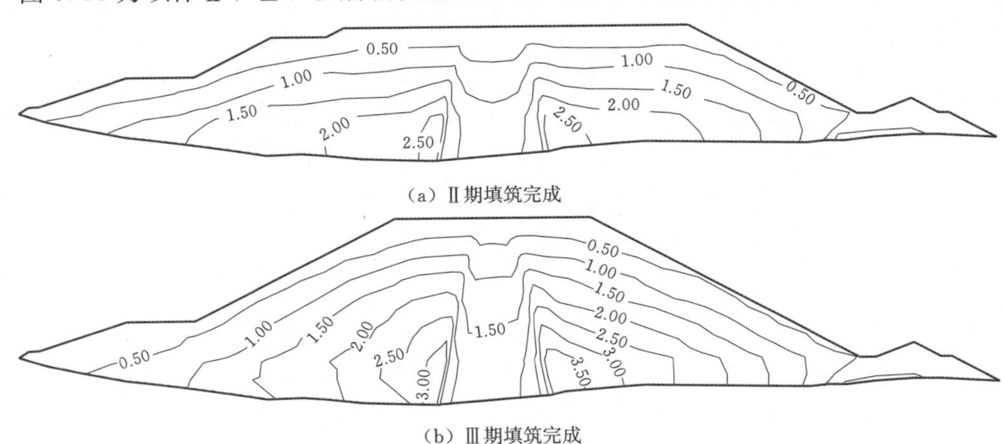


(a) Ⅱ期填筑完成

(b) Ⅲ期填筑完成

图 5.23（一）　坝体Ⅱ、Ⅲ、Ⅳ期填筑完成及竣工期坝 0+309.600 断面大主应力分布（单位：MPa）

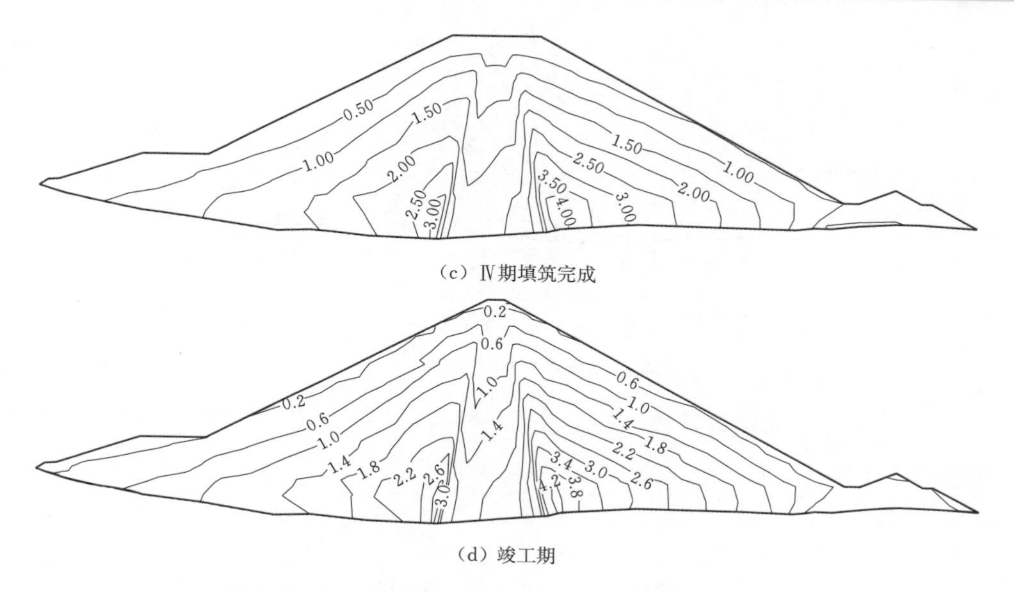


(c) Ⅳ期填筑完成

(d) 竣工期

图 5.23（二） 坝体Ⅱ、Ⅲ、Ⅳ期填筑完成及竣工期坝 0＋309.600 断面大主应力分布（单位：MPa）

图 5.24 为坝体Ⅱ、Ⅲ、Ⅳ期填筑完成及竣工期的典型断面小主应力分布情况。

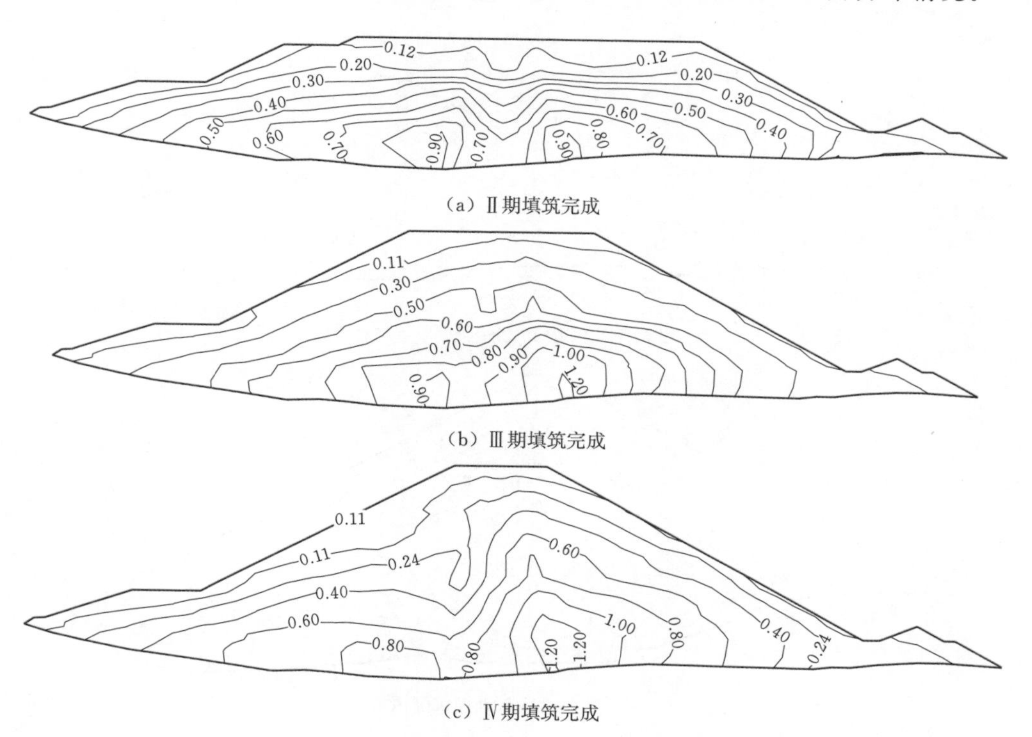


(a) Ⅱ期填筑完成

(b) Ⅲ期填筑完成

(c) Ⅳ期填筑完成

图 5.24（一） 坝体Ⅱ、Ⅲ、Ⅳ期填筑完成及竣工期坝 0＋309.600 断面小主应力分布（单位：MPa）

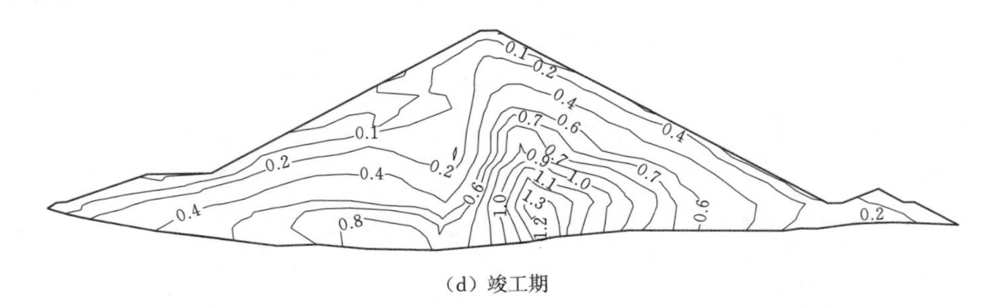


（d）竣工期

图 5.24（二） 坝体Ⅱ、Ⅲ、Ⅳ期填筑完成及竣工期坝 0＋309.600 断面小主应力分布（单位：MPa）

图 5.25 为采用反演参数计算，坝 0＋169.360、坝 0＋482.300 断面的沉降和顺河向位移分布情况。

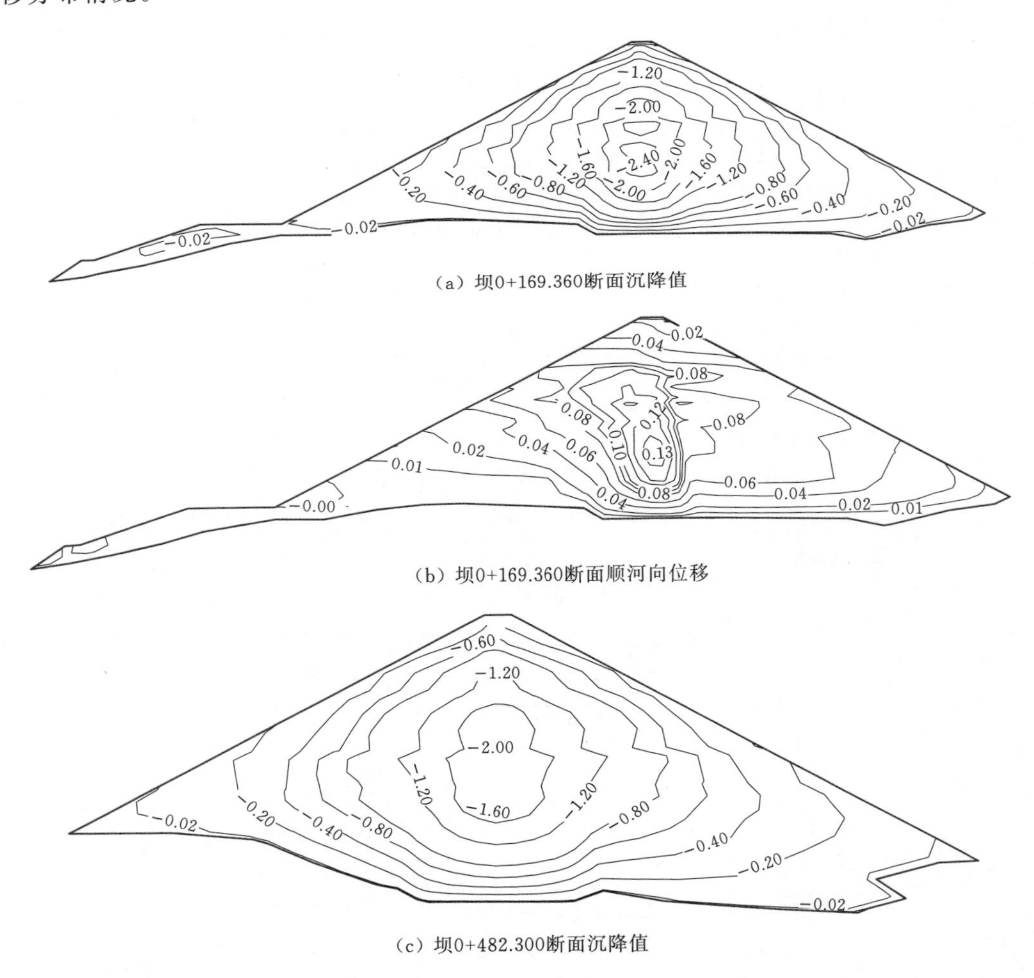


（a）坝0+169.360断面沉降值

（b）坝0+169.360断面顺河向位移

（c）坝0+482.300断面沉降值

图 5.25（一） 采用反演参数计算的典型剖面沉降和顺河向位移（单位：m）

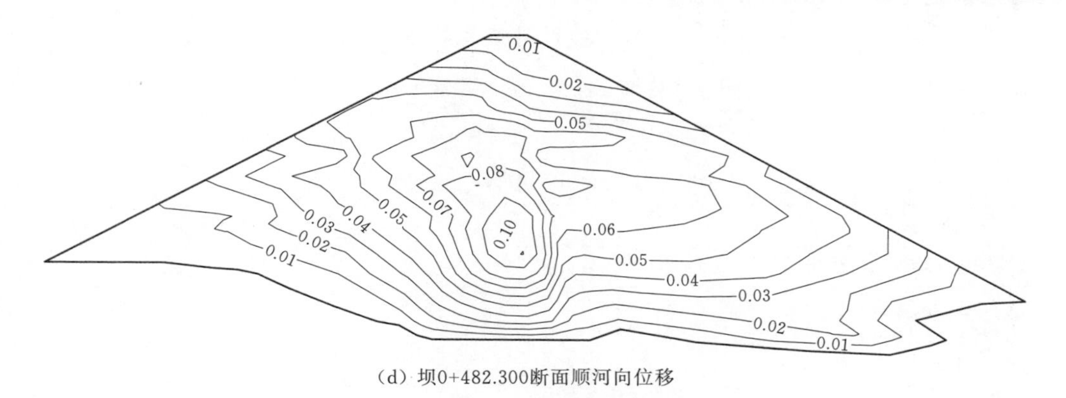

(d) 坝0+482.300断面顺河向位移

图 5.25（二） 采用反演参数计算的典型剖面沉降和顺河向位移（单位：m）

图 5.26 为心墙及上、下游坝壳沉降值的计算结果与监测结果的对比。

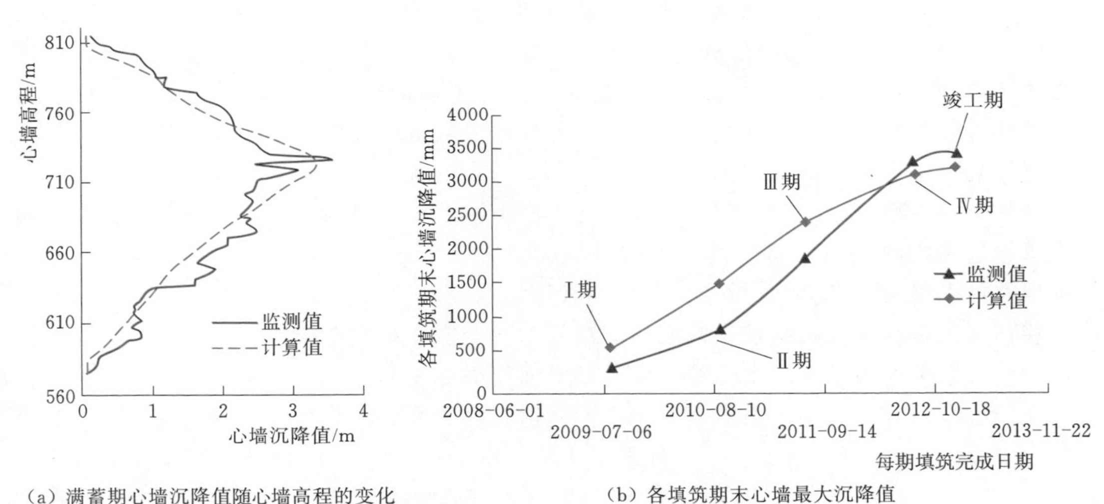

(a) 满蓄期心墙沉降值随心墙高程的变化

(b) 各填筑期末心墙最大沉降值

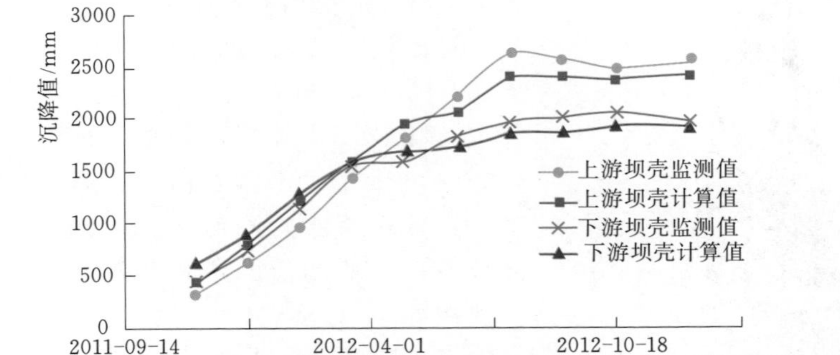

(c) 上、下游坝壳最大沉降值

图 5.26 坝体沉降值计算结果与监测结果对比

表5.5为坝0+309.600断面反演参数计算成果特征值汇总。

表5.5 反演参数计算成果特征值汇总(坝0+309.600断面)

| 项目 | | Ⅱ期填筑完成 | | Ⅲ期填筑完成 | | Ⅳ期填筑完成 | | 竣工期 | |
|---|---|---|---|---|---|---|---|---|---|
| | | 计算值 | 监测值 | 计算值 | 监测值 | 计算值 | 监测值 | 计算值 | 监测值 |
| 最大竖向位移/m | | 1.83 | 0.95 | 2.82 | 1.99 | 3.01 | 3.41 | 3.16 | 3.55 |
| 最大竖向位移占坝高比例/% | | 0.70 | 0.36 | 1.08 | 0.76 | 1.15 | 1.30 | 1.21 | 1.36 |
| 最大水平位移/m | 向上游 | 0.32 | — | 0.22 | — | 0.46 | — | 0.67 | — |
| | 向下游 | 0.27 | — | 0.34 | — | 0.61 | — | 0.75 | 1.227 |
| 有效主应力/MPa | $\sigma_1$ | 2.51 | — | 3.58 | — | 3.69 | — | 4.20 | — |
| | $\sigma_3$ | 0.90 | — | 1.18 | — | 1.22 | — | 1.30 | — |

计算结果分析:

(1)沉降极大值区均出现在心墙的高程中间位置,其中Ⅱ期、Ⅲ期填筑完成时的计算值为1.83m和2.82m,监测值分别为0.95m和1.99m,计算结果比监测数据要小。计算沉降最大值为3.16m,出现在竣工期,监测资料竣工期的沉降最大值为3.55m。坝体的竖向位移计算结果验证了目前坝体沉降变形计算的一般规律,即低坝的沉降变形计算值较大,高坝的沉降变形计算值较小。

(2)上、下游侧最大水平位移分别指向上、下游,极大值都位于上、下游坝壳中心偏下位置,竣工期坝体顺河向位移计算结果最大值为0.75m,位于坝体下游堆石区,监测数据位移最大值为1.227m。顺河向位移的计算结果与监测数据偏差较大,主要是由顺河向位移在目标函数中的权重较小造成的。顺坝轴线方向,靠近左岸坝体向右岸方向发生位移,靠近右岸坝体向左岸发生位移,位移最大值约为0.8m。

(3)心墙内有效大主应力低于上、下游侧坝壳,最大有效大主应力出现在下游坝壳底部靠近心墙的位置,值为4.20MPa。最大有效小主应力出现位置与有效大主应力出现位置相近,值为1.30MPa,心墙内有效小主应力明显低于下游侧坝壳。

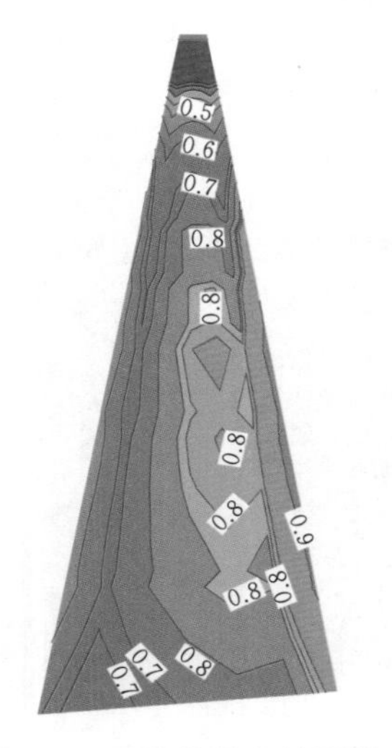


图5.27 反演参数心墙拱效应系数等值线图

对比计算结果与监测结果,心墙沉降依高程的分布趋势相近(图5.26)。对心墙每期填筑的最大沉降进行比较,增长规律相似,最大值的量值在坝体较矮时,计算值比监测值大;当坝体填筑到一定高度时,计算值比监测值小。坝体上下游堆石区的沉降计算值和监测值的增长趋势也相近,增长规律和上述相同。

根据计算,心墙的拱效应系数$F_z$的等值线分布见图5.27,心墙的拱效应在靠近坝顶的位置较为明显,总体上心墙的拱效应系数较低。在心墙内部,有效应力没有出现小于0的位置出现,表明心墙不会发生水力劈裂情况。

### 5.5.3 流变参数反演计算研究

糯扎渡心墙堆石坝于2012年12月坝体填筑完成，并已经达到正常蓄水位，目前搜集到的监测资料截止到2013年11月。为方便进行流变参数的反演分析，假定2012年12月至2013年11月坝体产生的附加变形即为流变变形，也以此期间的流变变形量作为反演的目标函数，其目标函数确定方法参见1.3.3部分。

#### 5.5.3.1 流变反演参数

通过反演分析，得到的流变参数见表5.6。

表5.6 反演得到的流变参数

| 参数 | 材料 | | | | | |
|---|---|---|---|---|---|---|
| | 心墙料 | 过渡料 | 反滤料Ⅰ | 反滤料Ⅱ | 堆石料Ⅰ | 堆石料Ⅱ |
| $C_1$ | 0.00095 | 0.00095 | 0.0015 | 0.0015 | 0.0015 | 0.0015 |
| $C_2$ | 0.008 | 0.008 | 0.007 | 0.007 | 0.009 | 0.009 |
| $C_3$ | 2.05 | 2.05 | 2.05 | 2.05 | 2.05 | 2.05 |

#### 5.5.3.2 竣工一年后流变成果分析

采用反演计算得到的坝体邓肯E-B模型参数和中国水利水电科学研究院流变模型参数进行正分析，针对各典型剖面特征值进行整理，结果见图5.28。竣工一年后，坝体沉降、顺河向位移、顺轴向位移的变形整体趋势与竣工期差别不大，坝体的变形量值有所增加。沉降的最大值由竣工期的3.16m增加至3.83m，坝体向下游的顺河向位移由0.75m增加至0.8m，顺轴线方向位移也略有增加，最大值由0.7m增至0.8m。坝体的应力及拱效应与竣工期相比无较大变化，心墙未出现有效小主应力小于0的区域，不存在发生水力劈裂的可能。

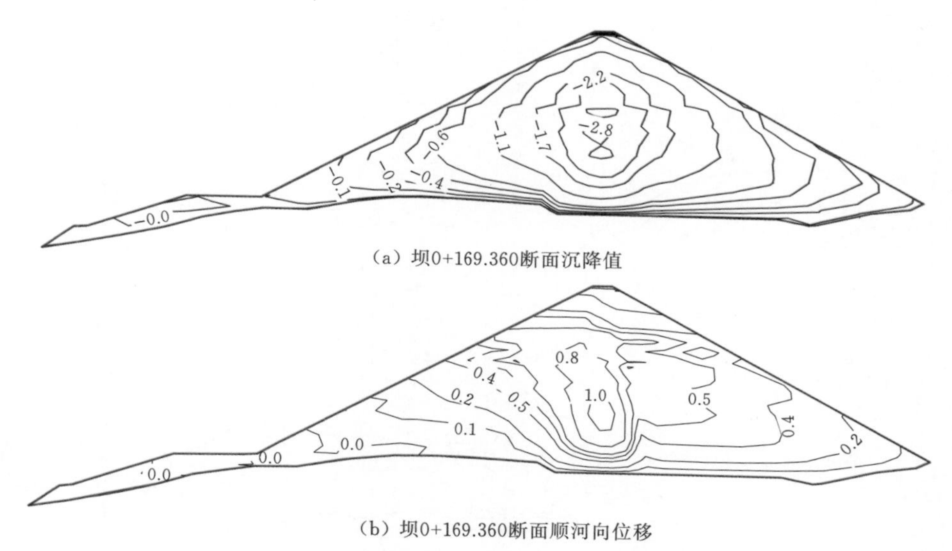


(a) 坝0+169.360断面沉降值

(b) 坝0+169.360断面顺河向位移

图5.28（一） 典型断面竣工一年后变形结果分析（单位：m）

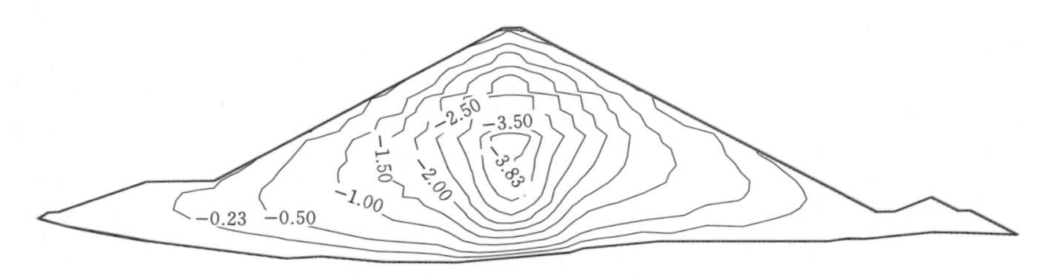


(c) 坝0+309.600断面沉降值

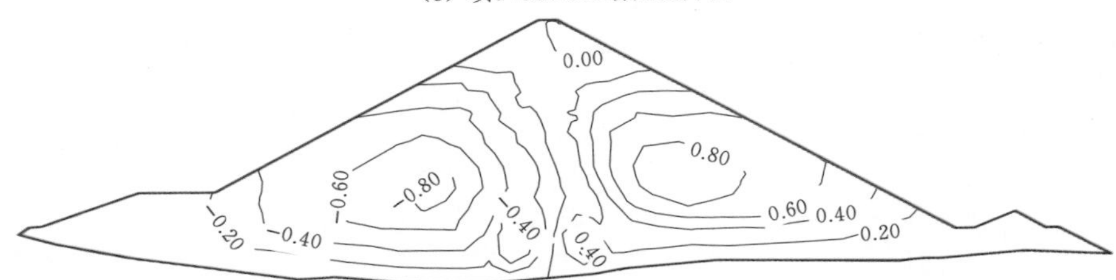


(d) 坝0+309.600断面顺河向位移

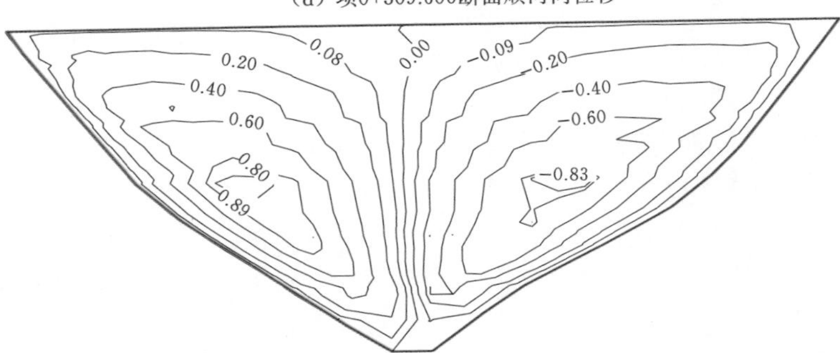


(e) 沿坝轴线剖面顺坝轴向位移

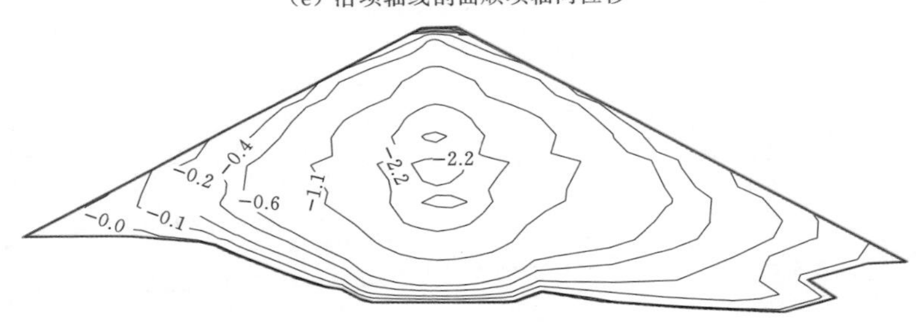


(f) 坝0+482.300断面沉降值

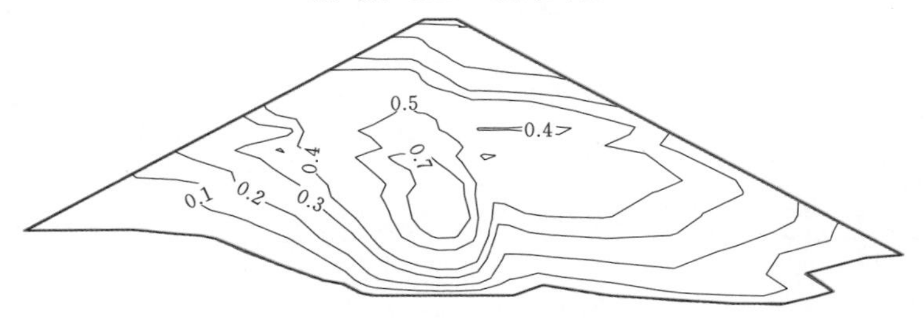


(g) 坝0+482.300断面顺河向位移

图5.28（二） 典型断面竣工一年后变形结果分析（单位：m）

# 第6章 高心墙坝坝体分区对坝体拱效应及水力劈裂特性的影响分析

对高心墙土石坝而言，坝体的应力变形特性是关系到坝体安全和运行性状的一个重要问题。近年来，由于心墙堆石坝坝高不断增加，坝址地形条件日趋复杂，对心墙堆石坝应力变形分析的理论和方法也提出了越来越高的要求。对于高心墙堆石坝，如何正确预测坝体在各种工况条件下的变形趋势，并在此基础上优化坝体的设计已成为心墙堆石坝设计的一个关键问题。对高心墙堆石坝而言，影响其安全稳定的很重要的因素就是拱效应和水力劈裂。

心墙“拱效应”是指心墙的自重荷载因受心墙两侧坝体约束而向坝体转移的现象，其实质是心墙和两侧坝体不均匀沉降的结果。拱效应的大小与心墙和坝壳两者的变形模量差、心墙坡度、坝高以及填料强度和施工速率等许多因素有关，是一个比较复杂的问题。

土石坝心墙水力劈裂是指在高水压力作用下，高压水局部渗入心墙体并使心墙被劈开，产生集中渗漏通道的现象。水力劈裂问题是目前高心墙土石坝工程界的一个热点话题。

对于300m级的高心墙堆石坝，由于目前可以借鉴的工程经验比较少，因此采用数值计算的方法对300m级高心墙堆石坝的应力变形性状进行初步分析与预测，是研究建设300m级高心墙堆石坝可行性和适应性的重要途径。

## 6.1 高心墙堆石坝应力变形的基本特征

### 6.1.1 计算模型的建立

为研究高心墙堆石坝不同坝高下的应力变形规律，在数值计算分析中建立了一种典型的三维心墙堆石坝分析模型。在坝体断面分区、上下游边坡坡比不变的情况下改变坝体高度来研究坝高变化对坝体应力变形的影响。

计算分析模型的基本特征参数为：

- 坝高：150m、200m、250m、300m。
- 坝体分区：心墙、反滤区、过渡区、堆石区。
- 岸坡：1∶1.0；建基面：水平（高程0.0m）。

• 河床段宽度：50m。

标准模型高心墙堆石坝剖面图见图6.1。图6.2为300m坝高的三维计算网格，不同坝高的网格以300m坝高的网格为标准，按比例缩小。模型共由74874个节点71763个六面体单元组成。

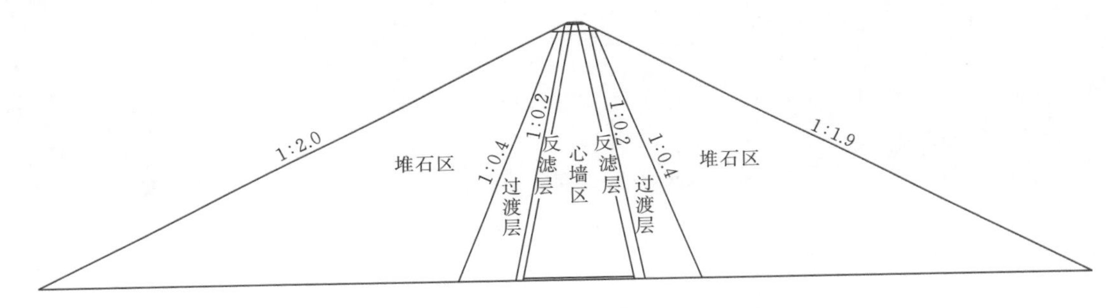


图6.1 标准模型高心墙堆石坝剖面图

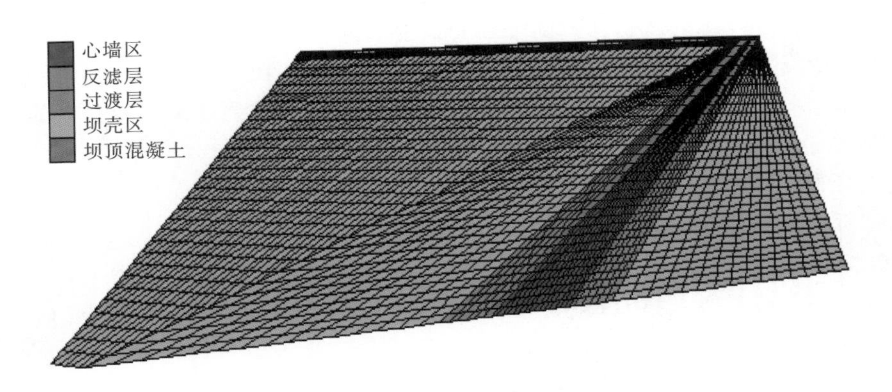


图6.2 300m坝高的三维计算网格模型

### 6.1.2 计算方案

根据不同坝高的典型计算分析模型，分别按以下计算方案进行分析研究：

(1) 选取典型断面分区方案，分别计算150m、200m、250m、300m坝高情况下坝体的沉降、顺河向上、下游位移、坝体应力的分布规律和量值特征。

(2) 分别以150m、200m、250m、300m坝高的模型为算例，研究心墙拱效应及抗水力劈裂特性随坝高变化规律。

(3) 以300m坝高的模型为算例，按比例调整坝壳与心墙的邓肯E-B参数，研究不同坝壳、心墙参数情况下坝体的应力变形分布规律和量值特征。

(4) 以300m坝高的模型为算例，研究心墙拱效应及抗水力劈裂特性随坝壳、心墙参数变化的变化规律。

计算分析模型的材料参数选取国内具有代表性的两座高心墙土石坝的参数作为计算参数，即糯扎渡心墙堆石坝和两河口心墙堆石坝，具体各筑坝材料的邓肯E-B模型参数见

表 6.1 和表 6.2。为方便起见，下文分别将表 6.1 和表 6.2 的参数称为“参数一”和“参数二”，各材料的渗透系数及孔隙率见表 6.3。

表 6.1 糯扎渡大坝材料的邓肯 E-B 模型参数

| 坝体材料分区 | $\gamma$ /(kN/m³) | $K$ | $K_{ur}$ | $n$ | $R_f$ | $K_b$ | $m$ | $\varphi_0$ /(°) | $\Delta\varphi$ /(°) | $C$ /kPa |
|---|---|---|---|---|---|---|---|---|---|---|
| 心墙区（未掺砾） | 18.0 | 338 | 676 | 0.49 | 0.77 | 255 | 0.20 | 40.17 | 11.83 | 40.0 |
| 反滤区 | 18.0 | 1240 | 2480 | 0.176 | 0.78 | 254 | 0.10 | 49.9 | 10.10 | 0.0 |
| 过渡区 | 20.0 | 1100 | 2200 | 0.28 | 0.69 | 530 | 0.12 | 50.54 | 6.73 | 0.0 |
| 坝壳区 | 21.5 | 900 | 1800 | 0.35 | 0.85 | 500 | 0.20 | 52.0 | 10.00 | 0.0 |
| 坝顶混凝土 | 22.0 | 1100 | 2000 | 0.27 | 0.76 | 450 | 0.24 | 49.0 | 6.00 | 1000 |

表 6.2 两河口大坝材料的邓肯 E-B 模型参数

| 坝体材料分区 | $\gamma$ /(kN/m³) | $K$ | $K_{ur}$ | $n$ | $R_f$ | $K_b$ | $m$ | $\varphi_0$ /(°) | $\Delta\varphi$ /(°) | $C$ /kPa |
|---|---|---|---|---|---|---|---|---|---|---|
| 心墙区 | 21.6 | 650 | 1300 | 0.36 | 0.72 | 500 | 0.36 | 31.0 | 0.0 | 40.0 |
| 反滤区 | 22.0 | 850 | 1700 | 0.3 | 0.78 | 340 | 0.10 | 52.0 | 11.0 | 0.0 |
| 过渡区 | 21.7 | 950 | 1900 | 0.25 | 0.78 | 380 | 0.14 | 51.0 | 10.0 | 0.0 |
| 坝壳区 | 21.5 | 1100 | 2000 | 0.27 | 0.85 | 450 | 0.24 | 49.0 | 6.00 | 0.0 |
| 坝顶混凝土 | 22.0 | 1100 | 2000 | 0.27 | 0.76 | 450 | 0.24 | 49.0 | 6.00 | 1000 |

表 6.3 材料的渗透系数及孔隙率

| 材料特性 | 坝体材料分区 | | | | |
|---|---|---|---|---|---|
| | 心墙区 | 反滤区 | 过渡区 | 坝壳区 | 坝顶混凝土 |
| 渗透系数/(cm/s) | $5.0\times10^{-8}$ | $5.0\times10^{-6}$ | $3.0\times10^{-5}$ | $3.0\times10^{-2}$ | $5.0\times10^{-7}$ |
| 孔隙率 | 0.25 | 0.19 | 0.19 | 0.22 | 0.19 |

对比两组材料参数发现具有如下特点：参数一组，对于变形模量的几个特征参数 $K$、$K_{ur}$、$K_b$，呈现反滤区＞过渡区＞坝壳区＞心墙区的特点；参数二组，相应的变形几个参数，呈现坝壳区＞过渡区＞反滤区＞心墙区的特点。

## 6.2 土石坝变形特性随坝高变化的关系研究

本书根据 300m 坝高的坝体模型，采用两组坝料参数（表 6.1 和表 6.2）研究了坝体随坝高变化的变形变化规律、应力变化规律以及心墙拱效应变化规律。

### 6.2.1 最大沉降量随坝高变化的规律

根据各算例计算结果，发现坝体最大沉降量具有如下规律：随着坝高从 150m 增大到300m，坝体的最大沉降值呈现逐渐增加的趋势，且增加幅度越来越大（图6.3），坝体最大沉降所占总坝高的百分比也随坝高的增加而不断增加，且增加幅度也越来越大（图6.4）。

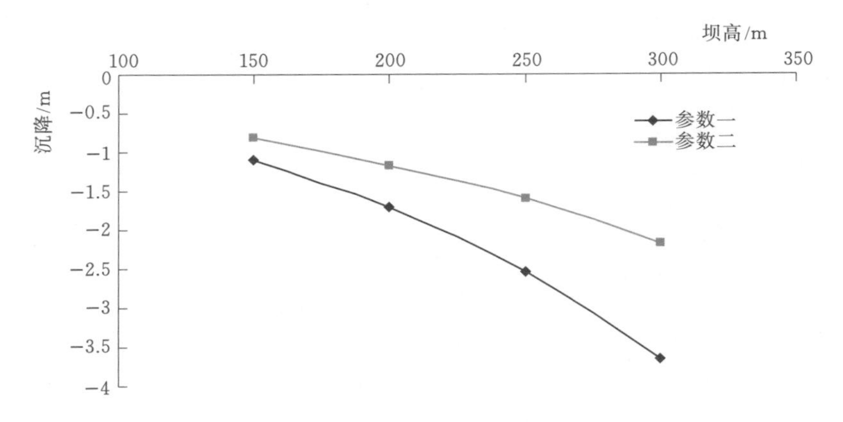


图6.3　最大沉降随坝高变化规律

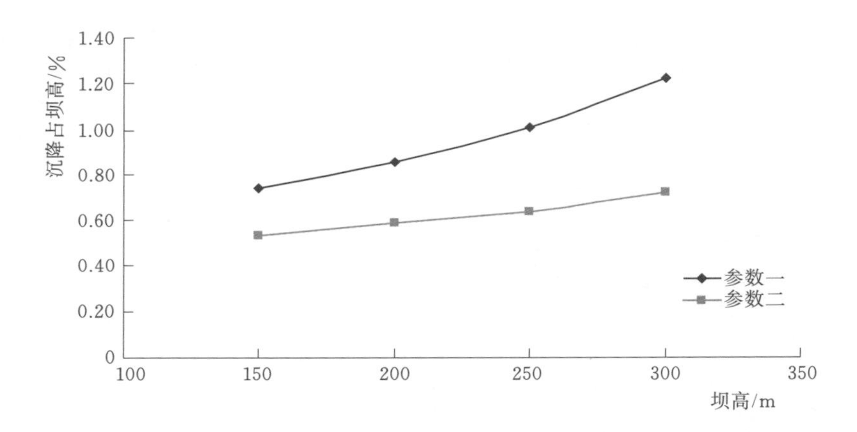


图6.4　沉降占坝高百分比随坝高变化规律

采用参数一作为计算参数的各算例中，坝高250m和300m方案的最大沉降量均超过了整体坝高的1%，分别为1.01%和1.22%，见图6.5。

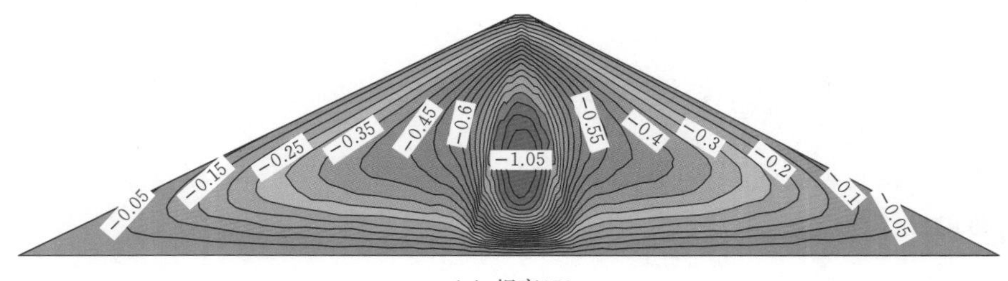


(a) 坝高150m

图6.5（一）　采用参数一计算的模型沉降值（单位：m）

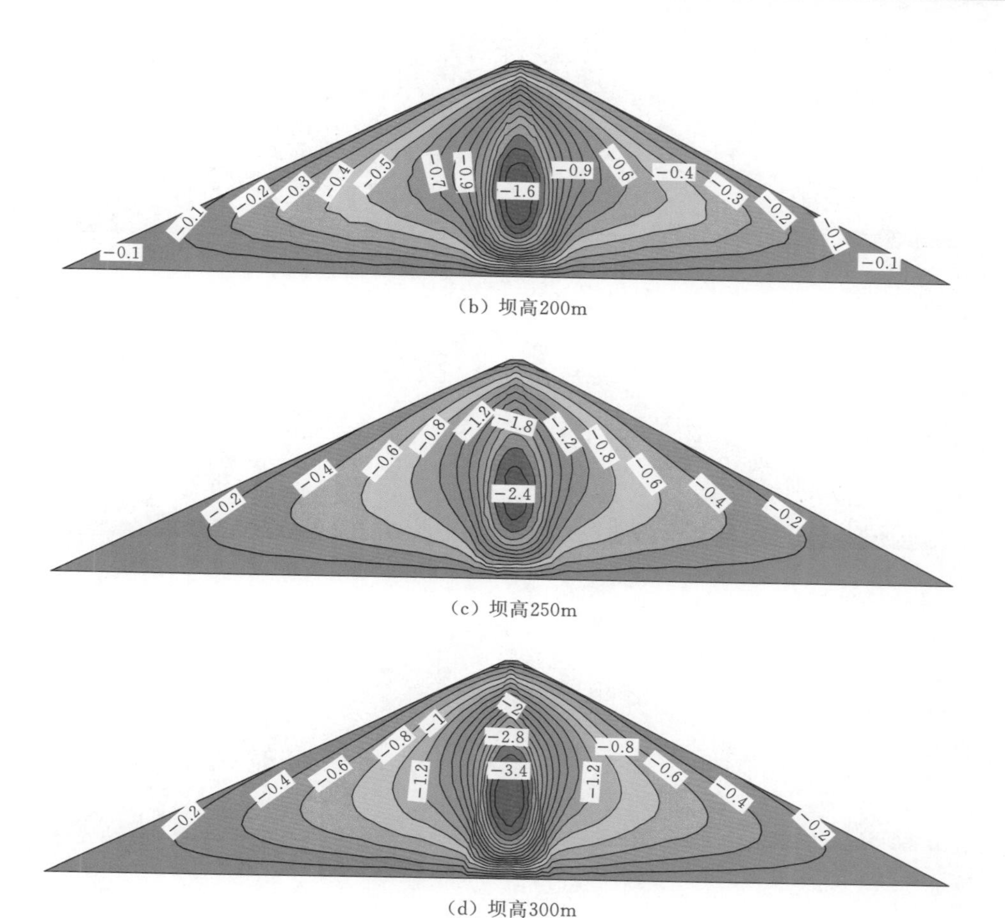


(b) 坝高200m

(c) 坝高250m

(d) 坝高300m

图 6.5（二） 采用参数一计算的模型沉降值（单位：m）

采用参数二作为计算参数的各算例中，最大沉降量均超过了整体坝高的 1%，300m 坝高方案是各方案中沉降占坝高百分比最大的方案，沉降占总坝高的百分比为 0.72%，见图 6.6。

比较采用参数一和参数二的 150m、200m、250m、300m 两组算例（分别以“算例一组”“算例二组”简称）发现，坝体沉降最大值均出现在心墙区，但最大沉降出现的高程

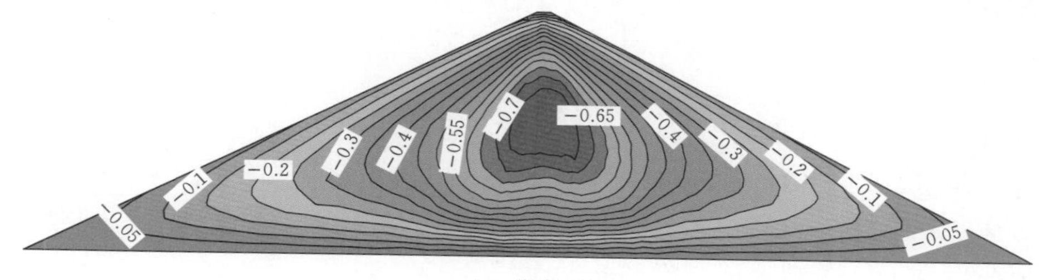


(a) 坝高150m

图 6.6（一） 采用参数二计算的模型沉降值（单位：m）

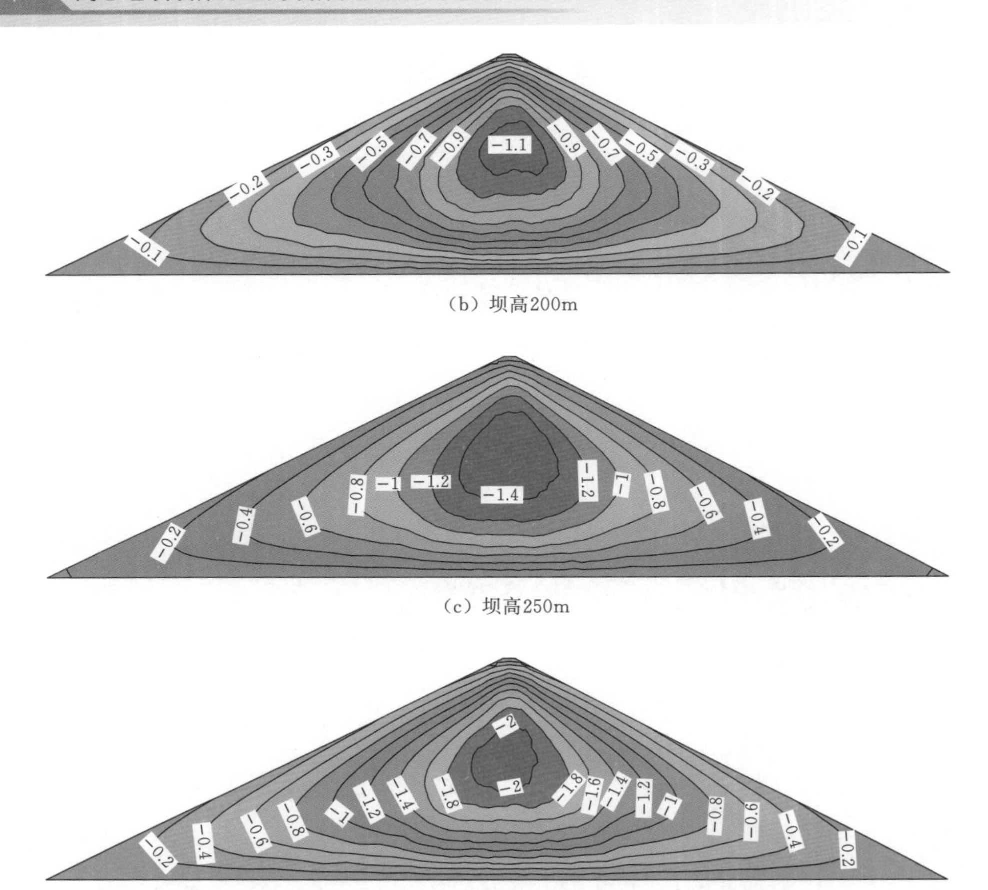


(b) 坝高200m

(c) 坝高250m

(d) 坝高300m

图 6.6（二）　采用参数二计算的模型沉降值（单位：m）

及坝体整体沉降分布规律有很大不同：对于相同坝高的模型，算例一组的最大沉降值均大于算例二组的最大沉降值；算例一组的最大沉降值出现的位置普遍要低于算例二组；算例一组的心墙与坝壳沉降差要大于算例二组。以上比较分析说明算例一组的心墙与坝壳的变形协调性弱于算例二组，见图 6.7。

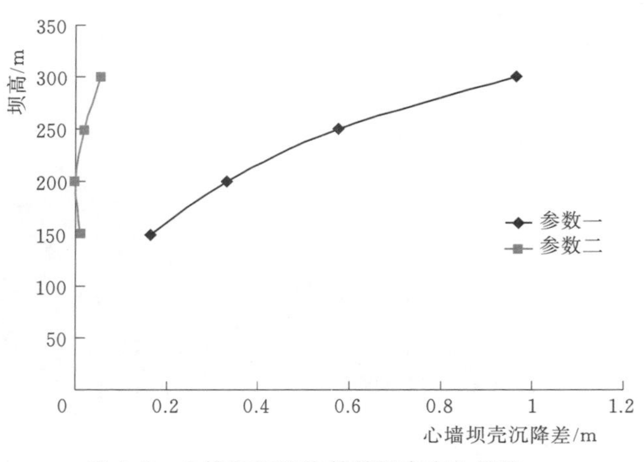


图 6.7　心墙坝壳沉降差随坝高变化规律

### 6.2.2　水平位移随坝高变化的规律

根据对两组算例的计算结果整理分析发现，在竣工期，坝体上、下游的水平位移（沿河谷方向的位移）均呈现随坝高的增加逐渐增加的趋势，且增加幅度逐渐加大。对比两组算例，发现算例一组的上、下游水平位移均大于算例二组对应的位移（图 6.8）。本书的各算例中皆以坝轴线为界，上游水平位移为负值，下游水平位移为正值。

两组算例中，各算例的水平位移分布随坝高变化其分布状态有很大差异。各算例的水平位移分布见图 6.9 和图 6.10。

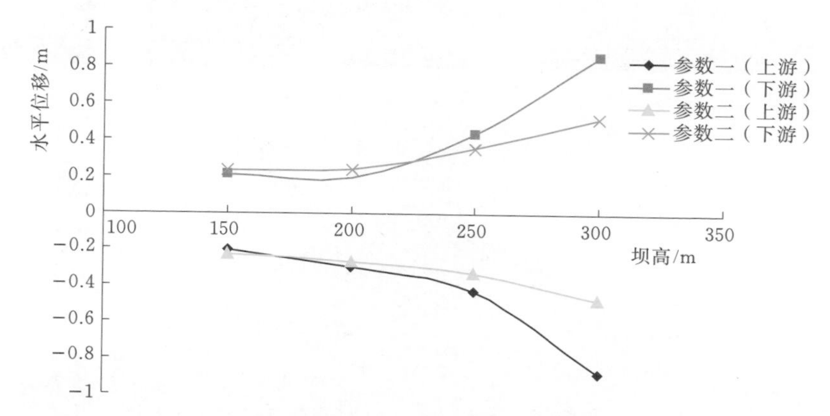


图 6.8 水平位移随坝高变化规律

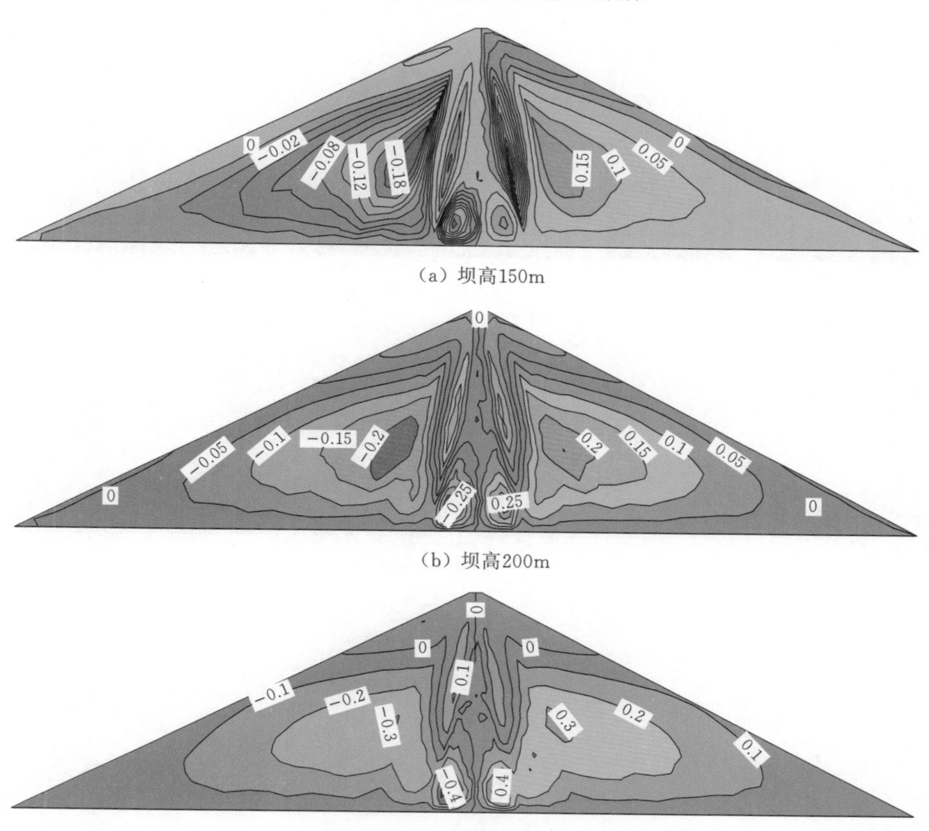


图 6.9（一） 采用参数一计算的模型顺河向位移（单位：m）

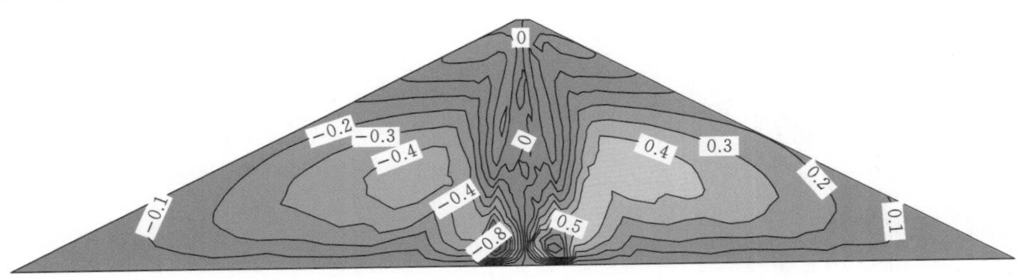


（d）坝高300m

图6.9（二） 采用参数一计算的模型顺河向位移（单位：m）

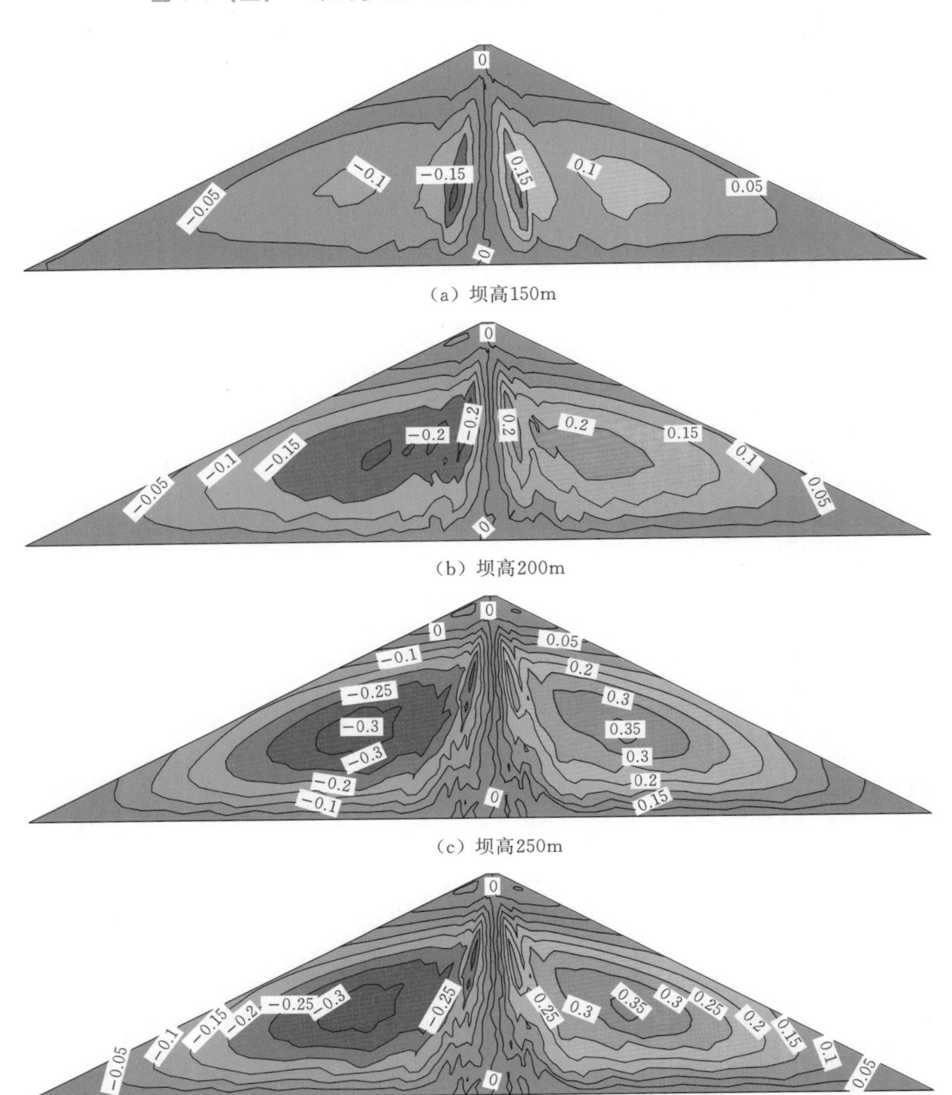


（a）坝高150m

（b）坝高200m

（c）坝高250m

（d）坝高300m

图6.10 采用参数二计算的模型顺河向位移（单位：m）

算例一组中，坝体水平位移呈现以下规律：

(1) 各算例的最大水平位移均出现在心墙底部区域，心墙上游侧水平位移方向指向上游，心墙下游侧水平位移方向指向下游。

(2) 心墙区与上下游反滤区接触部位也存在局部最大的水平向位移，但该部位水平位移方向与心墙底部水平位移方向相反：心墙上游部位的水平位移指向下游，心墙下游部位的水平位移指向上游。

(3) 上游坝壳区的水平位移指向上游方向，下游坝壳区的水平位移指向下游方向。

算例二组中，坝体水平位移呈现以下规律：

(1) 各算例中，心墙区与反滤区接触部位以及坝壳区皆具有水平位移局部较大区，且两个区域的水平位移极大值都随坝高的增加而增加。

(2) 坝整体最大水平位移出现区域随坝高增加发生变化，较低坝高时，水平位移最大值出现在心墙区与反滤区接触部位；较高坝高时，水平位移最大值出现在坝壳区；坝高200m方案，两个区域的最大值接近相等。

### 6.2.3 主应力随坝高变化规律

对两组算例计算结果的大、小主应力值进行整理分析，发现，在竣工期，坝体中最大、最小主应力的最大值随坝高的增加呈线性增加趋势。对比两组算例，发现算例一组各算例的大、小主应力的最大值都大于算例二组对应的应力值。采用不同材料参数的两组算例中，对于相同坝高方案，大、小主应力最大值之差比较接近，都随坝高增加而增加，但增加趋势不明显，见图6.11。

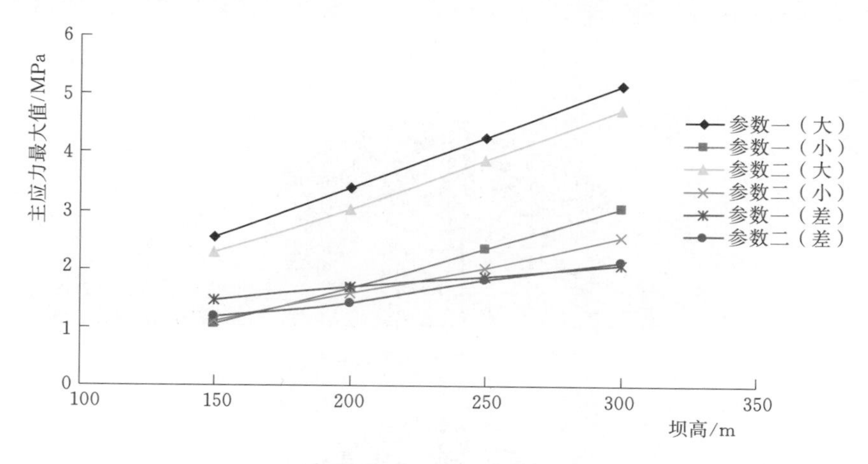


图6.11 主应力最大值随坝高变化趋势

比较两组算例的大、小主应力分布云图发现具有如下特点：

(1) 参数一组心墙区与坝壳区的应力的差值较参数二组大。

(2) 参数一组的大主应力的极大值出现在坝壳底部与心墙接近的部位，小主应力的极大值出现在心墙的底部以及坝壳底部与心墙接近的部位。

(3) 参数二组的大、小主应力极大值都出现在心墙的底部以及坝壳底部与心墙接近的部位。

总体而言，参数一组和参数二组的应力分布状态差异比较大，表明筑坝材料的差异性会直接影响到坝体整体的应力状态分布。

图6.12分别为采用参数一作为计算参数的不同坝高算例的大、小主应力分布云图（图中正值表示拉应力，负值表示压应力，下同）。

图6.13分别为采用参数二作为计算参数的不同坝高算例的大小主应力分布云图。

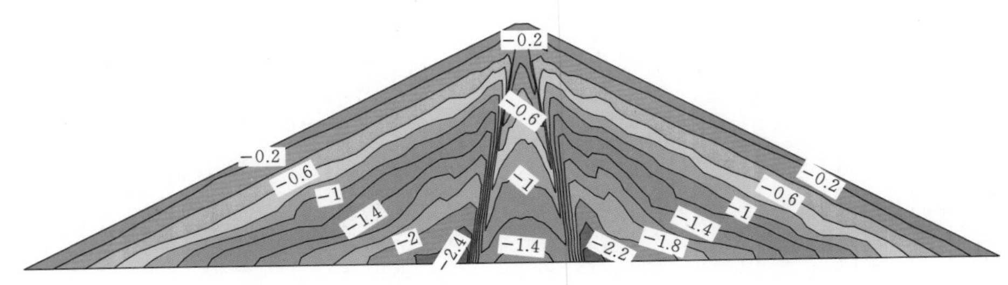


（a）坝高150m最大主应力

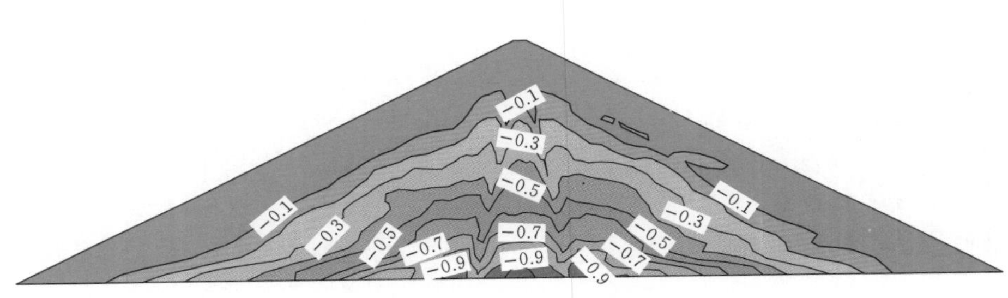


（b）坝高150m最小主应力

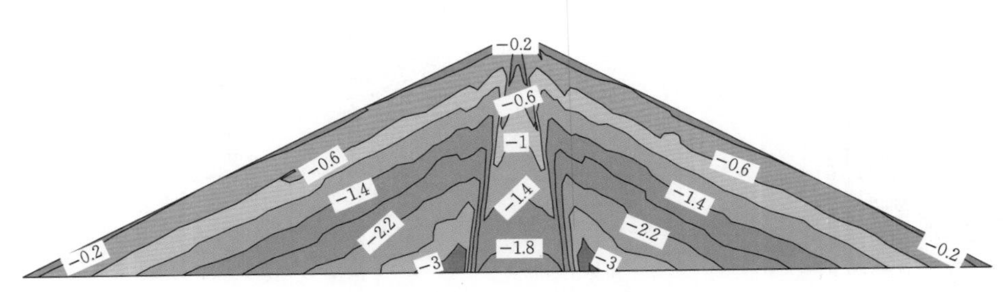


（c）坝高200m最大主应力

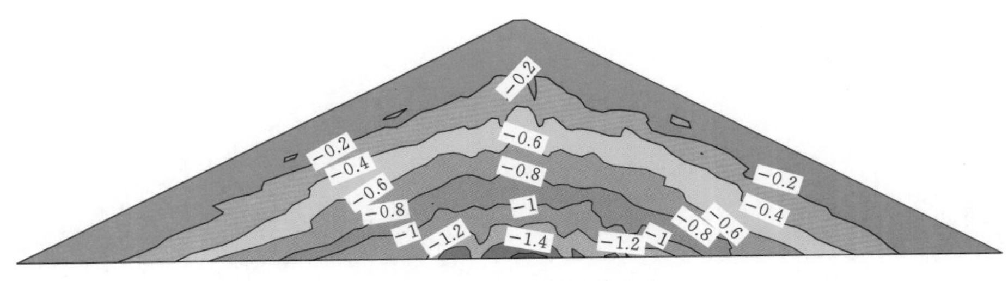


（d）坝高200m最小主应力

图6.12（一） 采用参数一计算的模型应力分布（单位：MPa）

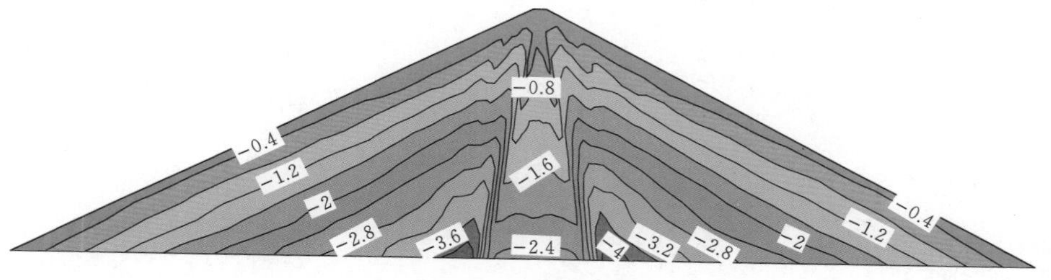


(e) 坝高250m最大主应力

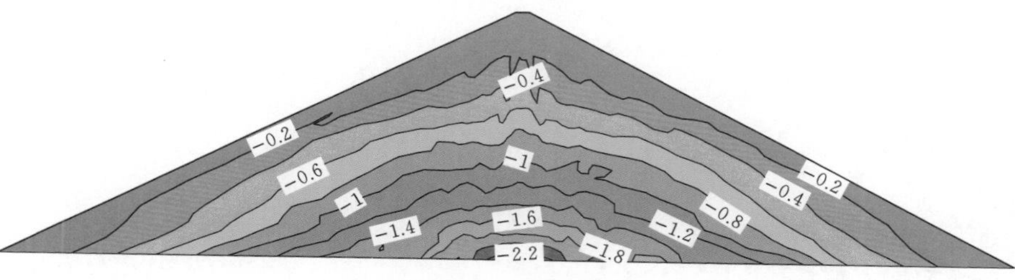


(f) 坝高250m最小主应力

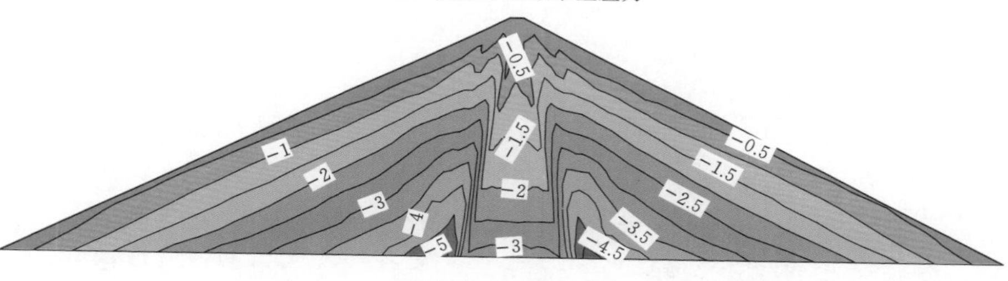


(g) 坝高300m最大主应力

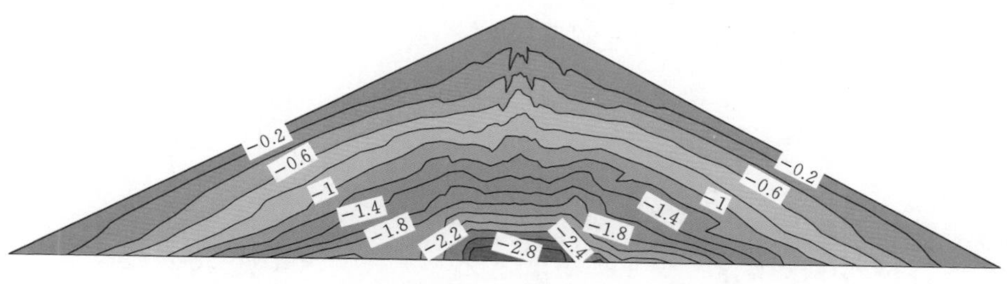


(h) 坝高300m最小主应力

图 6.12(二) 采用参数一计算的模型应力分布(单位:MPa)

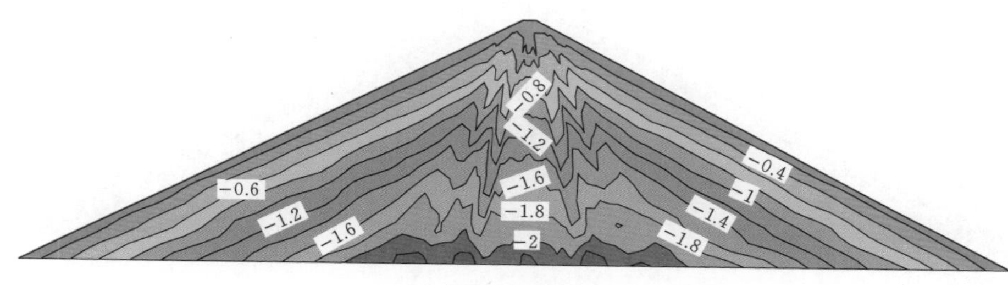


(a) 坝高150m最大主应力

图 6.13(一) 采用参数二计算的模型应力分布(单位:MPa)

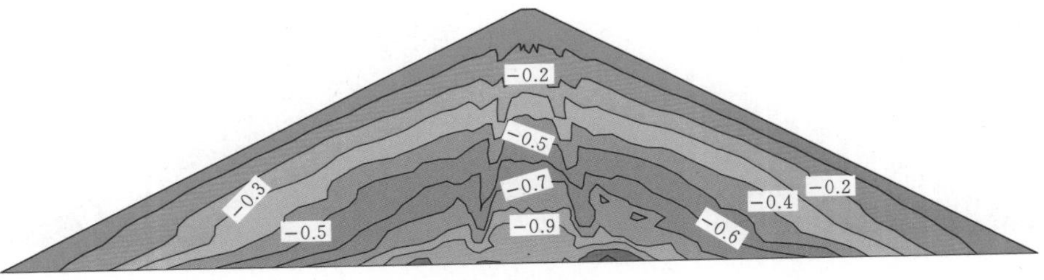


（b）坝高150m最小主应力

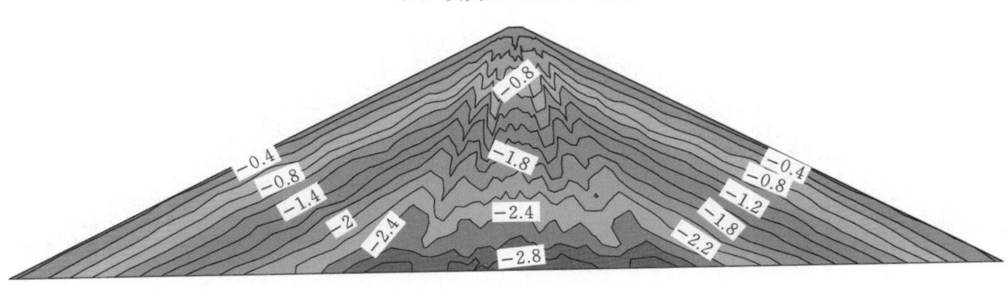


（c）坝高200m最大主应力

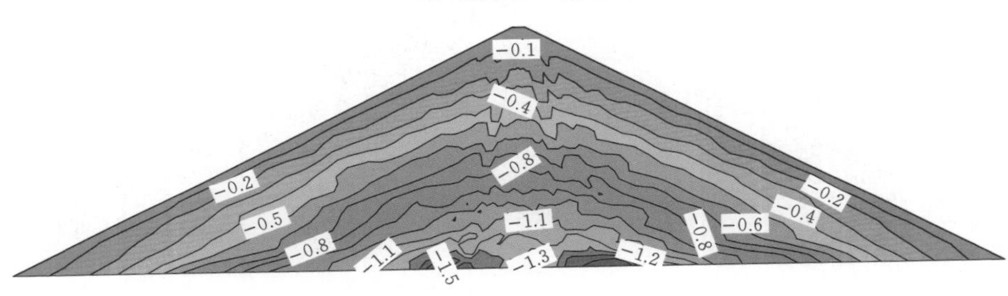


（d）坝高200m最小主应力

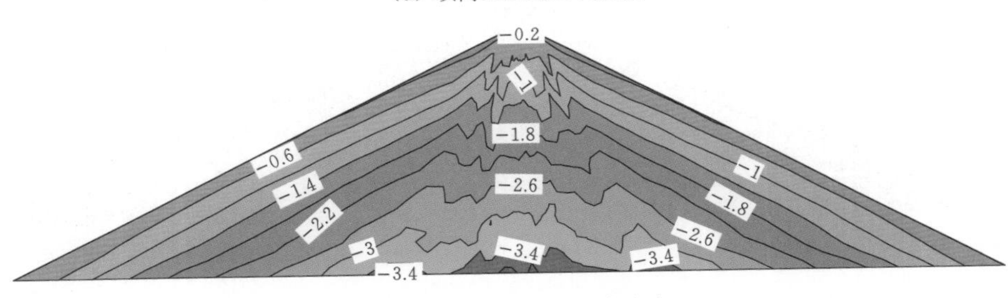


（e）坝高250m最大主应力

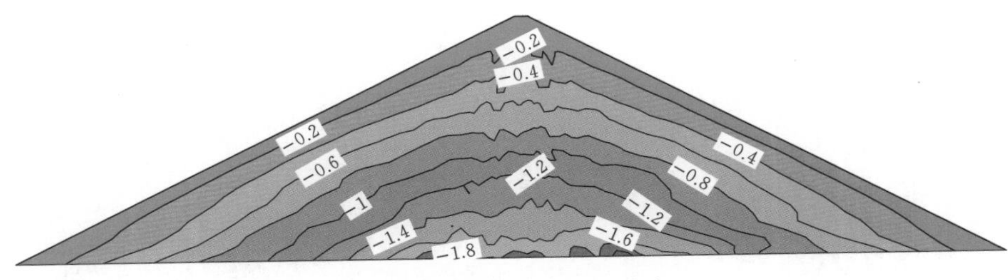


（f）坝高250m最小主应力

图6.13（二） 采用参数二计算的模型应力分布（单位：MPa）

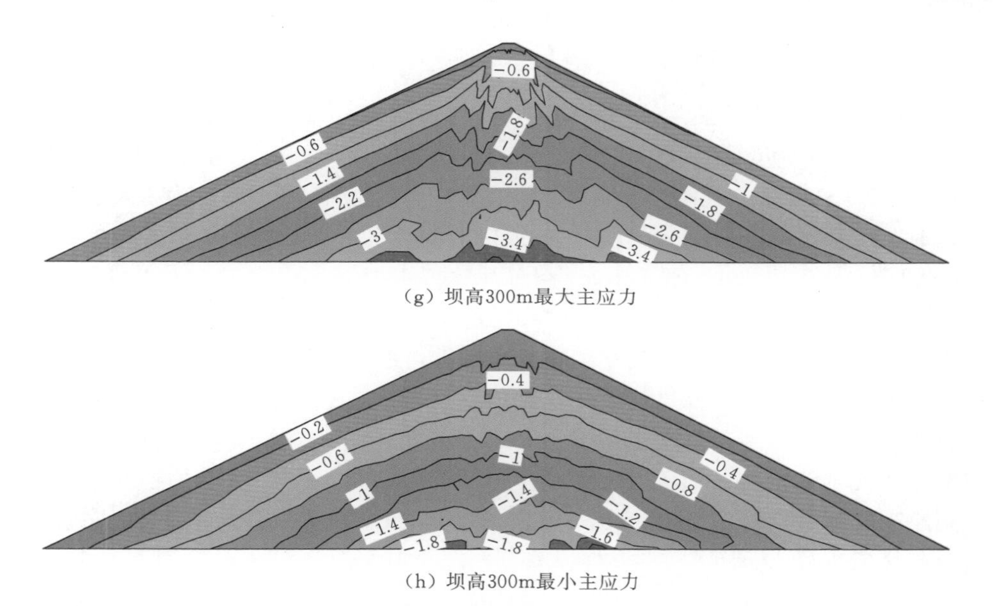


（g）坝高300m最大主应力

（h）坝高300m最小主应力

图 6.13（三）　采用参数二计算的模型应力分布（单位：MPa）

## 6.3　拱效应及抗水力劈裂特性随坝高变化规律

心墙拱效应是指心墙的自重荷载因受心墙两侧坝体约束而向坝体转移的现象。心墙两侧往往是压实很好的坝体，其刚度较大，施工后沉降能较快地趋于稳定；而心墙刚度小，压缩性大，坝体竣工以后还会继续沉降。如果心墙同时又较薄，那么心墙的沉降就会受到两侧坝体与反滤层的约束，心墙因自重而产生的垂直应力就将通过“拱”的传力方式转移到坝体。拱效应的大小与心墙和坝壳两者的变形模量的差值、心墙坡度、坝高以及填料强度和施工速率等许多因素有关，是一个比较复杂的问题[63-65]。土质心墙坝的特点是心墙与坝壳比较，具有明显的较高的压缩性，或者说两者的变形模量相差很大，因此沿着心墙边界接触面出现的剪应力会使心墙有效垂直应力大幅度下降，即产生拱效应，这在原型观测和理论分析上都得到了充分的证明。

拱效应的作用会使心墙内的竖向应力有所降低，当心墙上游面上的竖向压应力降低到低于作用到该处的库水压力时，水压力将会使闭合裂缝张开或导致薄弱面产生新裂缝，并不断向纵深延伸以致贯穿心墙。这就是“拱效应”引起的大坝心墙水力劈裂问题，它造成的后果是非常严重的。

土石坝心墙水力劈裂是指在高水压力作用下，高压水局部渗入心墙体并使心墙被劈开，产生集中渗漏通道的现象。水力劈裂引起不少土石坝渗漏甚至破坏[37,66]。水力劈裂问题是目前高心墙土石坝工程界的一个热点话题，上个世纪中后期，有数座土石坝发生了渗漏破坏甚至导致了溃坝，其中最为典型的当属美国的 Teton 坝，这一现象引起了工程界的高度重视，经研究推断坝体破坏的原因是防渗体发生了“水力劈裂”。

### 6.3.1　拱效应及水力劈裂的几个实例

盖伯奇坝位于奥地利蒂罗尔州的法根河上，坝体为窄心墙堆石坝，最大坝高 153m，库容 1.4 亿 $m^3$，于 1965 年竣工。在坝顶以下 122m 的水平面上，靠近心墙下游的过渡区，实测垂直正应力为 2700kPa，而临近心墙实测垂直正应力只有 1150kPa，应力折减系数达 40%。心墙最大垂直应力的降低，一般出现在基础面以上相对坝高的 50%～70%范围内[2]。

Teton 坝位于美国 Idaho 州 Teton 河上，坝体为心墙堆石坝，最大坝高 43m，水库总库容 3.6 亿 $m^3$，大坝于 1975 年 10 月竣工，1976 年 6 月发生溃坝失事。发生了溃坝事件，大坝失事后，专门成立的非官方独立调查组和官方内部调查组对事故原因进行了调查。调查组认为，由于岸坡坝段齿槽边坡较陡，岩体刚度较大，心墙土体在齿槽内形成支撑拱，拱下土体的自重应力减小，当水库蓄水时，高压水会对齿槽土体产生劈裂而通向齿槽下游岩石裂隙，造成坝体内部冲蚀和管涌，最终导致溃坝[37]。图 6.14 为 Teton 坝破坏的过程，四幅小图时间分别为 1976 年 6 月 5 日上午 11：20、6 月 5 日上午 11：55、6 月 5 日下午以及破坏后情景[67]。

图 6.14　Teton 坝破坏过程

图片①→②→③→④为溃坝过程

挪威的 Hyttejuvet 坝（图 6.15）建于 1964—1965 年，是一座心墙下游面直立的窄心墙土石坝，心墙土料为宽级配冰碛黏土，大坝最大坝高 93m，坝顶长度约 400m，设计最高水位 746m，正常高水位为 745m[68-69]。1966 年 5 月，水库开始快速蓄水，同年 10 月蓄水达到设计正常高水位 745m。蓄水过程中，在水位达到高程 738m 时，通过大坝下游流量堰测得的渗水量不足 1.0～2.0L/s，随着水位的进一步上升，渗水量明显加大，当库水位接近 740m 高程时，渗水量突然增大，最大值达 63.0L/s 以上，且渗漏水色浑浊，每升含 0.1g 黏粒；随即减小了蓄水速率，渗水量也随之减小，在库水位由 740m 蓄到 745m 高程的过程中，渗水量介于 45.0～62.0L/s。Kjaemsli 和 Tortilla[69] 认为，心墙内部的水平裂缝是蓄水过程中产生异常渗漏的原因，由于心墙与相邻坝壳填料之间压缩性存在较大差异，拱效应使得心墙内部某些位置的总竖向应力远远低于计算的自重应力，发生在这些位置的水力劈裂造成水平裂缝张开。

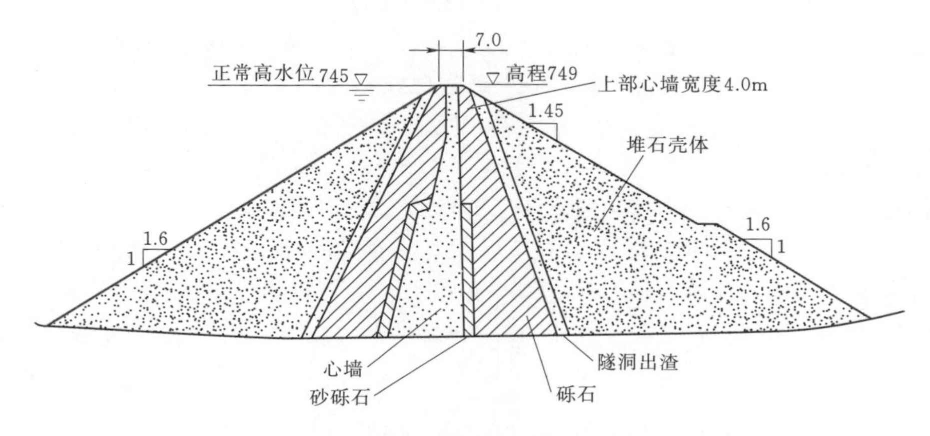


图 6.15 Hyttejuvet 坝典型剖面（单位：m）

另外，还有许多土石坝的异常渗漏与拱效应造成的水力劈裂有关，如美国的 Wister 坝[70]和 Yard's Creek 坝[71]，加拿大的 Manicouagan 坝[72]，以及北京的西斋堂坝等[73]。

### 6.3.2 水力劈裂的有限元判断方法

利用有限元数值模拟对土石坝进行水力劈裂分析判定是目前比较实用的方法[74-76]。这类方法主要有两种：一种方法是直接根据连续介质有限元方法对大坝及心墙进行有限元模拟，获得心墙应力场，从而利用有关准则判定水力劈裂是否会发生；另一种方法是直接基于“水楔作用”机制，认为预先存在于心墙的“渗透弱面”上作用有水压力，有限元计算时考虑该水压力作用，从而计算渗透弱面端部应力状态，判定是否会发生水力劈裂。

由于水力劈裂机制和土体力学性质的复杂性以及研究手段的有限性，有关分析方法仍存在一些问题与争议。

从土体应力、变形分析方法的角度来看，水力劈裂分析判定方法可分为总应力法和有效应力法。总应力法分析的基本思路是，根据某种方法先确定结构（如心墙）的应力场，然后将水压力、应力场根据某种准则来判定水力劈裂是否会发生。有效应力法先采用有限元考虑土体固结的有效应力分析得到应力，然后用心墙有效应力是否为 0 来判定。

总应力法一般是指将土体当作单相材料进行应力分析，得到总应力场后利用心墙应力与上游水压力比较判定水力劈裂发生与否。实际应用中，总应力分析法又有多种，有以不同的应力（如大主应力、中主应力或小主应力等）与上游水压力进行比较来判定，也有根据一些理论或试验研究得到的劈裂准则进行判定[75,77]。以下是心墙水力劈裂有限元分析几种主要方法。

用总应力数值计算方法进行应力和变形分析是土石坝设计规划和安全评价依靠的重要手段之一。在设计中经常采用的一种方法就是将有限元法或其他方法分析得到的心墙竖向应力与上游水压力进行比较[78-82]。如果上游水压力小于心墙竖向应力，则不发生水力劈裂，否则发生水力劈裂。Nobari 等[83]则利用总应力有限元法分析得到的应力场，用心墙的大主应力与对应高程处上游水压力进行比较判定。由于大主应力方向与竖向应力相近，因此这种方法与前面的方法差不多。Kulhawy 等[84]和 Schober 等[85]通过模型试验和数值计算结合的方法研究了堆石坝施工过程中坝壳和心墙间荷载转移的程度即拱效应的大小，探讨了心墙堆石坝的坝高、心墙宽度、心墙材料以及河谷坡度等因素对拱效应大小的影响。刘松涛[65]、刘令瑶等[86]和曾开华等[87]通过比较心墙上游面的库水压力和心墙上游面土的最小主应力（或者中主应力）的关系，从而判断心墙是否会产生水力劈裂破坏。Dolezalova 和 Leitner[88-89]基于总应力法研究了 Dalesice 坝在施工期和蓄水期应力和变形的性状，基于断裂准则对水力劈裂的发生与否给出了评价[94-95]。

殷宗泽等[90]则提出了用有效应力有限元法计算得应力场（有效应力和孔隙水应力），然后用蓄水后的心墙总应力（即有效应力与孔隙水应力之和）与上游水压力进行比较从而判定水力劈裂是否发生：若总应力大于对应高程处的上游水压力，则不发生水力劈裂，否则发生水力劈裂[96]。

### 6.3.3 心墙拱效应随坝高变化规律

本书采用通常衡量心墙的拱效应的方法作为评价方法，即以心墙的竖向应力 $\sigma_z$ 与上覆土重相比衡量心墙的拱效应[2]。为方便起见，本书定义了拱效应系数 $F_z$，具体表述如下：

$$F_z = \frac{\sigma_z}{\overline{\gamma} h} \tag{6.1}$$

式中：$\sigma_z$ 为竖向应力；$\overline{\gamma}$ 为上覆土的平均容重；$h$ 为上覆土柱高度。

图 6.16、图 6.17 分别为坝高 150～300m 四个方案的心墙拱效应系数 $F_z$ 的分布等值线图。两组算例的心墙拱效应系数 $F_z$ 最大值都小于1，说明各算例都存在拱效应。两组算例中，心墙拱效应随坝高变化不明显，参数一组心墙拱效应现象随着坝高的增加略有减弱，参数二组也有类似规律，但规律不明显。这说明心墙拱效应与心墙土石坝的高度没有必然联系。

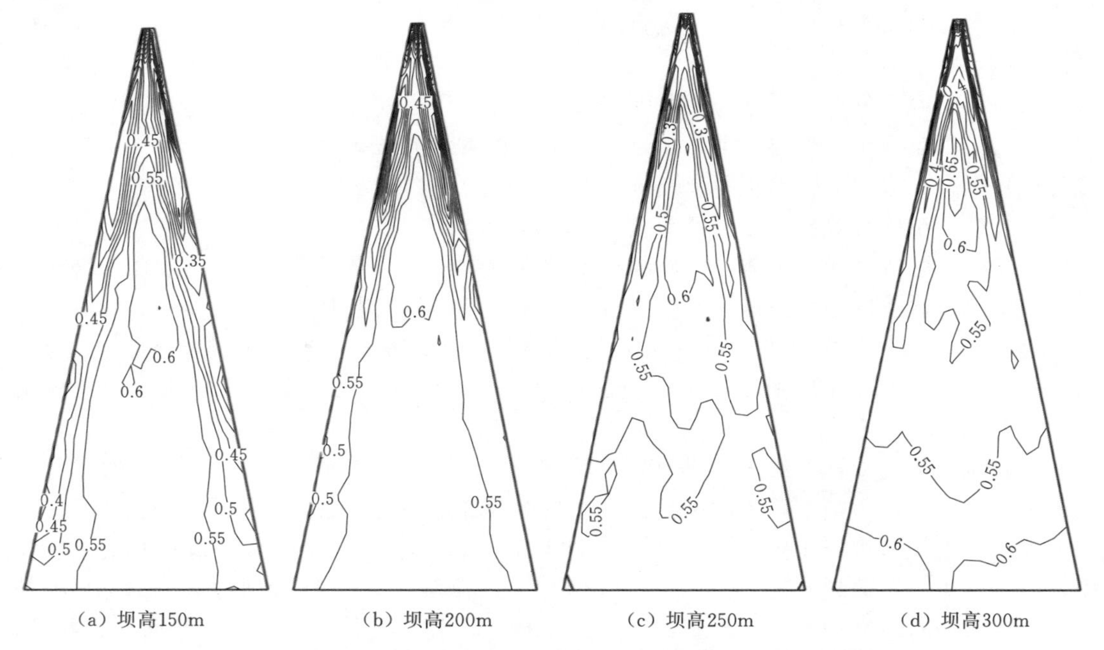


(a) 坝高150m　　(b) 坝高200m　　(c) 坝高250m　　(d) 坝高300m

图 6.16 坝高 150～300m 方案心墙拱效应系数等值线分布图（参数一）

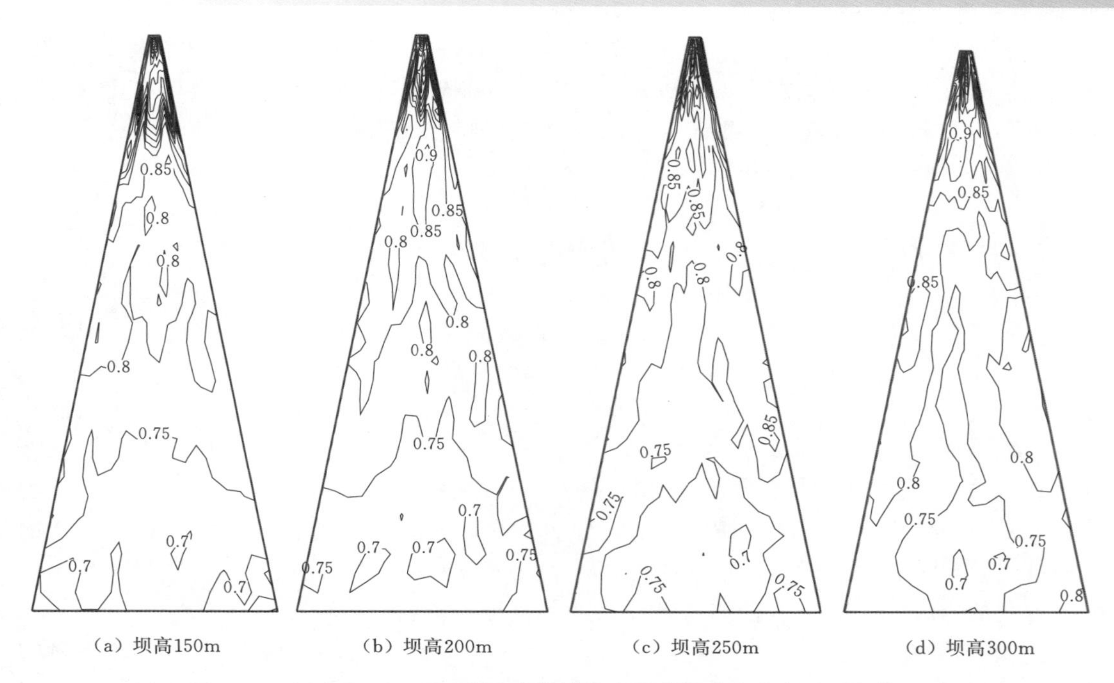


图 6.17 坝高 150～300m 方案心墙拱效应系数等值线分布图（参数二）

参数一（图 6.16）中各方案心墙拱效应系数由心墙外侧至心墙内侧增加，尤其以 150m 坝高和 200m 坝高方案明显。这说明反滤区对心墙的自由沉降起了很强的约束作用，坝高相对较低时约束作用更强，这一点在心墙上部区域拱效应系数变化急剧的现象也得到了证明。

对比两组算例发现，参数一组的心墙拱效应系数普遍小于参数二组相应算例，说明参数一组的拱效应强于参数二组。分析其原因，参数一组的心墙变形参数 $K$、$K_b$ 都小于参数二组，而且参数一组反滤区的变形参数又很高，这就限制了心墙的自由沉降，第一组心墙靠近反滤位置的拱效应系数小于心墙内部的拱效应系数的现象也证明了这一点。第二组算例中，基本没有存在第一组中靠近反滤部位的拱效应明显的现象。对比两组算例，说明反滤料的变形模量对心墙的拱效应起着至关重要的作用，控制反滤料的模量是控制心墙拱效应的一个关键因素。

### 6.3.4 不同坝高模型的心墙水力劈裂分析

本书用总应力法分析心墙的应力状态，与上游水压力比较从而分析心墙的抗水力劈裂特性。但笔者认为只把心墙上游面的某一应力与上游水压力做比较，将结果作为水力劈裂发生的评判标准，这种方法存在一些不足，因为一般认为水力劈裂过程是从开始发生水力劈裂、水力劈裂发展，继而形成贯通劈裂通道的过程。也就是说，发生贯通的水力劈裂破坏必须满足产生初始劈裂的条件、产生持续劈裂的应力条件以及劈裂方向。单以上游面的应力作为判断条件只能说明水力劈裂的发生条件，不能完全评价水力劈裂发生贯穿破坏的可能。因此，采取定义抗水力劈裂系数的方法，来研究心墙各部位的抗水力劈裂能力，并综合考虑是否可以形成贯穿水力劈裂通道，以此评价心墙发生水力劈裂破坏的可能性。

因为很难评价以哪种应力作为分析抗水力劈裂特性的方法更合理，所以本书分别采用最小主应力 $\sigma_3$、横向（垂直于坝轴线方向）应力 $\sigma_x$、竖向应力 $\sigma_z$ 作为与水压力比较的评判标准。为方便起见，本书分别定义了各个方向的抗水力劈裂系数，其具体表达式为式(6.2)～式(6.4)。

$$F_{hy}=\frac{\sigma_3}{\rho gh} \tag{6.2}$$

$$F_{hy-x}=\frac{\sigma_x}{\rho gh} \tag{6.3}$$

$$F_{hy-z}=\frac{\sigma_z}{\rho gh} \tag{6.4}$$

式中：$F_{hy}$为以最小主应力作为评价标准的抗水力劈裂系数；$F_{hy-x}$为以横向（垂直于坝轴线方向）应力作为评价标准的横向抗水力劈裂系数；$F_{hy-z}$为以竖向应力作为评价标准的竖向抗水力劈裂系数；$\sigma_3$ 为最小主应力；$\sigma_x$ 为平行于坝轴线方向的应力；$\sigma_z$ 为垂直于坝轴线方向的应力；$\rho$ 为水的密度；$h$ 为上覆土的高度。

图6.18、图6.19分别为采用参数一、参数二作为分析参数的坝高150～300m算例的抗水力劈裂系数 $F_{hy}$的分布图。由两图可见，随着坝高从150m增加到300m，抗水力劈裂系数 $F_{hy}$基本呈增大趋势，说明随坝高的增加，抗水力劈裂性能逐渐增强，但 $F_{hy}$值基本都小于1，说明心墙有垂直于小主应力方向被劈开的可能性。

各个算例，基本呈现随着高程降低，心墙抗水力劈裂性能增强的趋势，说明反滤对心

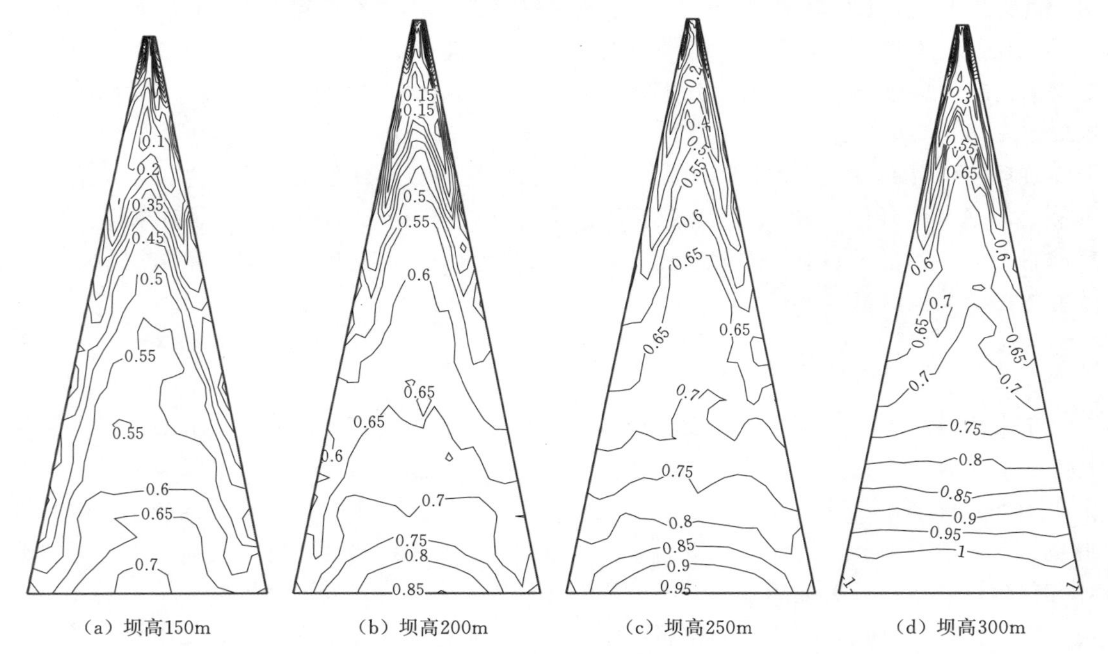

(a) 坝高150m (b) 坝高200m (c) 坝高250m (d) 坝高300m

图6.18 坝高150～300m方案抗水力劈裂系数 $F_{hy}$ 等值线分布图（参数一）

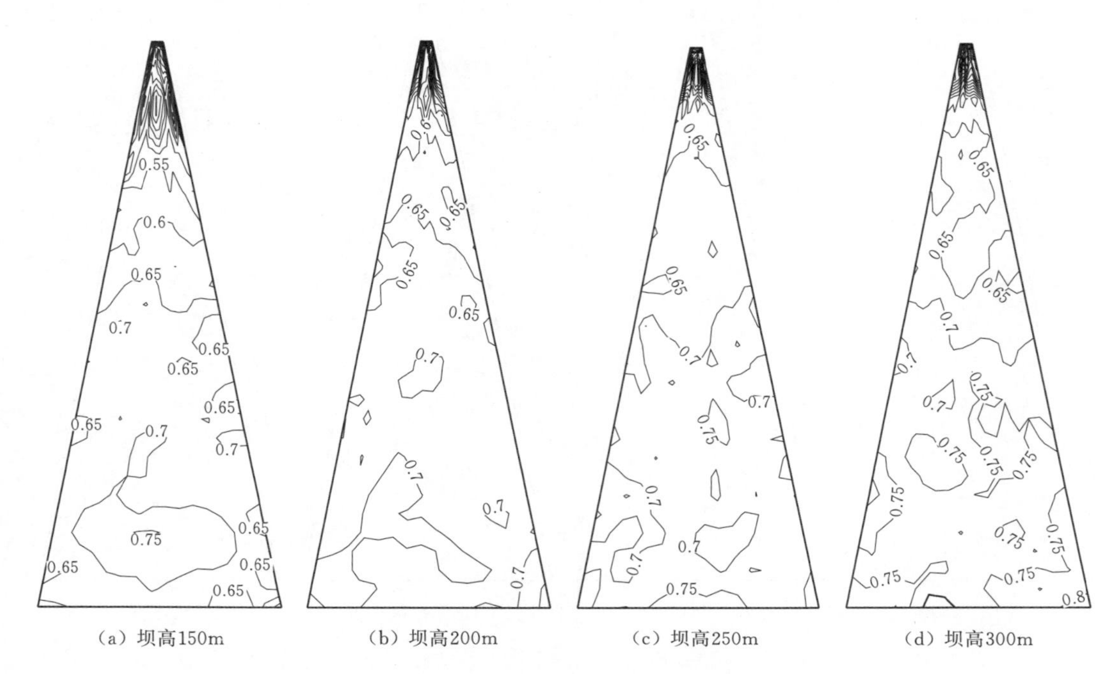


图 6.19　坝高 150～300m 方案抗水力劈裂系数 $F_{hy}$ 等值线分布图（参数二）

墙的约束作用由坝顶到坝基呈现逐渐减弱的趋势，参数一组各算例该趋势更明显。由参数一组 4 个算例的 $F_{hy}$分布规律发现，反滤区的变形模量对心墙抗水力劈裂特性影响随坝高的增加而降低。参数二组的 $F_{hy}$值分布在反滤区附近没有明显的等值线集中现象，说明参数二组中，反滤区对心墙变形的约束作用不强，分析其原因，因为反滤区变形参数与心墙区变形参数相差较小。

图 6.20、图 6.21 分别为采用参数一、参数二作为分析参数的坝高 150～300m 算例的横向抗水力劈裂系数 $F_{hy-x}$的分布图。与 $F_{hy}$分布规律类似，随着坝高从 150m 增加到 300m，横向抗水力劈裂系数 $F_{hy-x}$基本呈增大趋势，但 $F_{hy-x}$值基本都小于 1，说明心墙有垂直坝轴线方向被劈开的可能性。

随着高程降低，心墙横向抗水力劈裂性能增强，说明反滤对心墙的约束作用由坝顶到坝基呈现逐渐减弱的趋势。由参数一组 4 个算例的 $F_{hy-x}$分布规律发现，反滤区的变形模量对心墙抗水力劈裂特性影响随坝高的增加而降低。

参数二组各算例，$F_{hy-x}$的最大值基本出现在心墙的中部附近，大小为 0.9 左右，说明该组横向抗水力劈裂特性与坝高变化没有很强的相关性。

图 6.22、图 6.23 分别为采用参数一、参数二作为分析参数的坝高 150～300m 算例的竖向抗水力劈裂系数 $F_{hy-z}$的分布图。两组 8 个算例心墙的大部分区域 $F_{hy-z}$值都大于 1。参数一组的各算例靠近上、下游反滤部位的心墙 $F_{hy-z}$值小于 1，但没有形成贯通上下游（$F_{hy-z}$值小于 1）的通道。因此，认为不易产生沿水平向的劈裂通道而发生水力劈裂。

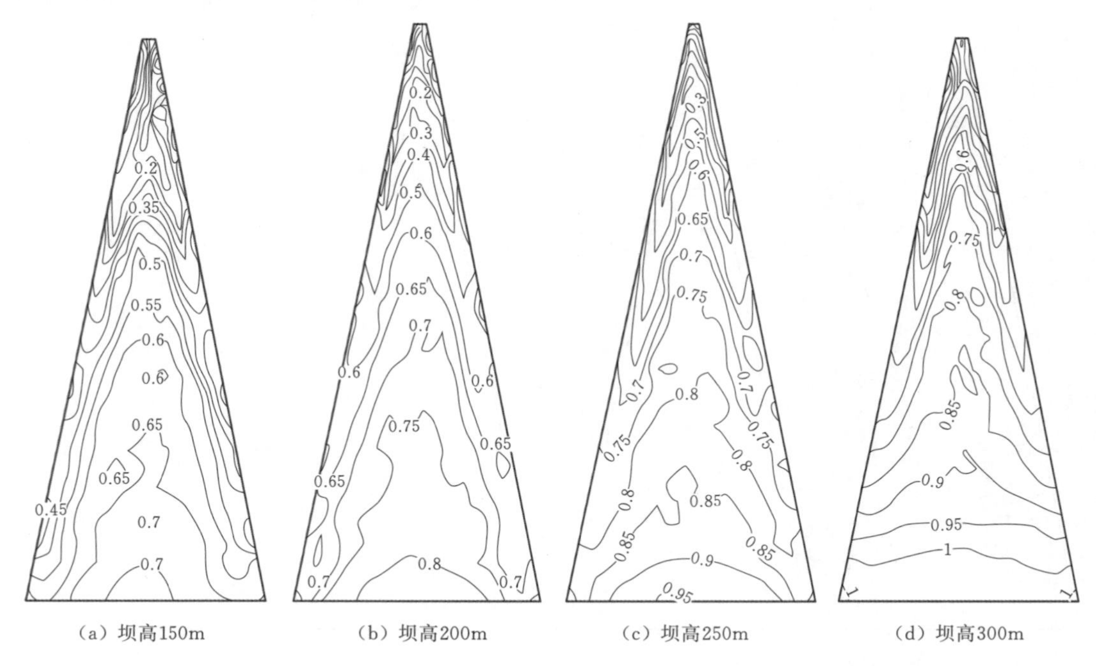


(a) 坝高150m　(b) 坝高200m　(c) 坝高250m　(d) 坝高300m

图 6.20　坝高 150～300m 方案横向抗水力劈裂系数 $F_{hy-x}$ 等值线分布图（参数一）

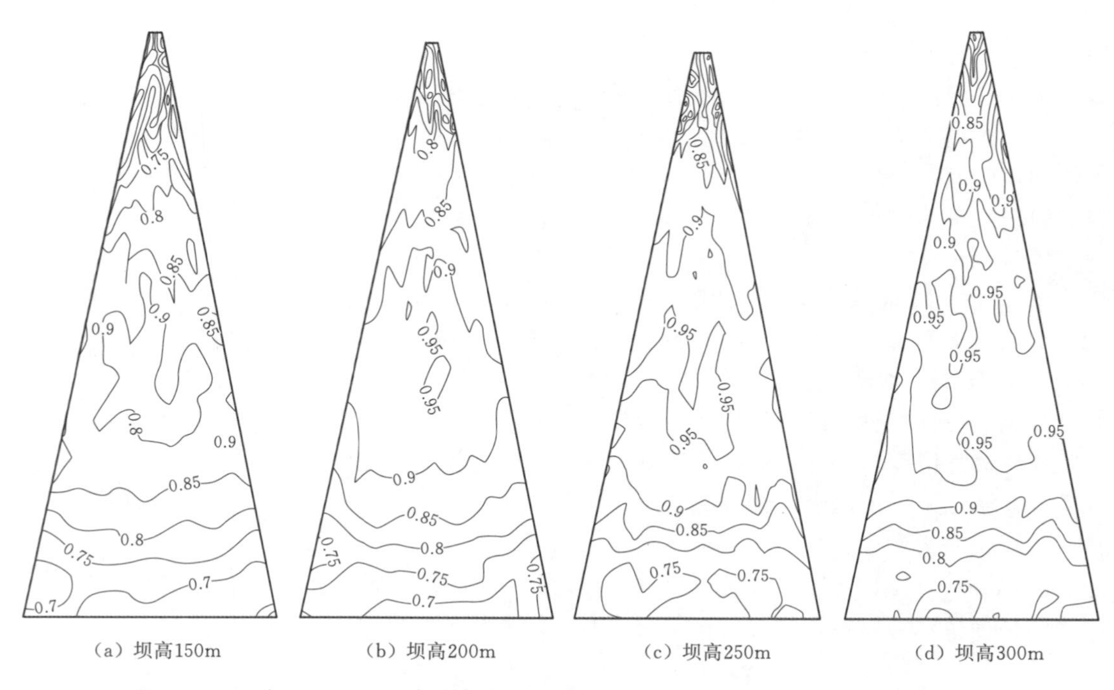


(a) 坝高150m　(b) 坝高200m　(c) 坝高250m　(d) 坝高300m

图 6.21　坝高 150～300m 方案横向抗水力劈裂系数 $F_{hy-x}$ 等值线分布图（参数二）

综合分析心墙的拱效应与三个方向的抗水力劈裂特性得到如下结论：

(1) 反滤区与心墙区的变形参数比对于心墙的拱效应的产生有重要影响，参数一组的反滤区与心墙区邓肯-张参数 $K$ 相差 3.7 倍，反滤区严重限制了心墙的自由沉降，因此认

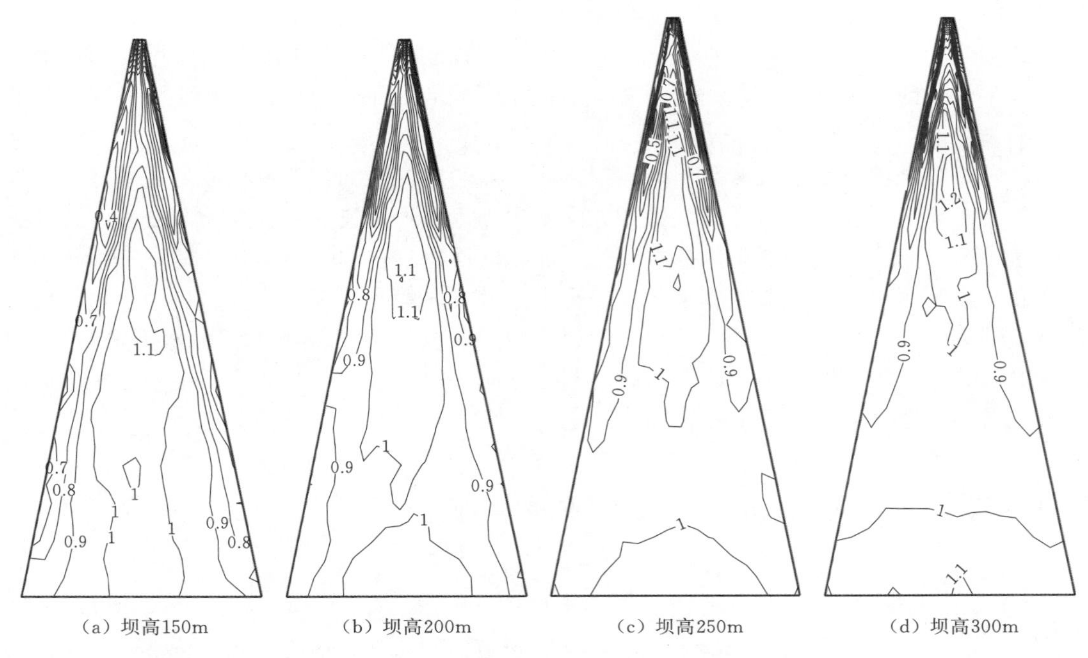

（a）坝高150m　（b）坝高200m　（c）坝高250m　（d）坝高300m

图 6.22　坝高 150～300m 方案竖向抗水力劈裂系数 $F_{hy-z}$ 分布（参数一）

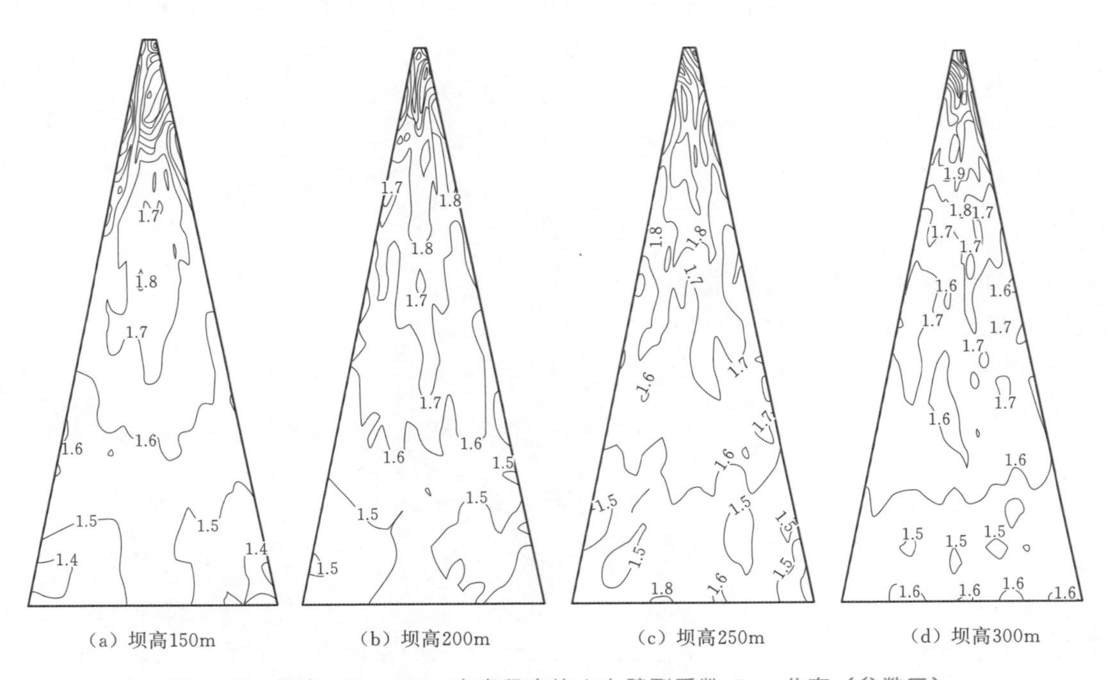

（a）坝高150m　（b）坝高200m　（c）坝高250m　（d）坝高300m

图 6.23　坝高 150～300m 方案竖向抗水力劈裂系数 $F_{hy-z}$ 分布（参数二）

为，设计时反滤区与心墙区变形模量比不宜过大。

（2）当反滤区与心墙区变形参数比较大时，心墙拱效应现象严重，且该现象在坝高150m 以下时更为严重。心墙拱效应具有靠近底部（坝基）拱效应弱、靠近上部（坝顶）

拱效应强的特点。分析其原因，V 形河谷对心墙变形的约束作用与反滤对心墙的约束作用共同影响心墙的自由变形，对于低坝高的坝，4 个方向的约束作用在相对小空间内对心墙形成了较大的约束作用，使得低坝心墙拱效应强烈；心墙上部拱效应强烈的原因与此类似。

（3）综合分析三个水力劈裂判断准则，认为：两组参数的算例都可以形成满足水力劈裂条件的潜在劈裂通道，水力劈裂劈开方向基本为垂直坝轴线方向，采用联合横向抗水力劈裂系数及竖向抗水力劈裂系数的方法作为评判准则比较合理。因为，心墙堆石坝小主应力方向基本为顺河方向，即使满足垂直于小主应力方向劈开的条件，但劈裂的前进方向也是沿坝轴线方向，很难形成贯穿的水力劈裂通道。若要形成贯穿上下游的水力劈裂通道，合理的劈开方向只有垂直于坝体纵剖面的两个方向，即垂直坝轴线方向、垂直水平方向的抗水力劈裂特性作为评判准则是合理的。

## 6.4　材料分区对土石坝变形特性的影响

### 6.4.1　坝壳与心墙模量比对变形的影响

本书采用 300m 心墙堆石坝模型，不同变形模量的坝壳、心墙料作为筑坝材料，研究心墙堆石坝整体的变形规律和心墙拱效应规律。以表 6.1 中的心墙的邓肯 E－B 模型计算参数作为基准，按照比例不断增大坝壳区参数 $K$、$K_b$、$K_{ur}$，研究坝体沉降以及拱效应随坝壳与心墙模量比（记作 $r$）变化的规律。过渡区和反滤区的参数 $K$、$K_b$、$K_{ur}$ 分别为坝壳区相应值的 80% 和 60%。图 6.24 为坝体最大沉降量与坝壳、心墙模量比关系曲线，由图可见，随着模量比的不断增加坝体最大沉降值呈逐渐减小的趋势，且减小趋势逐渐变缓，并未出现收敛于某一值的情况。

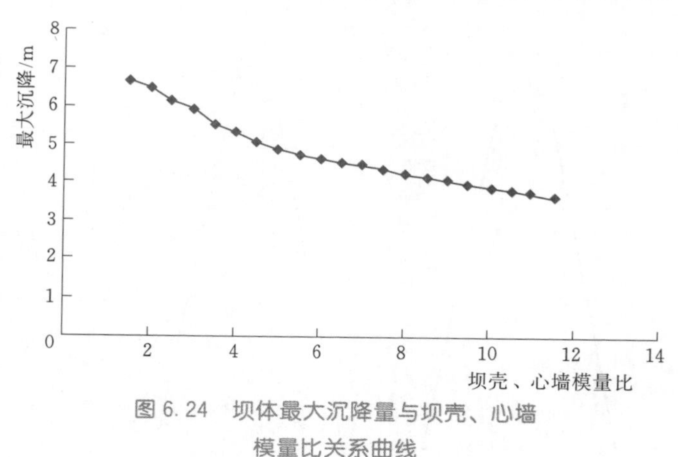


图 6.24　坝体最大沉降量与坝壳、心墙模量比关系曲线

### 6.4.2　坝壳与心墙模量比对抗水力劈裂特性的影响

随着坝壳区、过渡区以及反滤区的变形模量的增加，心墙的抗水力劈裂特性呈逐渐减弱的趋势。当模量比小于 4 时，在心墙内部横向抗水力劈裂系数基本都大于 1。当模量比小于 2.5 时，心墙的大部分区域的竖向抗水力劈裂系数都大于 1。因此，可以认为保证坝壳与心墙的模量比 $r$ 小于 2.5、过渡区的模量比小于 2、反滤区的模量比小于 1.5 是具有工程意义的。图 6.25～图 6.27 为坝壳与心墙模量比为 1.5～5.5 时的抗水力劈裂系数 $F_{hy}$、横向抗水力劈裂系数 $F_{hy-x}$、竖向抗水力劈裂系数 $F_{hy-z}$。

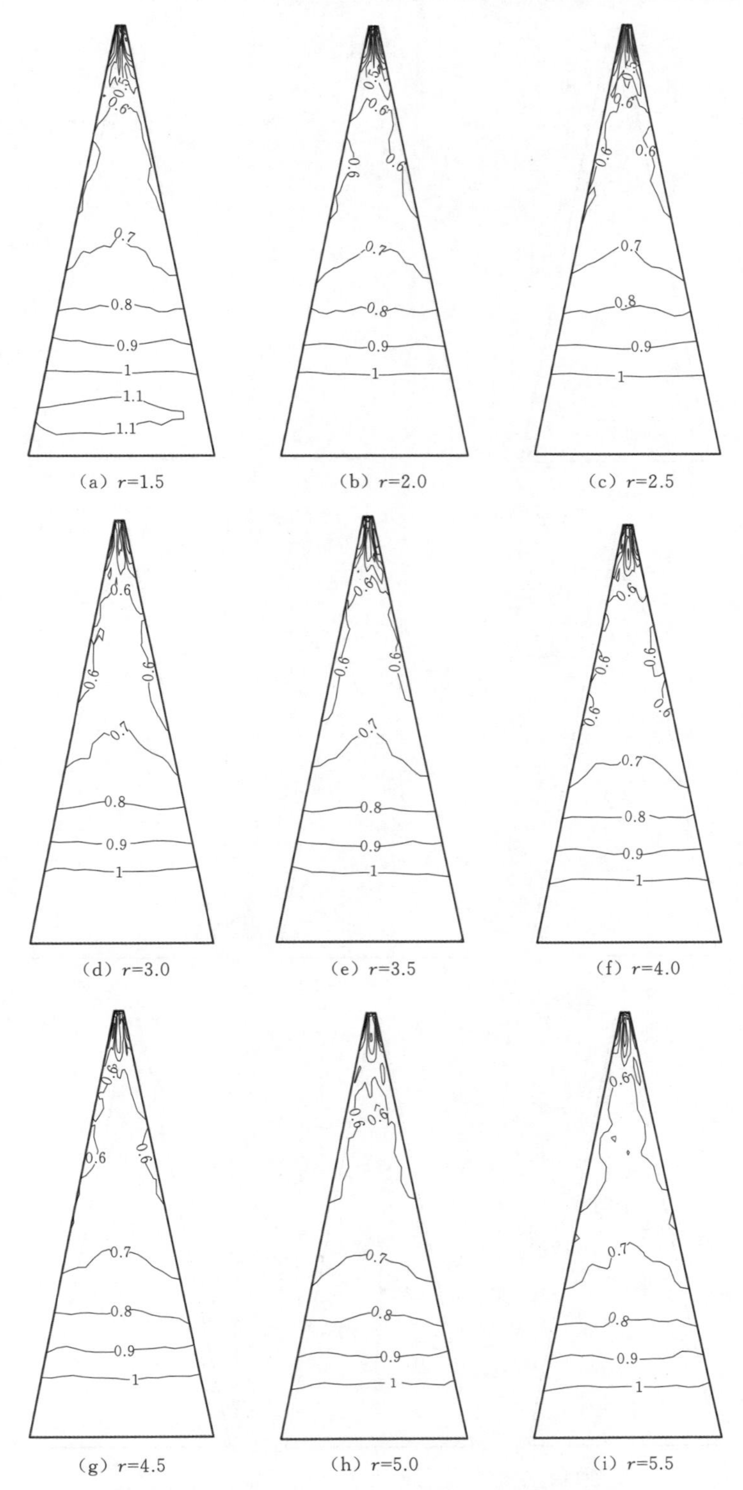


图 6.25　模量比分别为 1.5～5.5 时抗水力劈裂系数 $F_{hy}$ 分布

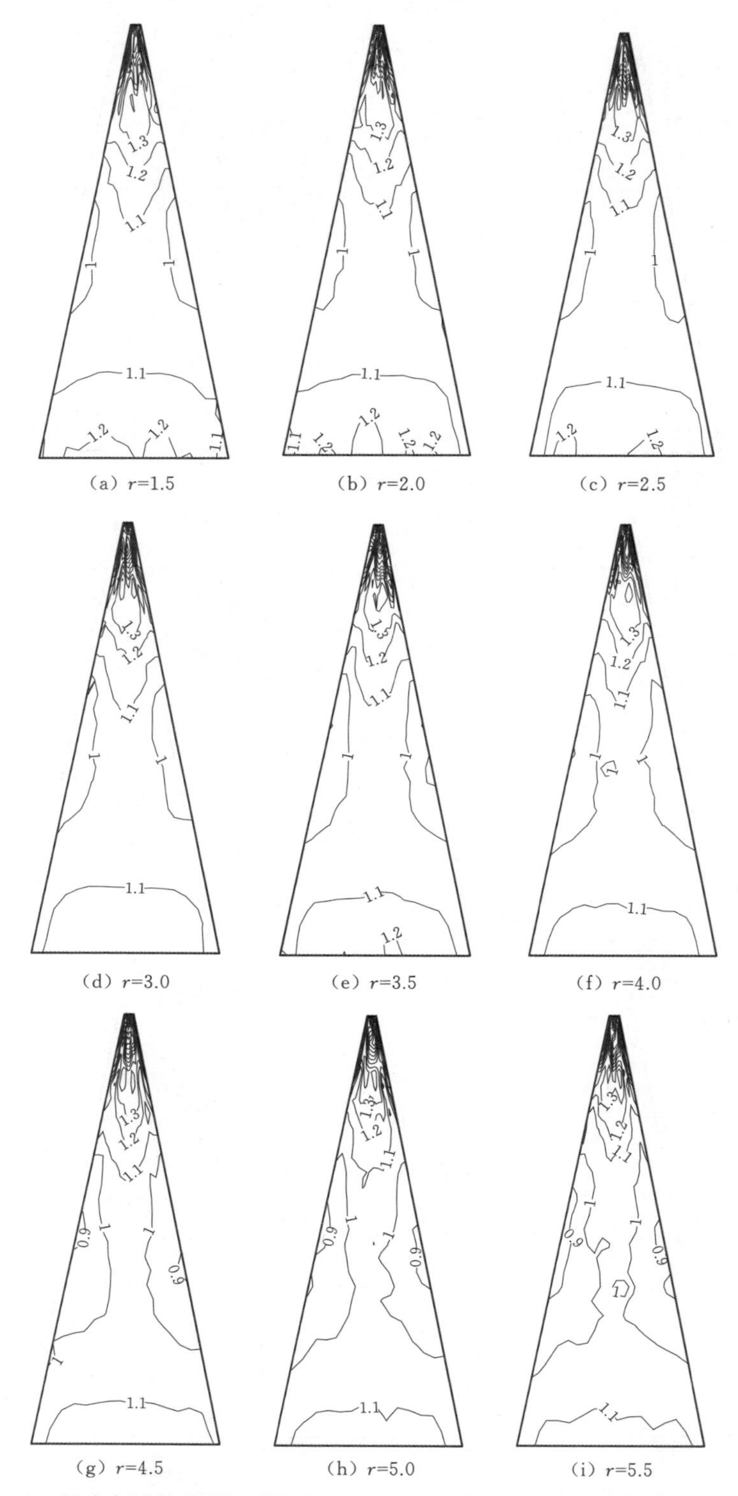

（a）$r$=1.5　（b）$r$=2.0　（c）$r$=2.5

（d）$r$=3.0　（e）$r$=3.5　（f）$r$=4.0

（g）$r$=4.5　（h）$r$=5.0　（i）$r$=5.5

图 6.26　坝壳与心墙模量比分别为 1.5～5.5 时横向抗水力劈裂系数 $F_{hy-x}$ 分布

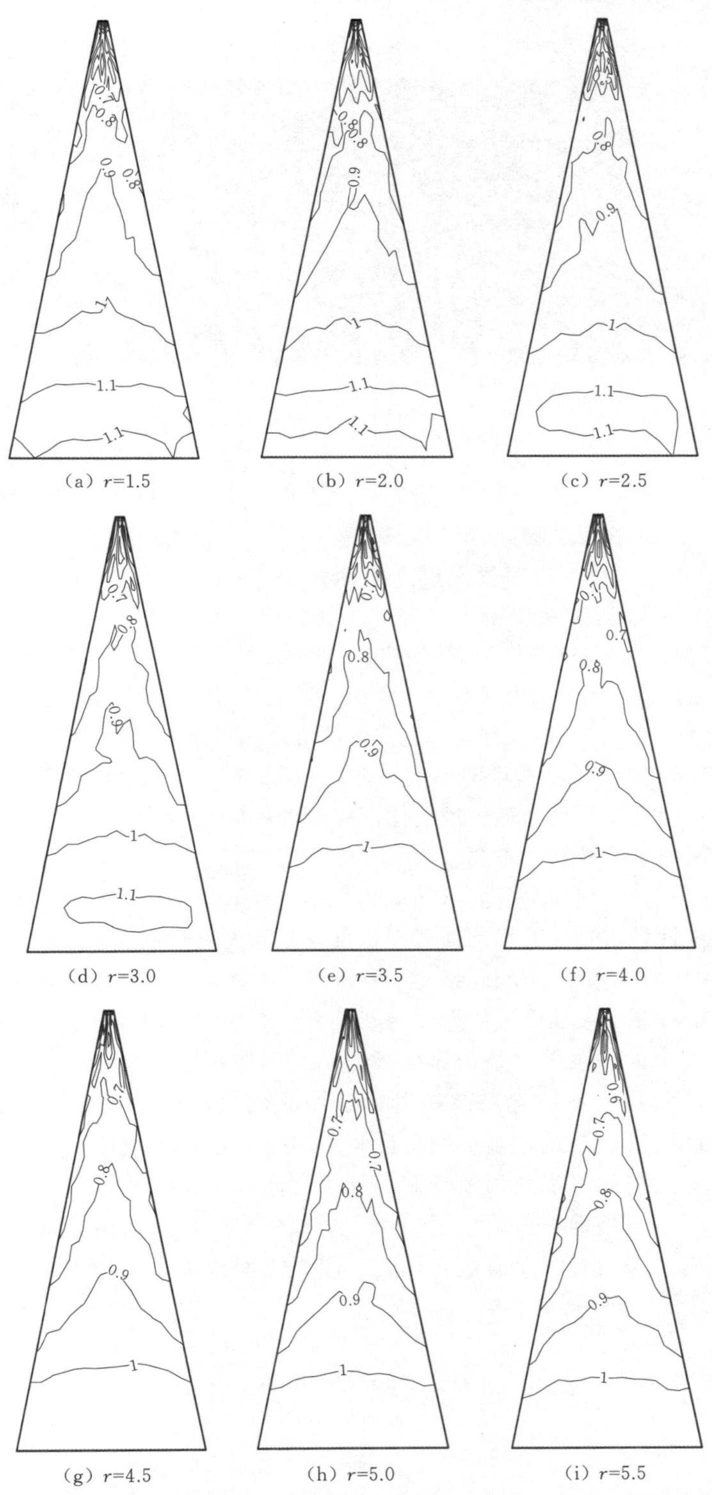


图 6.27 坝壳与心墙模量比分别为 1.5～5.5 时竖向抗水力劈裂系数 $F_{hy-z}$ 分布

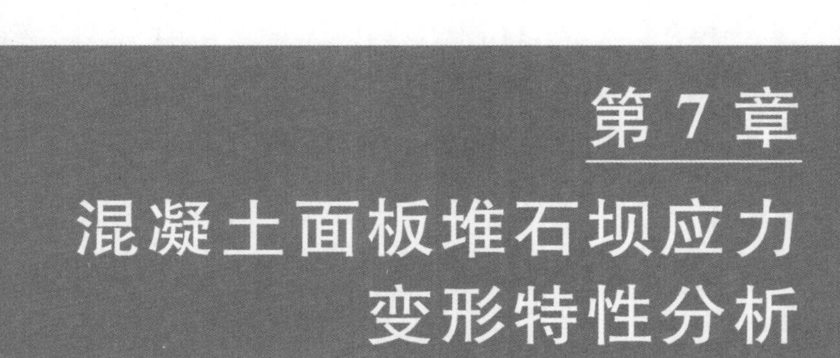

# 第 7 章 混凝土面板堆石坝应力变形特性分析

中国自 1985 年开始用现代技术修建混凝土面板堆石坝以来，发展很快。坝高在 100m 以上的已建和在建面板堆石坝有几十座，最高的是水布垭水电站大坝，高 233m。我国建造面板堆石坝在数量、坝高和工程规模上都居世界前列，并在实践过程中积累了一些经验，开展了相应的科学研究并取得了一定的研究成果，在技术上也有所进展。

混凝土面板堆石坝是以堆石体为支撑结构，并在其上游表面设置钢筋混凝土面板作为挡水防渗结构的一种堆石坝。该坝型因具有断面较小、安全性好、施工方便、适用性强、造价低等优点，受到国内外坝工界的广泛重视，得到普遍的推广和应用，产生了巨大的社会经济效益。

面板堆石坝主要技术问题是堆石体变形，过量的变形有可能导致周边缝张开、止水失效、面板开裂，从而产生漏水通道。堆石体沉降量的控制尤为重要，因为堆石体沉降量的大小直接关系到面板强度标准、止水要求以及坝体的稳定。许多工程实例证明，沉降主要受应力状态与时间的影响，大坝施工阶段沉降量的大小主要取决于填筑高度；而后期在库水长期作用下，坝体填筑材料的流变性能逐渐显现，沉降量的大小则取决于坝体的蠕变量。在施工期，沉降随坝体的增高及下层土的固结而不断积累，在竣工时完成了绝大部分，施工期坝体的沉降和沉降分布对评价大坝施工质量、判断是否出现坝体横向裂缝起着关键性的作用。

面板堆石坝主要的防渗体系是依靠面板的相对不透水性，因此面板的完整性对大坝的安全很重要，小的裂缝也会引起局部渗流稳定性的变化，对大坝的长期安全稳定运行不利。坝体渗流控制的重点是选定合适的分区材料级配，主要是垫层料；垫层料必须具有低压缩性、高强度和适当的透水性以及良好的施工性能。

本章针对混凝土面板堆石坝建立了一个典型的标准化计算网格，结合茨哈峡面板堆石坝等两个工程实例，采用有限元方法，论述了混凝土面板堆石坝坝体以及面板的应力变形特性。

## 7.1 混凝土面板堆石坝典型网格数值分析

### 7.1.1 典型计算网格

为了研究面板的应力变形影响因素，建立一个 300m 高的面板坝典型计算网格。该网格的建立充分考虑了面板的各细部结构，并且增加了剖分网格的数量，以提高计算结果的精度。

#### 7.1.1.1 典型计算网格建立

该典型计算网格的建立，主要依据《混凝土面板堆石坝设计规范》（SL 228—2013）中的设计条文，并且参照了一些工程设计实例。典型面板堆石坝模型的纵剖面及坝料分区见图 7.1 和图 7.2，典型计算网格特征参数见表 7.1。

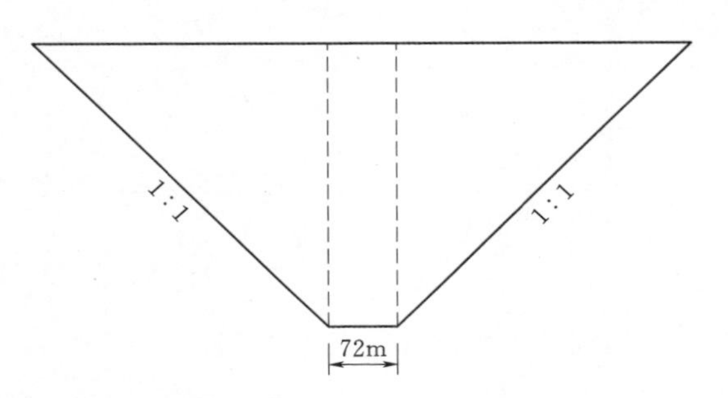


图 7.1 典型面板堆石坝纵剖面图

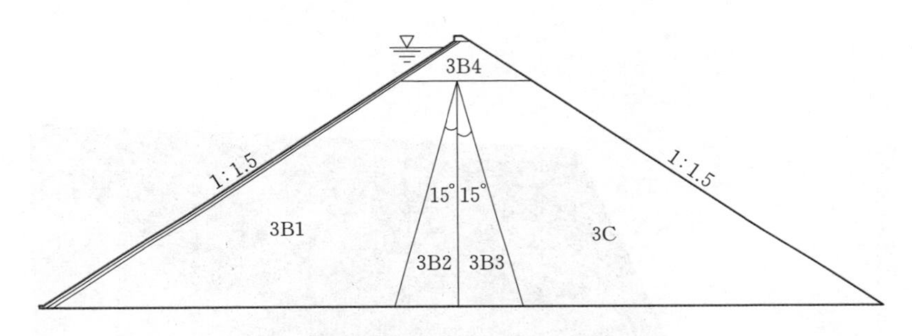


图 7.2 典型面板堆石坝坝料分区图

表 7.1 典型计算网格特征参数

| | |
|---|---|
| 坝高：300m | 坝顶长：672m |
| 面板宽度：12m | 河谷底宽：72m（6 块面板） |
| 面板厚度：$t=0.4+0.003H$（m） | |
| 坝体分区：面板、垫层区、过渡区、主堆石区、次堆石区 | |
| 主堆石：3B1、3B2、3B3 | |
| 垫层宽度：3m | 过渡区宽度：4m |
| 坝坡（上、下游）：1∶1.5 | |
| 岸坡：固定坡度（45°） | |
| 建基面：水平 | 建基面高程：0.0m |
| 面板顶高程：295.0m | 坝顶高程：300.0m |
| 上游蓄水位：290m | |

典型坝的填筑与蓄水过程参照了一些已建工程的填筑蓄水过程，并且结合了一些设计阶段 300m 面板堆石坝的设计填筑蓄水过程，最终确定的计算网格的填筑及蓄水过程见表7.2。

表 7.2 典型计算网格的填筑及蓄水过程

| 坝体填筑方式 | 水平均衡上升，填筑层厚 10m |
|---|---|
| 面板浇筑 | 分为 3 期 |
| 面板浇筑高程 | 100m、200m、300m |
| 浇筑面板时的填筑超高 | 20m |
| 浇筑面板时的填筑高程 | 120m、220m、300m |
| 蓄水过程 | 二期面板浇筑完成后，水库蓄水至 150m 高程；大坝竣工后，水库水位升至 290m 高程 |

最终剖分所得计算网格的单元数量为 404788 个单元，共有 404239 个节点（图 7.3）。计算网格对面板的各个细部结构进行了细致的刻画，将面板、趾板、周边缝、面板垂直缝等都单独剖分（图 7.4 和图 7.5）。

图 7.3 典型面板堆石坝计算网格

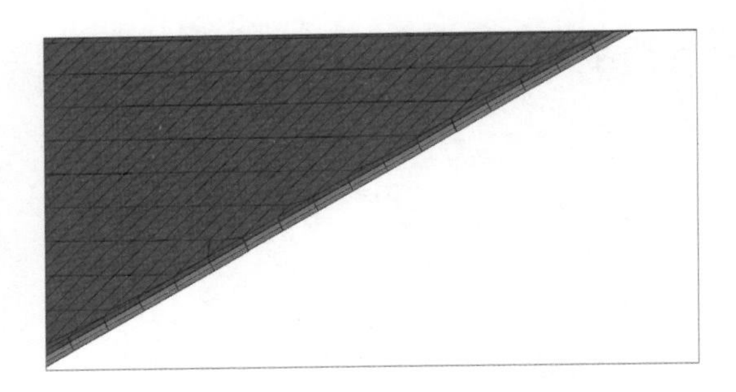

图 7.4 典型面板堆石坝面板剖分图

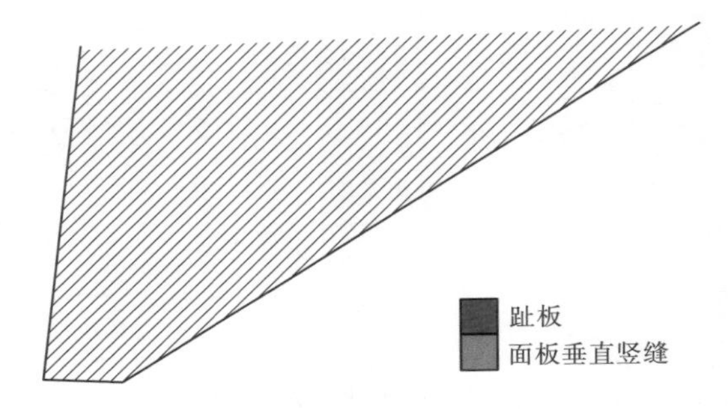


图 7.5 典型面板堆石坝趾板及面板垂直缝剖分图

#### 7.1.1.2 计算参数

典型面板堆石坝的筑坝料参数选取，参照了以往一些工程的计算参数，并根据一些工程的实际反演参数进行修正。最终确定的典型坝计算参数见表 7.3。混凝土面板采用《混凝土结构设计规范》（GB 50010—2010）中 C20 混凝土的计算参数（表 7.4）。

表 7.3 典型面板堆石坝筑坝料计算参数

| 材料名称 | $\gamma$ /(kN/m$^3$) | $K$ | $K_{ur}$ | $n$ | $R_f$ | $K_b$ | $m$ | $\varphi$ /(°) | $\Delta\varphi$ /(°) |
|---|---|---|---|---|---|---|---|---|---|
| 垫层 | 22.1 | 1350 | 2700 | 0.35 | 0.85 | 950 | 0.25 | 53.0 | 10.0 |
| 过渡 | 21.9 | 1300 | 2600 | 0.35 | 0.85 | 900 | 0.25 | 53.0 | 10.0 |
| 主堆石 | 21.8 | 1200 | 2400 | 0.35 | 0.85 | 800 | 0.25 | 53.0 | 10.0 |
| 次堆石 | 21.2 | 1000 | 1000 | 0.35 | 0.85 | 600 | 0.25 | 53.0 | 10.0 |

表 7.4 混凝土面板计算参数

| 混凝土强度等级 | $G$/Pa | $K$/Pa |
|---|---|---|
| C20 | $1.062\times10^{10}$ | $1.417\times10^{10}$ |

#### 7.1.1.3 计算结果及分析

使用面板堆石坝的最大横剖面进行坝体的计算结果整理，见图 7.6。

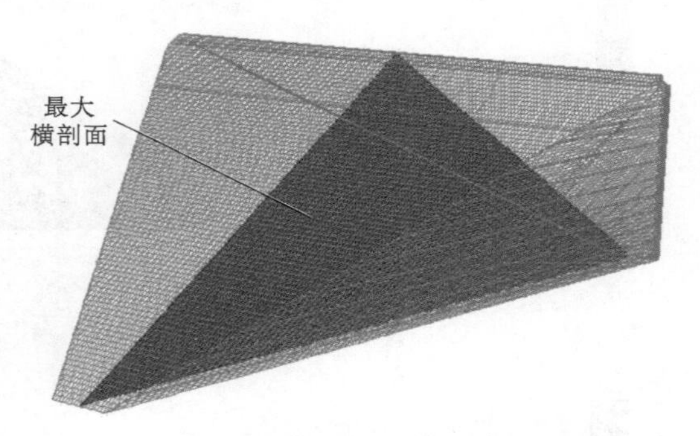


图 7.6 坝体结果整理最大横剖面示意图

竣工期，坝体的沉降极值区位于坝体中央偏下游位置，最大沉降值为 1.814m，约占坝高的 0.604%。沉降最大值集中在坝高大约一半的位置，这主要是由于靠近坝基的地方填筑时可压缩层的厚度小，沉降小；靠近坝顶的位置，其上覆的坝料厚度小，沉降小；在坝高大约一半的位置，可压缩厚度和上覆荷重达到了使沉降最大的组合。顺河向上游位移集中于坝体上游侧，顺河向下游位移集中于坝体下游侧，主要是由于坝体沉降后挤压坝体、坝体侧向挤出引起的。顺河向上游位移极大值为 0.712m，顺河向下游位移极大值为 1.5m。由于次堆石料主要集中在下游坝体，导致顺河向下游位移偏大。竣工期沉降及顺河向位移见图 7.7 和图 7.8。

竣工期，坝体的大主应力和小主应力的压应力集中区，都集中在坝体底部中央位置。大主应力的极大值为 5MPa，小主应力的极大值为 3.51MPa。大、小主应力在底部中央出

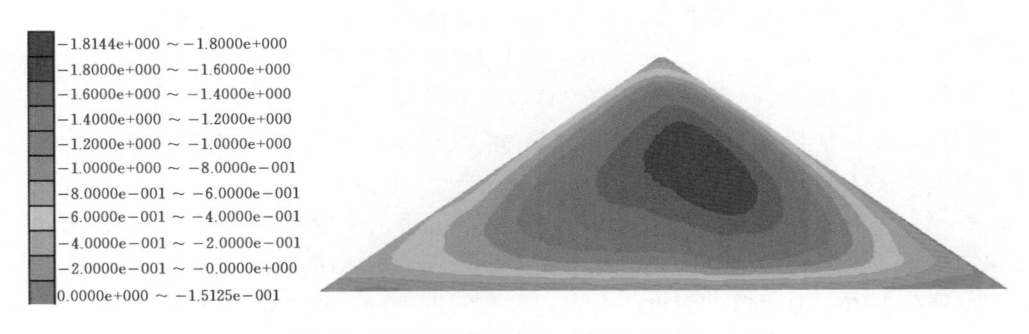


图 7.7 竣工期坝体沉降分布云图（单位：m）

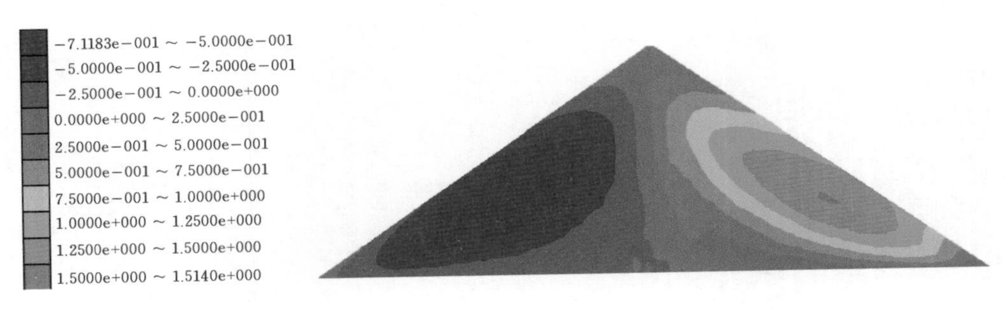


图 7.8 竣工期坝体顺河向位移分布云图（单位：m）

现压应力集中，主要是由于中央坝体最厚，在坝体自重作用下对底部的压应力也最大。竣工期坝体大、小主应力分布见图 7.9 和图 7.10。

图 7.9 竣工期坝体大主应力分布云图（单位：Pa）

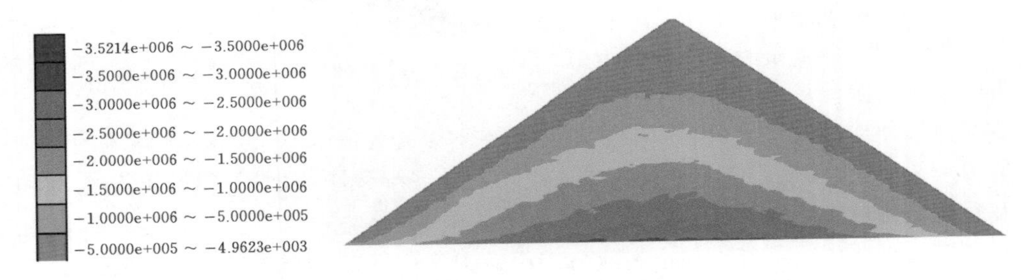


图 7.10 竣工期坝体小主应力分布云图（单位：Pa）

满蓄期，在库水推力的作用下，坝体的沉降极值区扩大，沉降极大值增大。沉降最大值为 1.911m，约占坝高的 0.637%。顺河向上游的位移极值区向下游侧移动，顺河向上游的位移极大值也减小了。顺河向下游位移极大值增大，主要是由于库水向下游推力的作用。顺河向上游位移和向下游位移分别为 0.545m 和 1.749m。满蓄期坝体沉降及顺河向位移分布见图 7.11 和图 7.12。

满蓄期，库水压力在垂向的分量使得上游坝体底部的主应力略有增大，因此坝体底部的主应力极值区略向上游侧移动。坝体的大、小主应力的压应力极大值区略有扩大，压应力极大值略有增大，但是增大的量值不大。大主应力压应力极大值为 5.344MPa，小主应力压应力极大值为 3.826MPa。满蓄期坝体大、小主应力分布见图 7.13 和图 7.14。

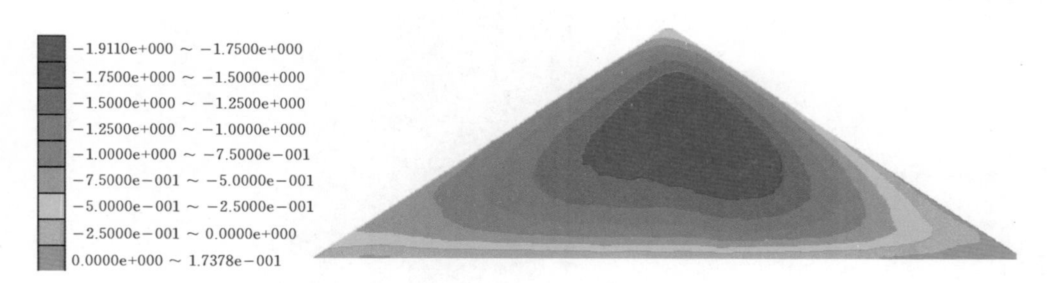


图 7.11　满蓄期坝体沉降分布云图（单位：m）

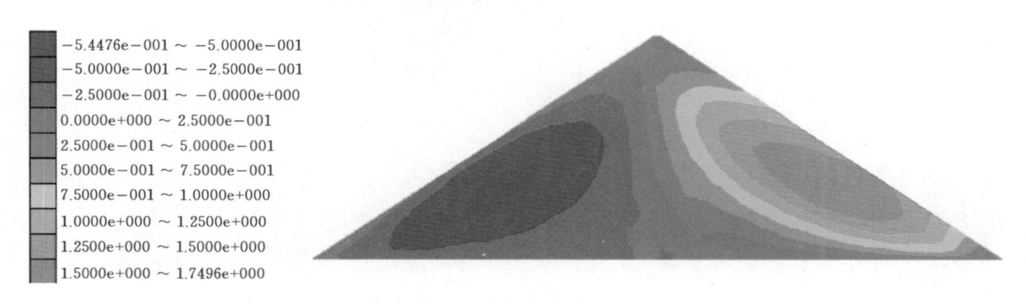


图 7.12　满蓄期坝体顺河向位移分布云图（单位：m）

图 7.13　满蓄期坝体大主应力分布云图（单位：Pa）

图 7.14　满蓄期坝体小主应力分布云图（单位：Pa）

竣工期，面板在中央位置出现了鼓出的现象，主要是由于坝体侧向变形引起的，鼓出的最大值为 23.63cm。面板底部中间位置，出现了局部的指向坝体内部的挠度，主要是由于前期蓄水引起的，挠度最大值为 28.01cm。竣工期面板挠度分布见图 7.15。

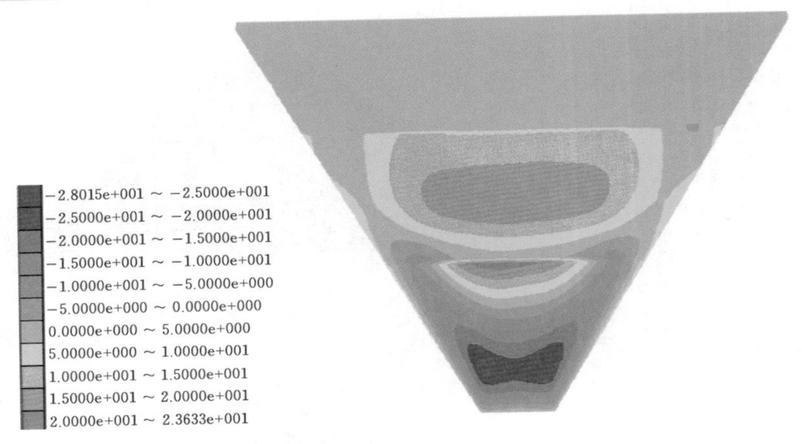


图 7.15 竣工期面板挠度分布云图（单位：cm）

竣工期，面板的顺坝轴线压应力主要集中在面板中央偏上位置，在面板底部也出现了局部压应力集中。顺坝轴向压应力的极大值为 11MPa。顺坝坡向的压应力主要集中在面板底部中间位置，顺坝坡向压应力极大值为 6MPa。竣工期面板顺坝轴向及顺坝坡向应力分布见图 7.16 和图 7.17。

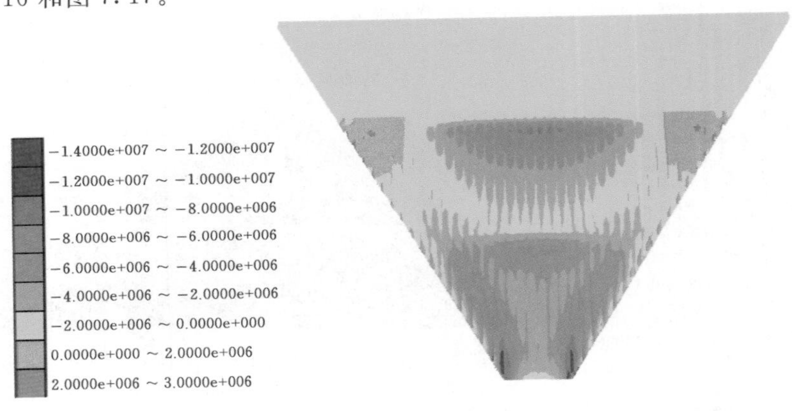


图 7.16 竣工期面板顺坝轴向应力分布云图（单位：Pa）

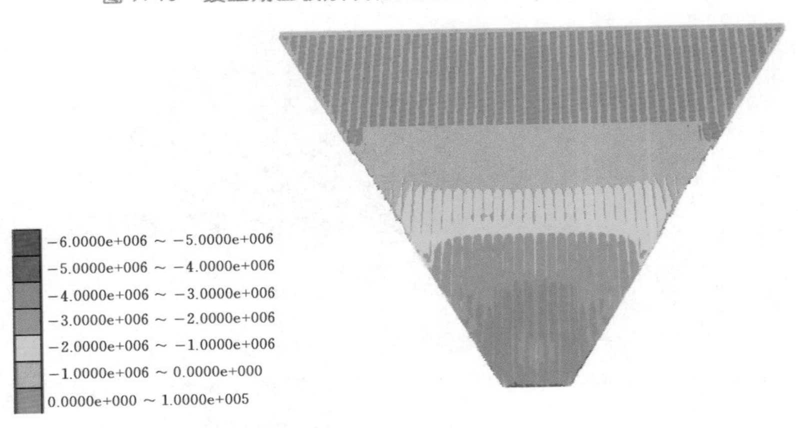


图 7.17 竣工期面板顺坝坡向应力分布云图（单位：Pa）

满蓄期，随着蓄水位升高，坝体挠度极大值区向上移动。竣工期一期面板上部与二期面板中部的面板鼓出，在库水压力的作用下消失。挠度极大值出现在三期面板底部，挠度极大值为65.75cm。满蓄期面板挠度分布见图7.18。

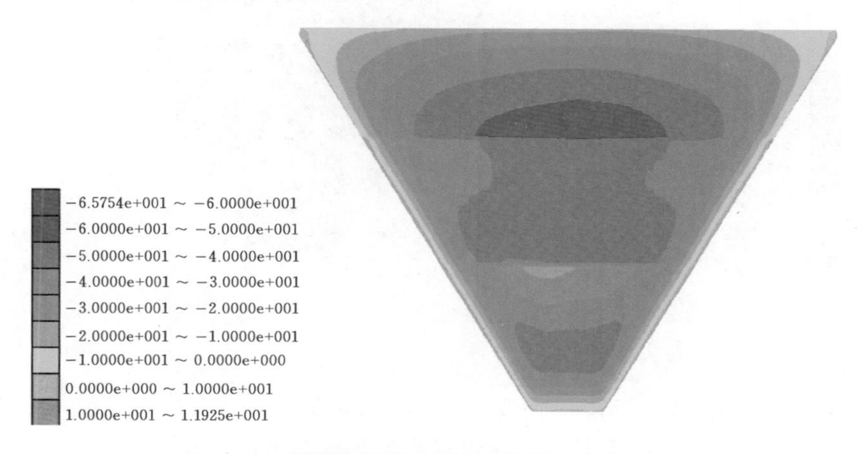


图7.18 满蓄期面板挠度分布云图（单位：cm）

满蓄期，受蓄水位升高、库水推力增大的影响，面板的顺坝轴向应力和顺坝坡向应力的压应力极大值有所增大：顺坝轴向压应力极大值为15.09MPa，顺坝坡向压应力极大值为10MPa。满蓄期面板顺坝轴向和顺坝坡向应力分布见图7.19和图7.20。

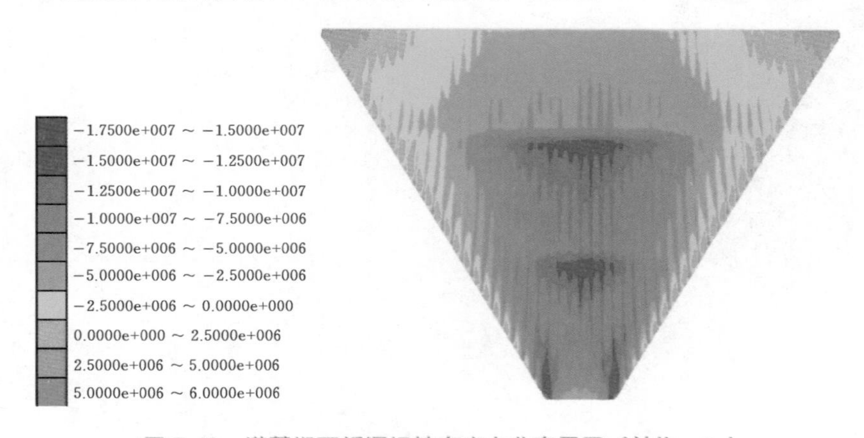


图7.19 满蓄期面板顺坝轴向应力分布云图（单位：Pa）

### 7.1.2 采用弹脆性混凝土面板本构模型的数值计算

#### 7.1.2.1 混凝土面板计算参数选取

采用轴心抗压强度测定试验中的应力-应变曲线，简化出弹脆性的混凝土计算本构模型。本书使用数值试验，拟合混凝土单轴压缩试验曲线，从而得到较为符合材料实际力学性质的计算参数。对于混凝土的弹脆性模型，根据物理试验的棱柱试样，建立数值试验试样（图7.21)。在数值试验中控制加载速度为0.3N/($mm^2$·s)，采用分级加载，每级加载30kPa，以使得数值试验与实际试验的加载速度一致。数值试验中采取最大不平衡力的

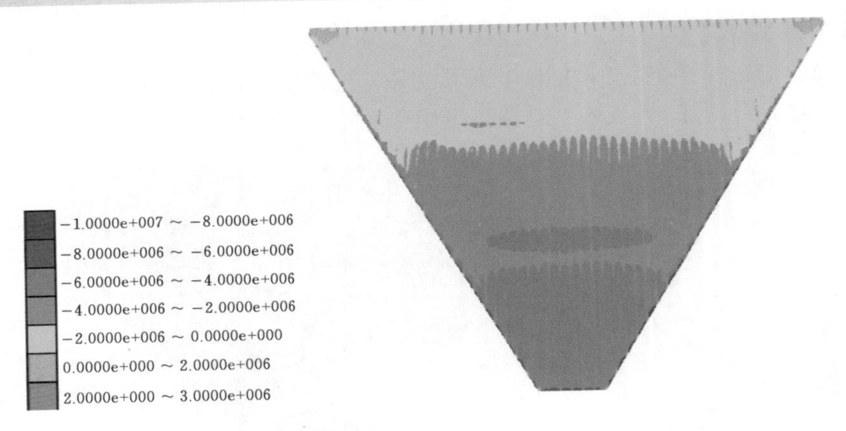


图 7.20 满蓄期面板顺坝坡向应力分布云图（单位：Pa）

收敛标准为 $10^{-5}$。

通过参数试算，使得数值试验所得应力-应变曲线（图 7.22）与实际物理试验曲线（图 7.23）进行拟合。选取拟合较好的曲线进行特征点数值的比对。

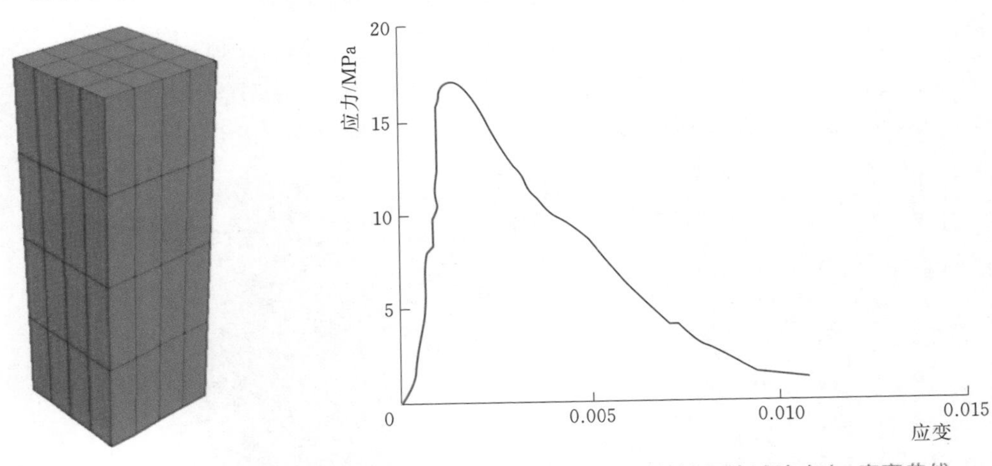


图 7.21 混凝土材料数值试验计算网格

图 7.22 C20 混凝土物理单轴压缩试验应力-应变曲线

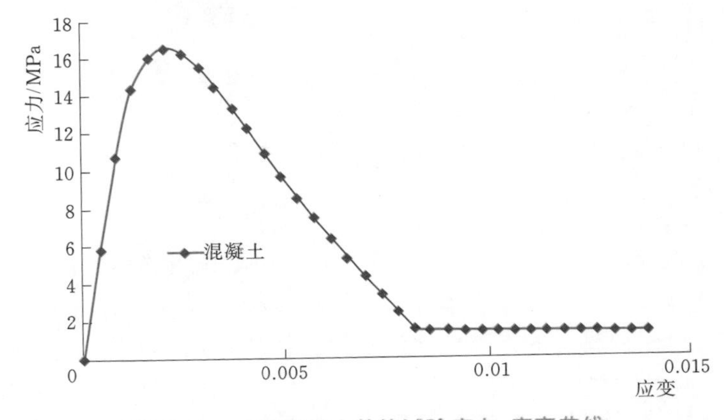


图 7.23 C20 混凝土数值试验应力-应变曲线

从以上两条曲线中各取10个特征点进行比对，见表7.5。观察两条曲线在特征点处数值上的差异较小，所以选取该组数值试验所采用的参数作为混凝土计算参数。

表7.5　物理单轴压缩试验与数值单轴压缩试验应力-应变曲线特征点

| 物理试验 | | 数值试验 | |
|---|---|---|---|
| 应变 | 应力/MPa | 应变 | 应力/MPa |
| 0.0005 | 3.1 | 0.0005 | 4.5 |
| 0.001 | 12.2 | 0.001 | 12.3 |
| 0.0015 | 17.1 | 0.0015 | 16.1 |
| 0.002 | 16.1 | 0.002 | 16.5 |
| 0.0025 | 14.3 | 0.0025 | 16.2 |
| 0.003 | 12.7 | 0.003 | 15 |
| 0.0035 | 10.9 | 0.0035 | 13 |
| 0.004 | 9.9 | 0.004 | 12 |
| 0.0045 | 9.2 | 0.0045 | 11 |
| 0.005 | 8.3 | 0.005 | 9.2 |

#### 7.1.2.2　计算结果及分析

通过计算，与混凝土采用弹性本构的结果相比，面板的挠度在趋势和极值上差异都比较小。

竣工期，混凝土使用应变软化本构模型与弹性本构模型的计算结果相比，面板的顺坝轴向应力趋势差异不大，压应力极大值减小约2.14MPa；面板的顺坝坡向应力趋势也基本一致，压应力极大值减小约1MPa。

满蓄期，混凝土使用应变软化本构模型与弹性本构模型的计算结果相比，面板的顺坝轴向应力与顺坝坡向应力分布的趋势也基本相同。面板顺坝轴向压应力极大值略有增大，增大的量值约为1.8MPa；顺坝坡向压应力极大值大约减小了2MPa。竣工期面板的应力变形分布见图7.24、图7.25，满蓄期面板的应力变形分布云图见图7.26、图7.27。

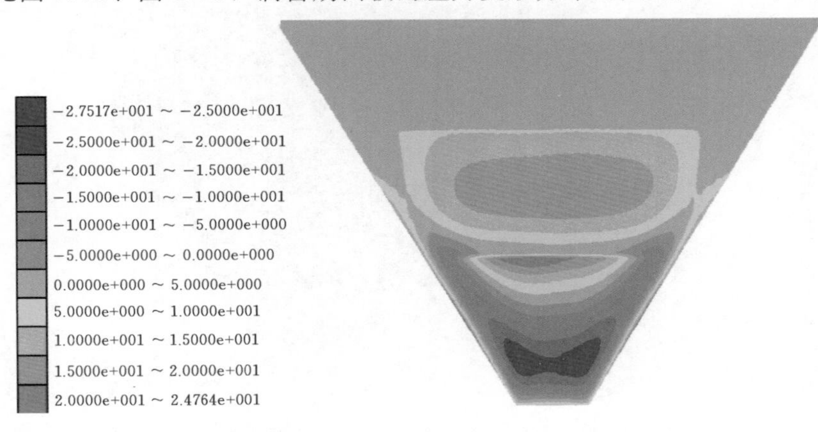


图7.24　竣工期混凝土使用应变软化本构模型的面板挠度（单位：cm）

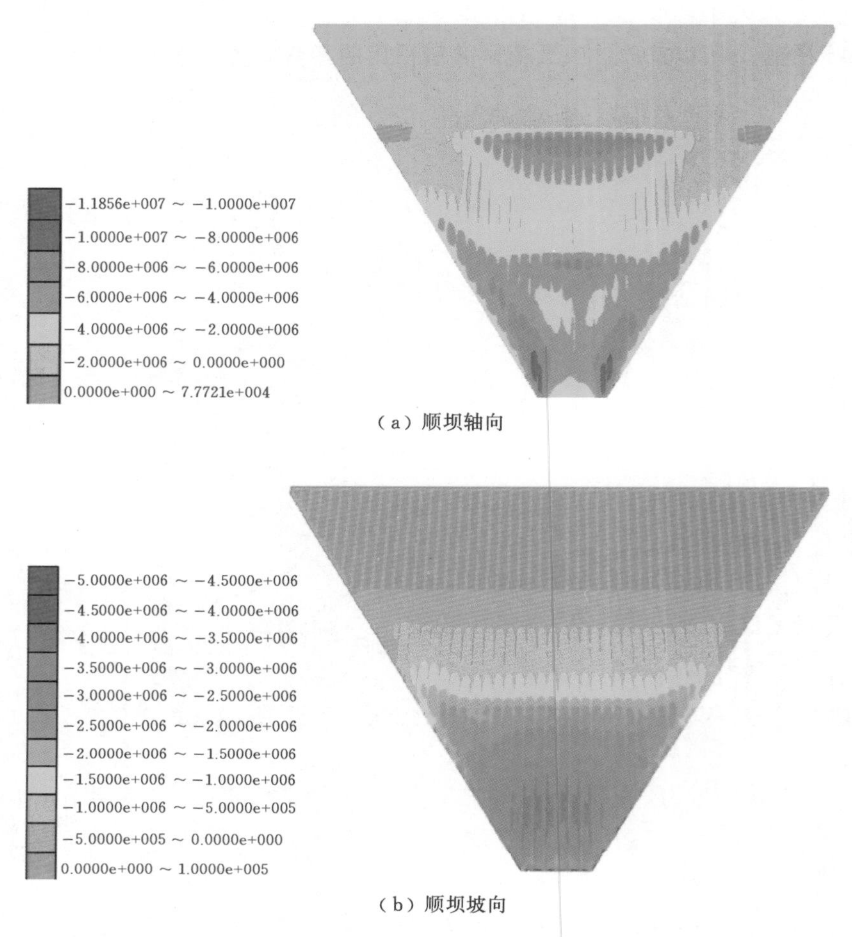


图 7.25 竣工期混凝土使用应变软化本构模型的面板应力分布（单位：Pa）

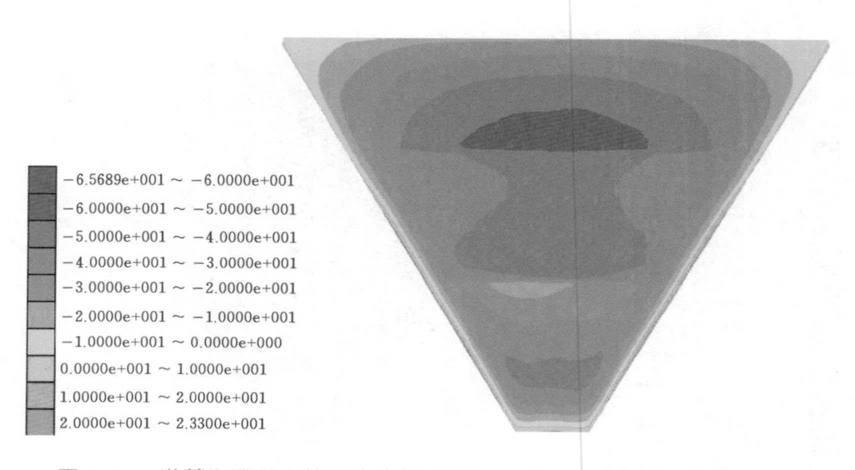


图 7.26 满蓄期混凝土使用应变软化本构模型的面板挠度（单位：cm）

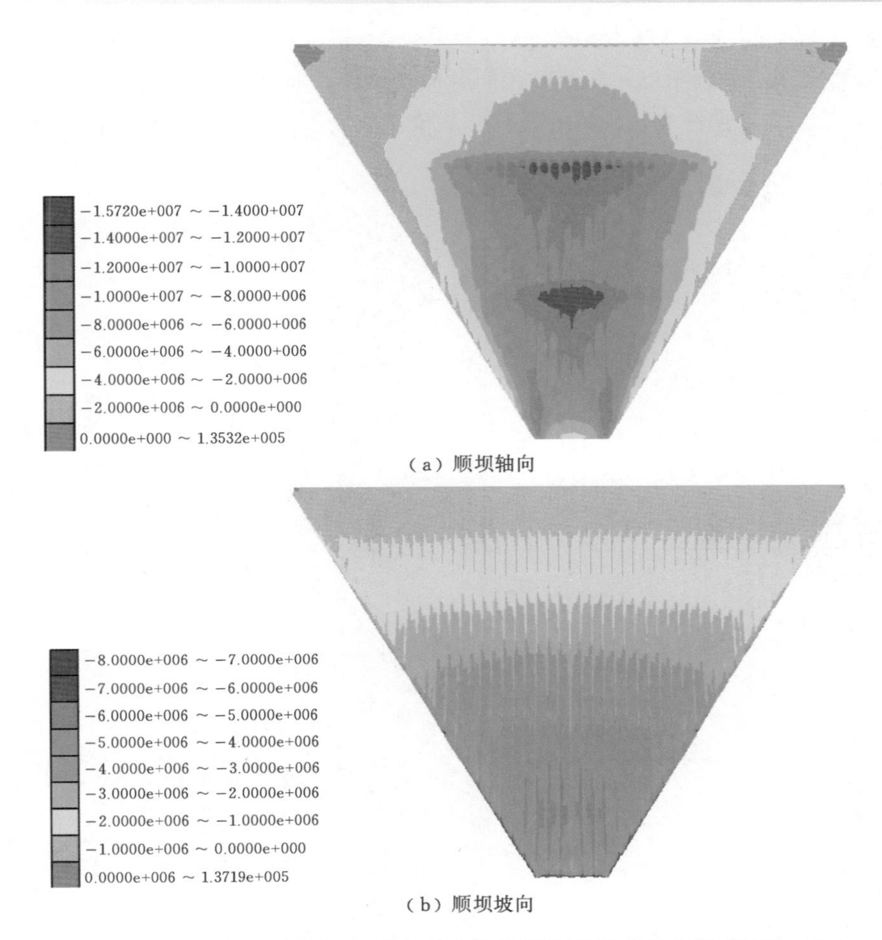


图 7.27 满蓄期混凝土使用应变软化本构模型的面板应力分布(单位:Pa)

采用更接近混凝土实际物理力学特性的本构，对于模拟计算结果的精确性确实有所帮助。通过对比计算，采用弹性本构模型基本能反映面板的应力变形趋势与极值范围。使用应变软化本构，需要使用实际材料的物理试验的应力变形关系曲线。因此，采用应变软化本构进行计算，需要结合物理试验研究进行进一步探讨。由于采用两种本构得到的结果差异不大，所以本书后续计算中，混凝土依然采用弹性本构模型。

## 7.1.3 采用不同力学特性面板垂直缝的数值计算

### 7.1.3.1 面板垂直缝填料计算参数选取

同样采用数值试验拟合物理单轴压缩试验的应力-应变曲线，进而确定计算参数。根据物理试验的试样尺寸建立数值试验计算网格，见图 7.28。

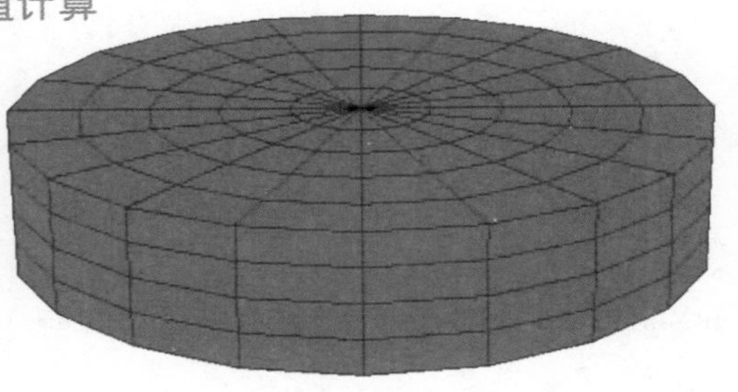

图 7.28 面板垂直缝填料数值试验计算网格

从杉木和桦木的应力-应变曲线中，将体现出典型理想弹塑性和应变软化特性的两条曲线选取为拟合的目标曲线（图 7.29）。

数值试验采用与室内单轴压缩试验相同的加载条件。通过调整参数进行试算，得出与室内试验所得应力-应变曲线吻合较好的结果。数值试验所得应力-应变关系曲线见图 7.30。

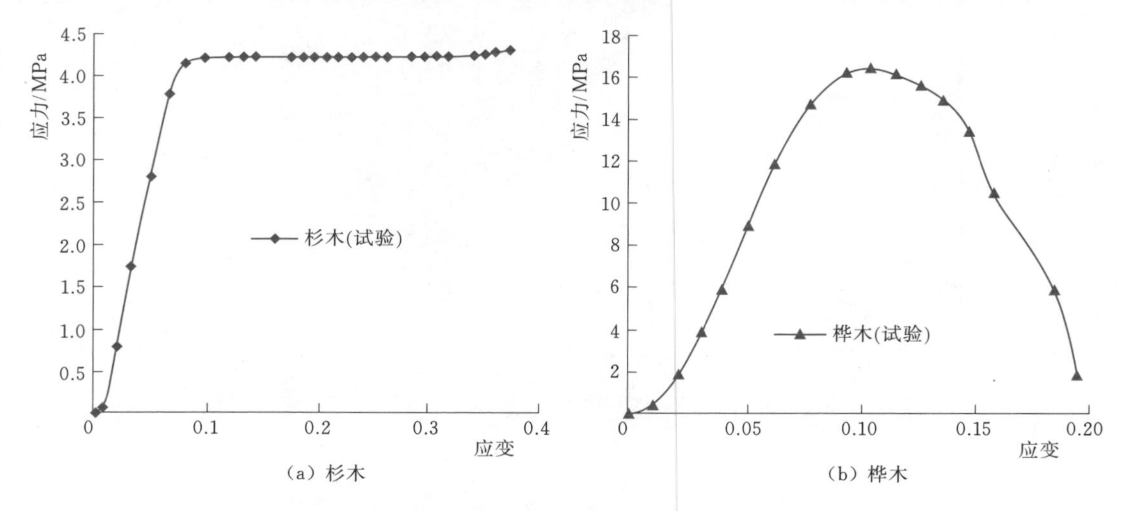


(a) 杉木　　(b) 桦木

图 7.29　室内单轴压缩试验应力-应变关系曲线

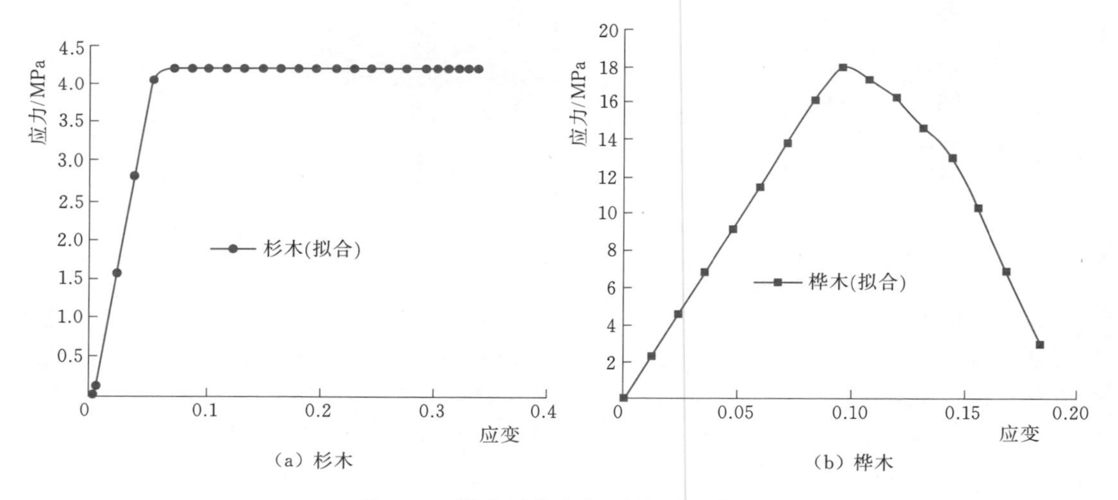


(a) 杉木　　(b) 桦木

图 7.30　数值试验应力-应变关系曲线

#### 7.1.3.2　计算结果及分析

面板垂直缝填料采用杉木时，挠度在竣工期和满蓄期都与不设填缝时的计算结果相近（图 7.31）；顺坝轴向压应力极大值比不设填缝时减小（图 7.32）：竣工期压应力极大值为 9.51MPa，减小约 4.5MPa；满蓄期压应力极大值为 14.23MPa，减小约 3.3MPa。

面板垂直缝填料采用桦木时，竣工期与满蓄期的挠度都与不设竖缝时的计算结果相近（图 7.33）；顺坝轴向压应力与不设竖缝时相比，极大值有所减小（图 7.34）：竣工期顺坝轴向压应力极大值为 10.84MPa，比不设竖缝时减小约 3.2MPa；满蓄期顺坝轴向压应力极大值为 16.89MPa，比不设竖缝时减小约 0.6MPa。

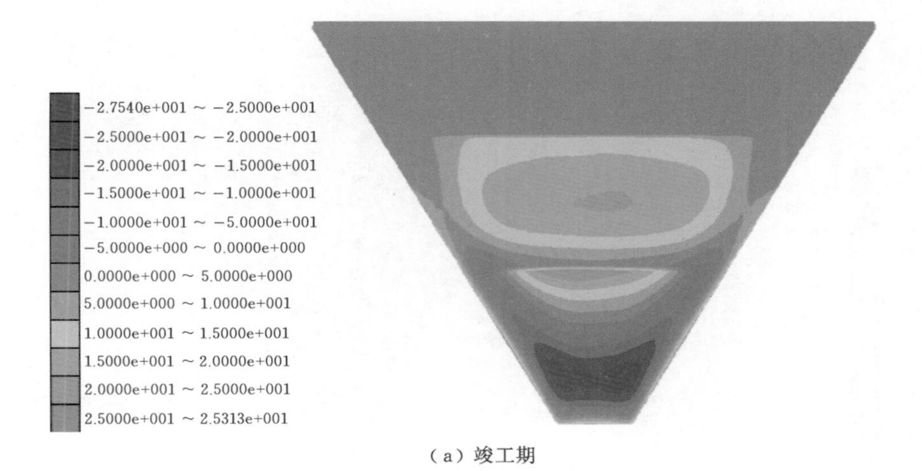


（a）竣工期

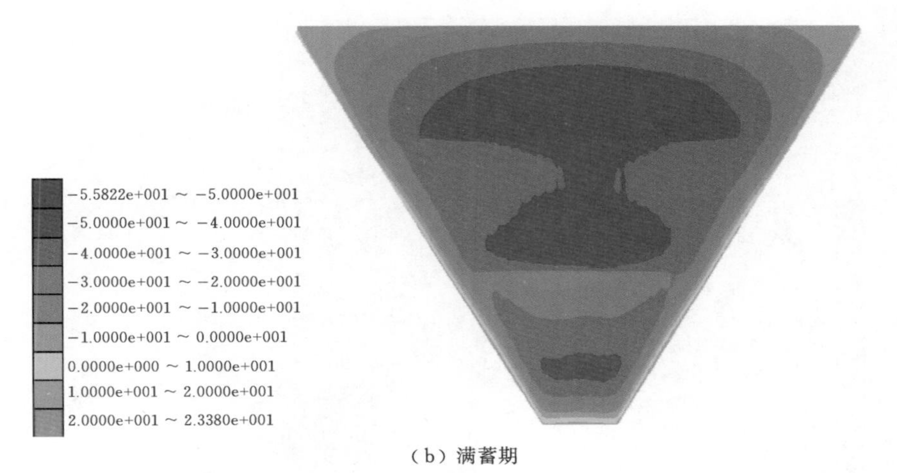


（b）满蓄期

图 7.31　杉木垂直缝填料面板挠度（单位：cm）

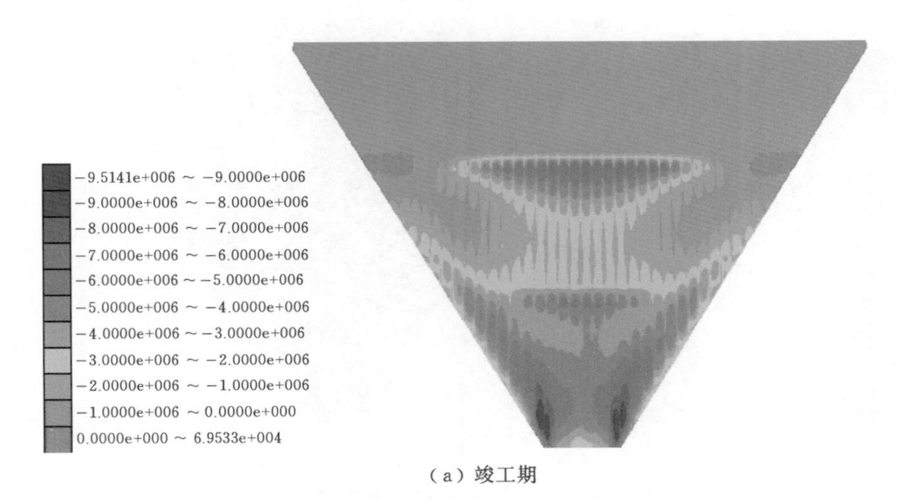


（a）竣工期

图 7.32（一）　杉木垂直缝填料面板顺坝轴向应力分布（单位：Pa）

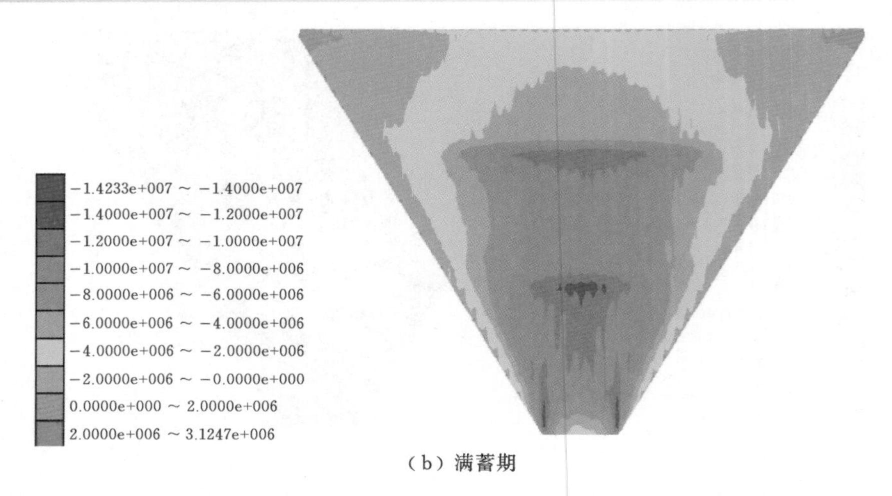


（b）满蓄期

图 7.32（二）　杉木垂直缝填料面板顺坝轴向应力分布（单位：Pa）

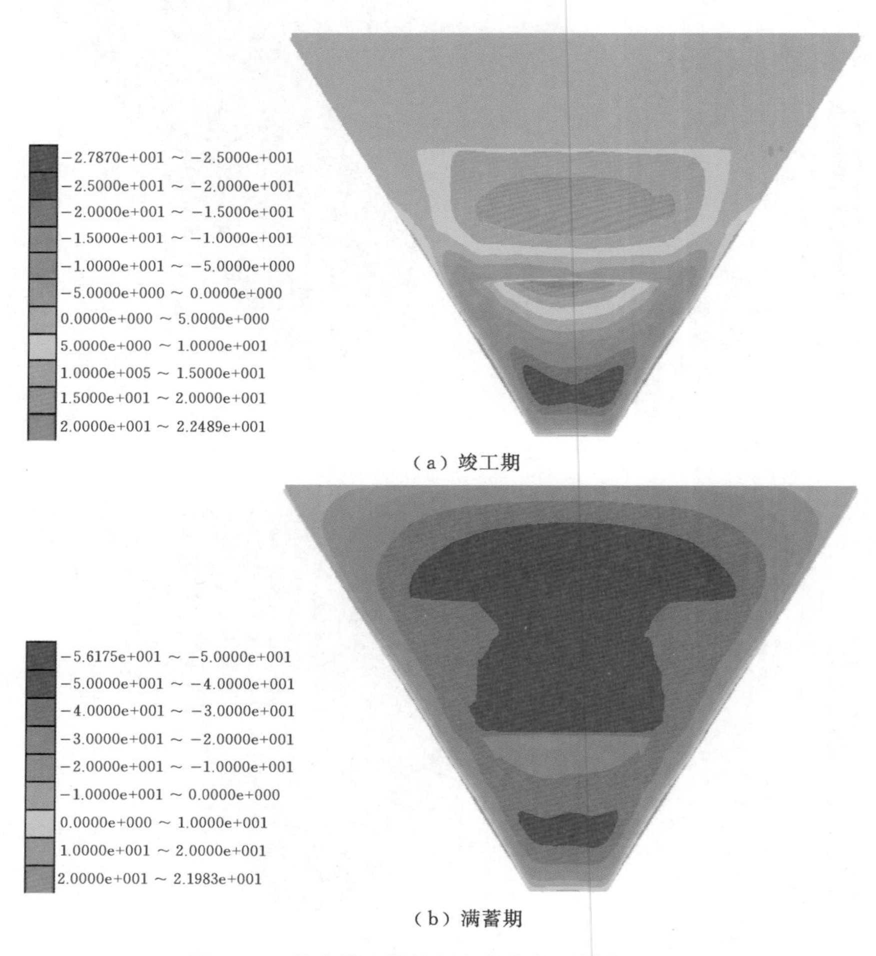


（b）满蓄期

图 7.33　桦木垂直缝填料面板挠度（单位：cm）

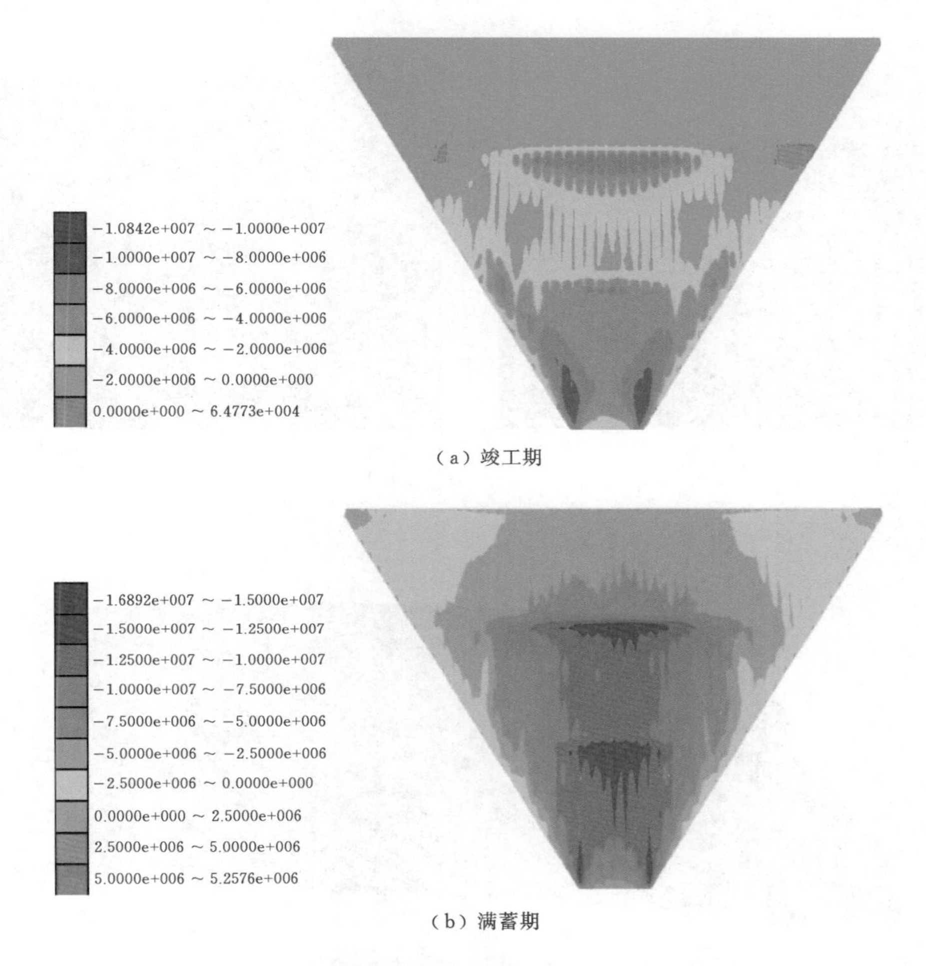


（a）竣工期



（b）满蓄期

图 7.34 桦木垂直缝填料面板顺坝轴向位移分布（单位：Pa）

## 7.2 茨哈峡面板砂砾石坝应力变形分析

### 7.2.1 工程概况及计算网格建立

茨哈峡水电站是一座以发电为主的大型水电枢纽工程，工程规模为Ⅰ等大（1）型工程，水库正常蓄水位 2990m，死水位 2970m，总库容 44.74 亿 $m^3$。枢纽挡水建筑物采用混凝土面板砂砾石坝，坝顶高程 3000m，最大坝高 256m。茨哈峡面板坝筑坝料主要为天然砂砾石料（图 7.35）。

根据工程的设计图纸及相关地质资料，建立了茨哈峡面板砂砾石坝三维计算网格（图 7.36）。茨哈峡网格的网格单元总数达到了 47 万多个，节点数量超过 48 万个，根据标准坝的分区设计以及填筑、蓄水过程，建立了精细化数值模拟网格。为突出防渗体系的重要性，网格划分时对面板、趾板、面板间竖缝（图 7.37）做了重点的细致刻画。

（a）砂砾石料场　　（b）筑坝砂砾石料

图7.35 茨哈峡面板坝筑坝材料现场情况

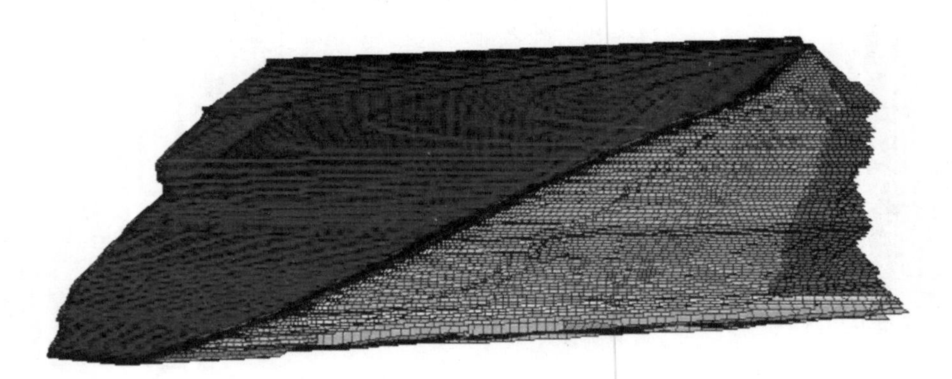

图7.36 茨哈峡大坝三维计算网格

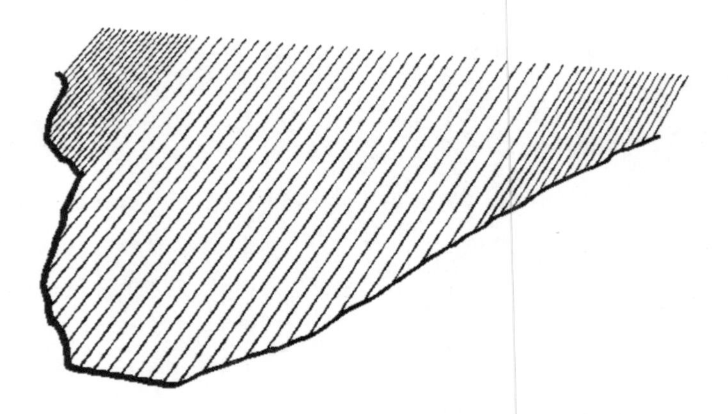

图7.37 茨哈峡大坝计算网格中的面板间竖缝及周边缝

结合现场碾压试验情况拟定了计算参数（表 7.6），考虑面板垂直缝填料为杉木情况下，面板采用强度等级为 C15 的混凝土。施工蓄水及面板浇筑过程根据初步设计进行仿真模拟。

表 7.6 茨哈峡堆石料 E-B 模型计算参数

| 名称 | $\rho$ /(g/cm$^3$) | $\varphi_0$ /(°) | $\Delta\varphi$ /(°) | $K$ | $n$ | $R_f$ | $K_b$ | $m$ |
|---|---|---|---|---|---|---|---|---|
| 上游堆石料 3B | 2.35 | 54.2 | 8.1 | 1500 | 0.36 | 0.74 | 800 | 0.21 |
| 下游堆石料 3C | 2.26 | 52.7 | 8.2 | 1000 | 0.26 | 0.61 | 650 | 0.19 |
| 垫层区 | 2.30 | 51.2 | 5.8 | 1350 | 0.35 | 0.74 | 750 | 0.17 |
| 排水区 | 2.24 | 48.0 | 7.2 | 950 | 0.45 | 0.55 | 500 | 0.24 |
| 反滤区 | 2.30 | 35.0 | 4.5 | 500 | 0.21 | 0.70 | 300 | 0.70 |
| 过渡区 | 2.32 | 53.6 | 8.3 | 1400 | 0.28 | 0.70 | 750 | 0.22 |

#### 7.2.1.1 大坝填筑施工方案

大坝填筑施工方案见表 7.7。

表 7.7 大坝填筑施工方案一览表

| 填筑时段 | 填筑高程 /m | 填筑时间 /月 | 填筑强度 /(万 m$^3$/月) | 月平均升高 /m |
|---|---|---|---|---|
| 第 4 年的 8 月～第 5 年的 6 月 | 2744～2797 | 9 | 52.6 | 4.78～5.89 |
| 第 5 年的 7 月～第 6 年的 6 月 | 2797～2830 | 10 | 58.0 | 3.3 |
| 第 6 年的 7 月～第 7 年的 6 月 | 2830～2860 | 10 | 56.7 | 3.0 |
| 第 7 年的 7 月～第 8 年的 6 月 | 2860～2890 | 10 | 56.5 | 3.0 |
| 第 8 年的 7 月～第 9 年的 6 月 | 2890～2924 | 10 | 55.3 | 3.4 |
| 第 9 年的 7 月～第 10 年的 6 月 | 2924～2960 | 10 | 35.8 | 3.6 |
| 第 10 年的 7 月～第 11 年的 6 月 | 2960～2984 | 10 | 21.9 | 2.4 |
| 第 11 年的 7 月～第 11 年的 9 月 | 2984～2995 | 3 | 6.9 | 3.7 |
| 第 12 年的 6 月～第 12 年的 9 月 | 2995～3000 | 2 | 4.5 | 2.5 |

#### 7.2.1.2 蓄水过程

根据前述的蓄水过程，绘制了蓄水伴随填筑过程曲线（图 7.38）。

#### 7.2.1.3 面板浇筑

表 7.8 为面板浇筑施工方案一览表。

表 7.8 面板浇筑施工方案一览表

| 面板分期 | 分期高程/m | 施工时段 | 历时/月 |
|---|---|---|---|
| 一期面板 | 2744～2840 | 第 7 年的 4—6 月 | 3 |
| 二期面板 | 2840～2940 | 第 10 年的 4—6 月 | 3 |
| 三期面板 | 2940～2995 | 第 12 年的 4—5 月 | 2 |

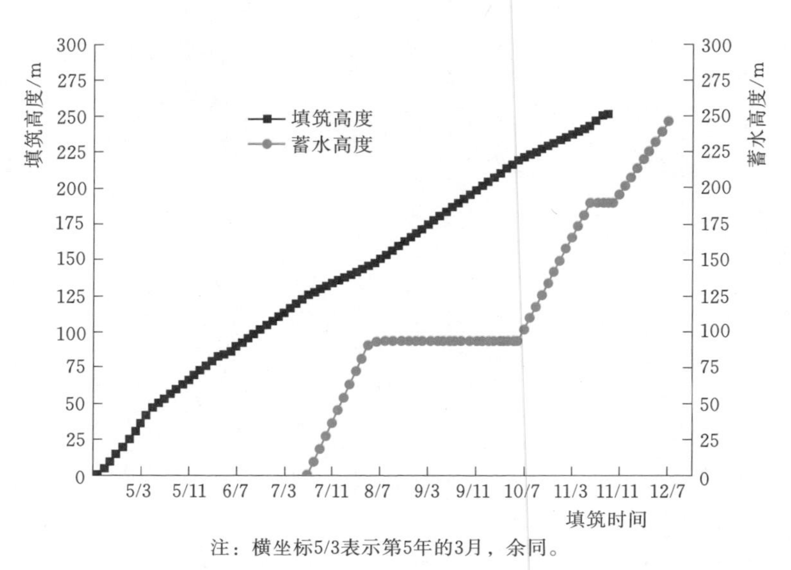


图 7.38　蓄水伴随填筑过程曲线（蓄水时持续填筑）

### 7.2.2　茨哈峡面板坝面板应力变形特性分析

通过计算分析，茨哈峡面板坝的坝体变形和应力在趋势上与类似工程的分布趋势相似，量值上也在合理范围之内。

在竣工期，面板的挠度主要集中在面板中央 1/3 高程的位置，主要是由于竣工期前的蓄水引起，挠度最大值为 32.42cm。面板的顺坝轴向应力在面板两侧 1/2 高程以下位置出现了较大的拉应力区，主要是由于坝肩的坡度较陡峭，坝肩对面板的顺轴向摩擦力分量较小引起的。竣工期面板的挠度、顺坝轴向应力和顺坝坡向应力分布云图见图 7.39～图 7.49。

满蓄期，由于蓄水位升高，面板挠度的极大值区向上移动，挠度的极大值为 51.84cm。由于蓄水压力升高，面板向中央变形增大，从而使面板顺坝轴向的位移进一步

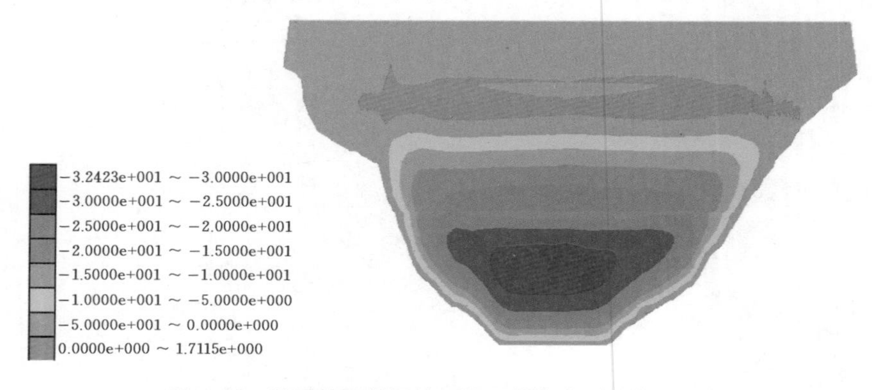


图 7.39　茨哈峡面板坝竣工期面板挠度（单位：cm）

增大。面板顺坝轴向拉应力极值有所增大。满蓄期面板的挠度、顺坝轴向应力和顺坝坡向应力分布云图见图 7.41 和图 7.42。

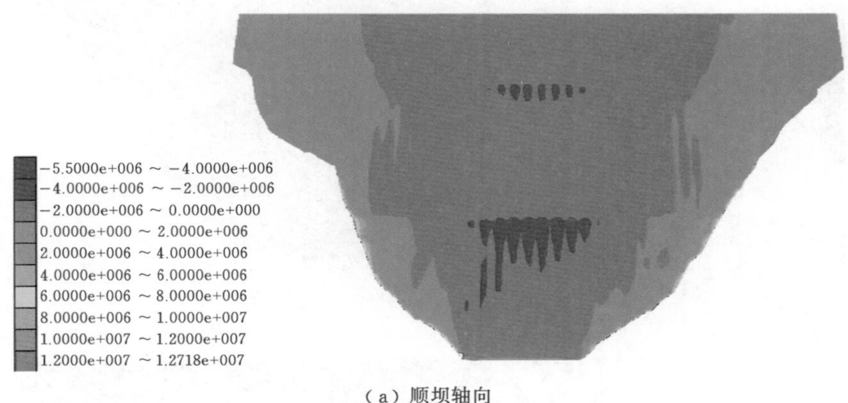


（a）顺坝轴向

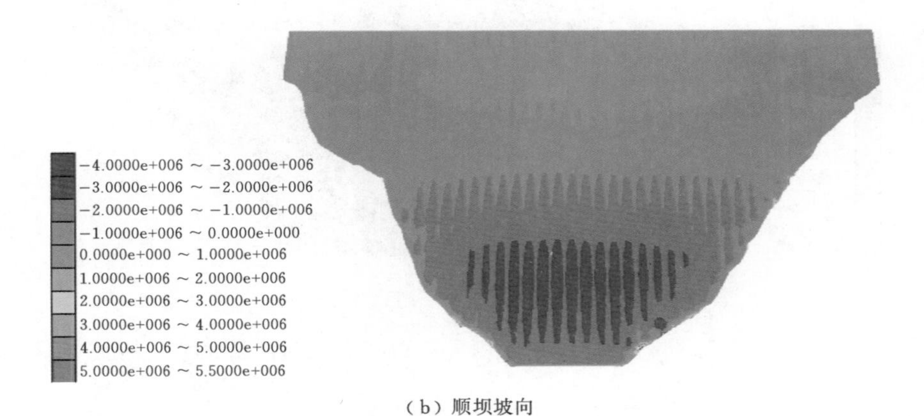


（b）顺坝坡向

图 7.40 茨哈峡面板坝竣工期面板应力（单位：Pa）

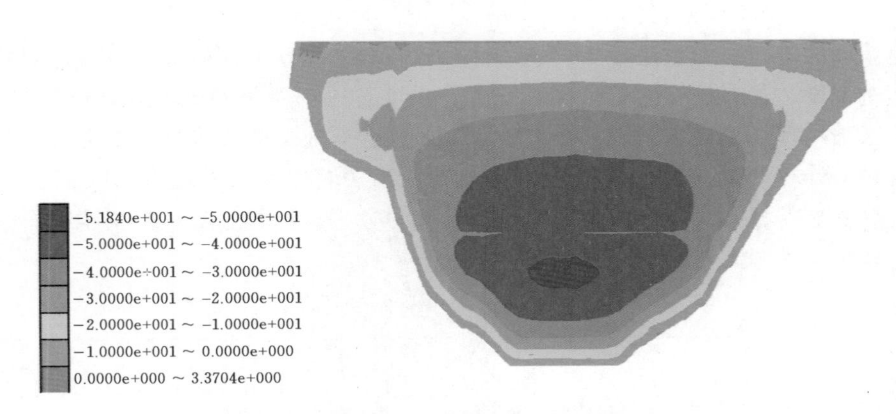


图 7.41 茨哈峡面板坝满蓄期面板挠度（单位：cm）

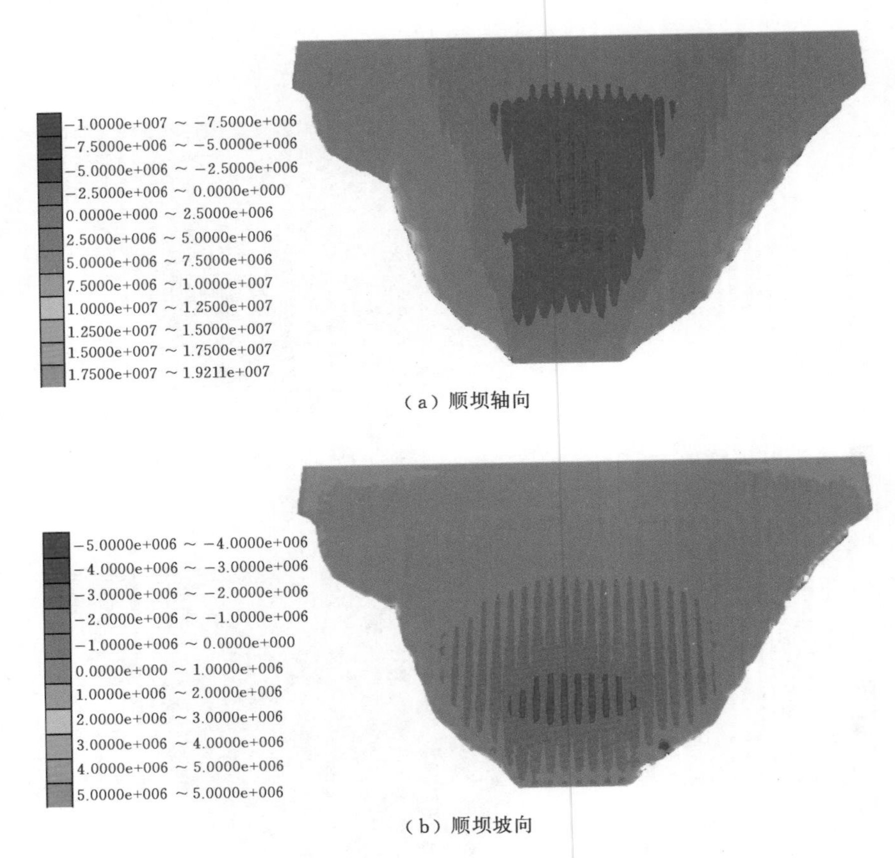

(a) 顺坝轴向


(b) 顺坝坡向

图 7.42 茨哈峡面板坝满蓄期面板应力(单位:Pa)

### 7.2.3 茨哈峡面板堆石坝设计优化

#### 7.2.3.1 次堆石区填筑材料优化

上述计算的堆石料参数是根据现场天然砂砾石料来拟定的。砂砾石料可达到较高的干密度和相对密度，具有较好的压实性。若主、次堆石区都采用砂砾石料，则用料量较大；若次堆石区采用现场爆破和附近料场的块石料，则会有较好的经济性。根据设计资料，拟定了块石料的计算参数（表 7.9）。为了考虑在使用块石料填筑次堆石区时面板的应力变形是否会有明显差异，次堆石区使用块石料计算参数进行计算分析。竣工期和满蓄期的应力变形计算结果见图 7.43～图 7.58。

表 7.9 块石料计算参数

| 名称 | $\rho$ /(g/cm³) | $\varphi_0$ /(°) | $\Delta\varphi$ /(°) | $K$ | $n$ | $R_f$ | $K_b$ | $m$ |
|---|---|---|---|---|---|---|---|---|
| 下游堆石料 3C（块石料） | 2.23 | 50.0 | 10.0 | 800 | 0.25 | 0.75 | 560 | 0.15 |

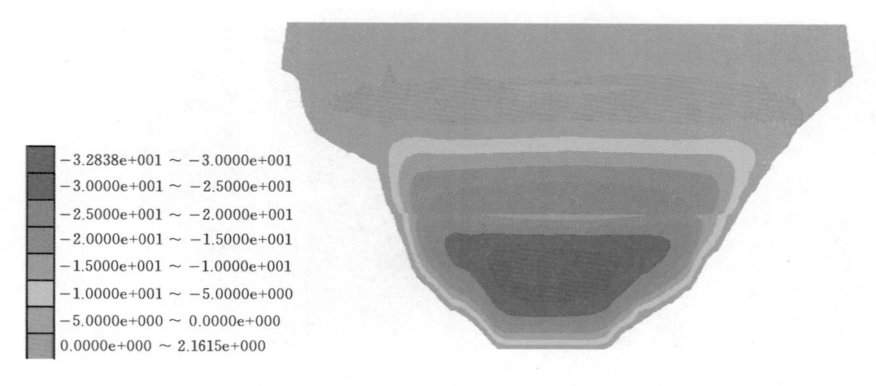


图 7.43　茨哈峡面板坝填筑材料优化后竣工期面板挠度（单位：cm）

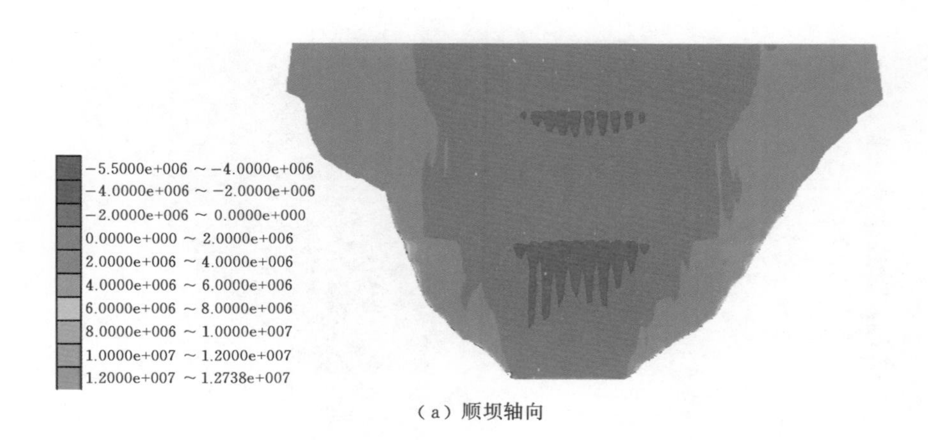


（a）顺坝轴向

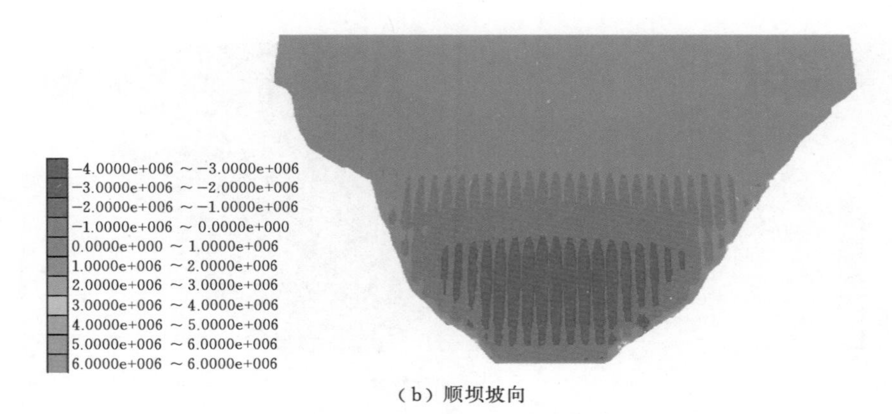


（b）顺坝坡向

图 7.44　茨哈峡面板坝填筑材料优化后竣工期面板应力分布（单位：Pa）

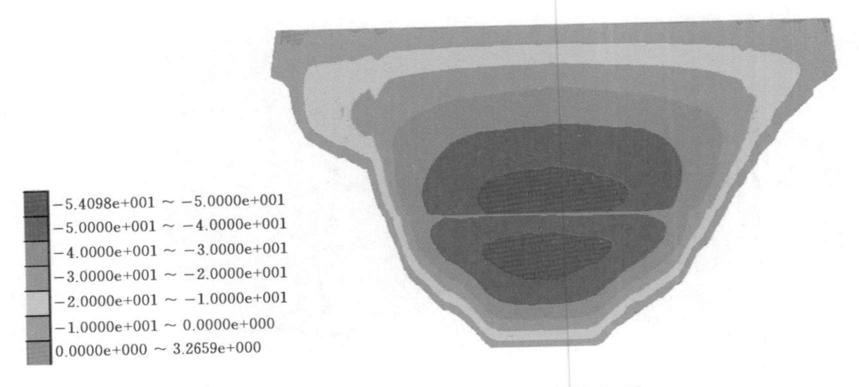


图 7.45　茨哈峡面板坝填筑材料优化后
满蓄期面板挠度（单位：cm）

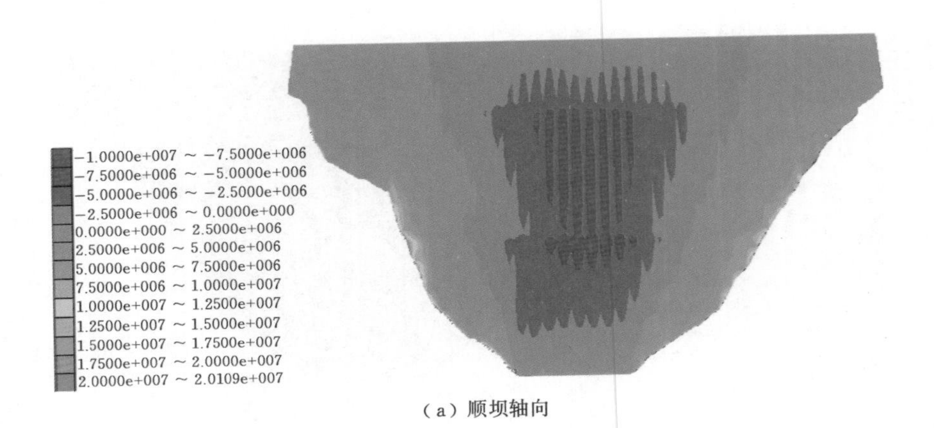


（a）顺坝轴向

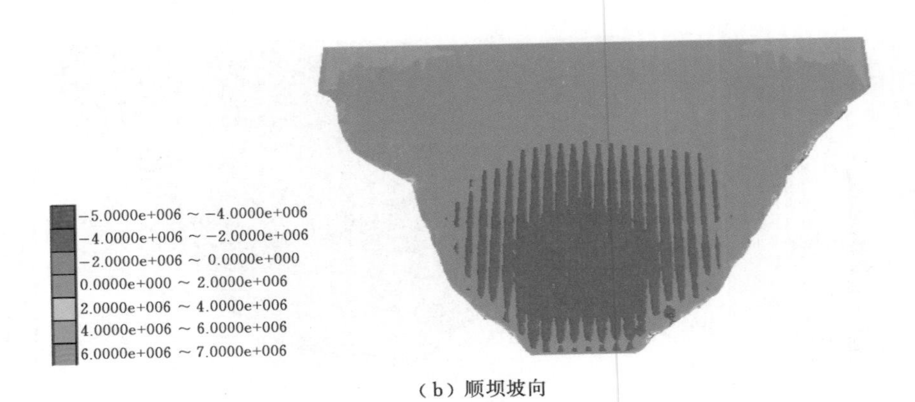


（b）顺坝坡向

图 7.46　茨哈峡面板坝填筑材料优化后
满蓄期面板应力分布（单位：Pa）

与次堆石区采用砂砾石料的方案相比，面板的挠度在极值和分布趋势上差异都不大。顺坝轴向的压应力极大值分布区域略有扩大，但是极大值基本相等。顺面板坡向应力的拉应力极大值略有增大，但是增大量值很小。总体上，采用块石料作为次堆石区填筑材料，对面板的应力变形影响不明显。考虑到经济更优，建议采用块石料作为次堆石区的填筑材料。

#### 7.2.3.2 蓄水过程优化

上述计算中，在蓄水时坝体填筑依然在持续。为了使坝体充分适应蓄水产生的应变，拟定了在每期面板填筑后蓄水至蓄水位、期间不继续填筑的方案，蓄水伴随填筑过程曲线见图 7.47；在次堆石区填筑料采用块石料的情况下进行计算。

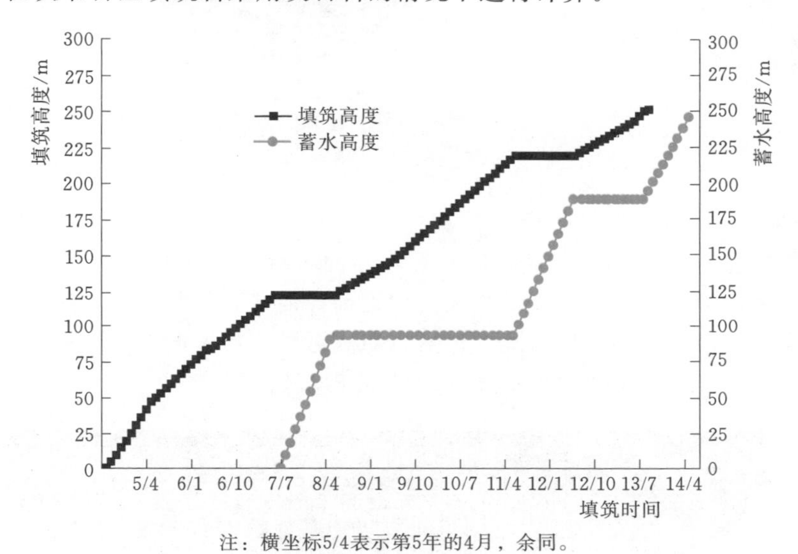


图 7.47 蓄水伴随填筑过程曲线（蓄水时不填筑）

通过计算，该蓄水方案在满蓄期的面板挠度比原蓄水方案有一定减小。顺坝轴向的应力极大值比原方案减小，极值区范围也比原方案有所缩小。满蓄期挠度及顺坝轴向应力分布见图 7.48 和图 7.49。因此，建议在施工时间充裕的条件下，在蓄水时停止继续填筑，以使坝体充分适应蓄水压力，从而减小面板的挠度和顺坝轴向应力。

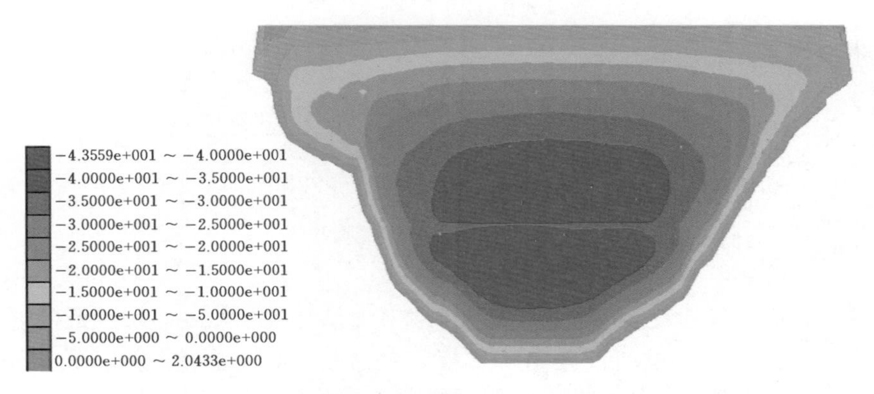


图 7.48 茨哈峡面板坝蓄水过程优化后满蓄期面板挠度（单位：cm）

图 7.49 茨哈峡面板坝蓄水过程优化后满蓄期
面板顺坝轴向应力分布云图（单位：Pa）

#### 7.2.3.3 设置碾压增模区

通过之前的计算分析，茨哈峡面板堆石坝在面板两侧 1/2 坝高以下会有拉应力集中区，主要是由坝肩坡度的急剧改变造成的。根据前面的研究，坝肩的陡峭造成了坝体向中间的位移增大，从而导致面板应力集中。可以对靠近坝肩位置的坝体设置碾压增模区，减小坝肩坡度（图 7.50）。蓄水依然采用图 7.38 的蓄水过程。

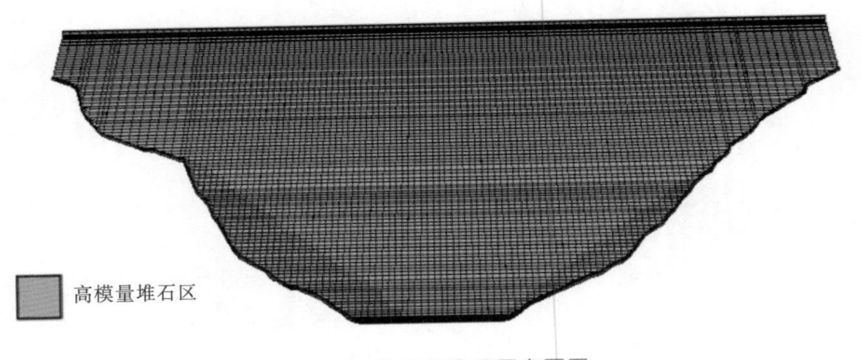


图 7.50 高模量堆石区布置图

碾压增模区的参数选取见表 7.10。

表 7.10 碾压增模区计算参数

| 名　称 | $\rho$ /(g/cm³) | $\varphi_0$ /(°) | $\Delta\varphi$ /(°) | $K$ | $n$ | $R_f$ | $K_b$ | $m$ |
|---|---|---|---|---|---|---|---|---|
| 碾压增模区 | 2.35 | 54.2 | 8.1 | 3000 | 0.36 | 0.74 | 800 | 0.21 |

通过计算，高模量堆石区的设置使面板的挠度极大值有所减小，极大值的分布范围也进一步缩小，见图 7.51，这主要是由于增模区对面板产生了支撑作用。设置增模区后，面板的顺坝轴向应力极大值明显减小，极大值区范围也大幅缩小，见图 7.52。

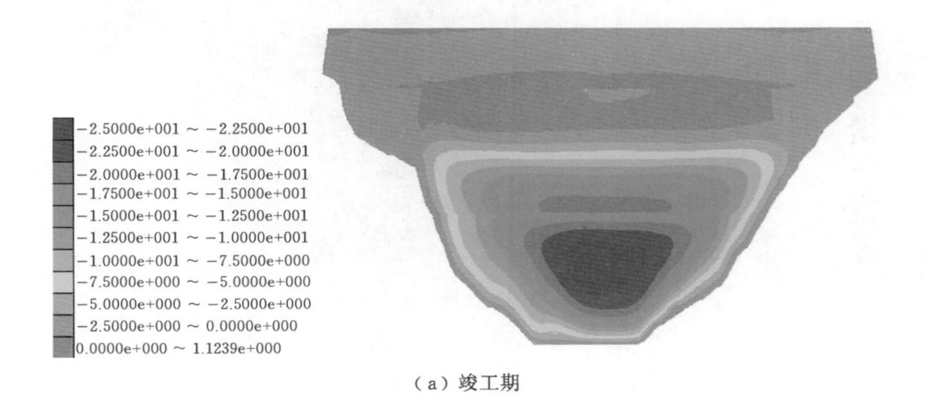


（a）竣工期

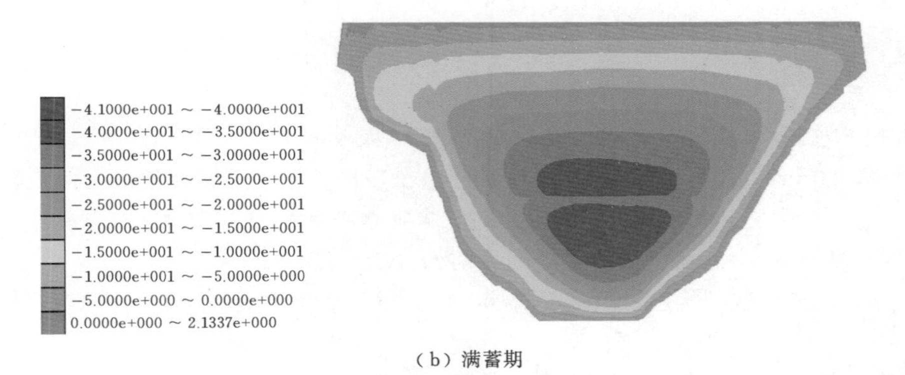


（b）满蓄期

图 7.51 设置高模量堆石区后的面板挠度分布云图（单位：cm）

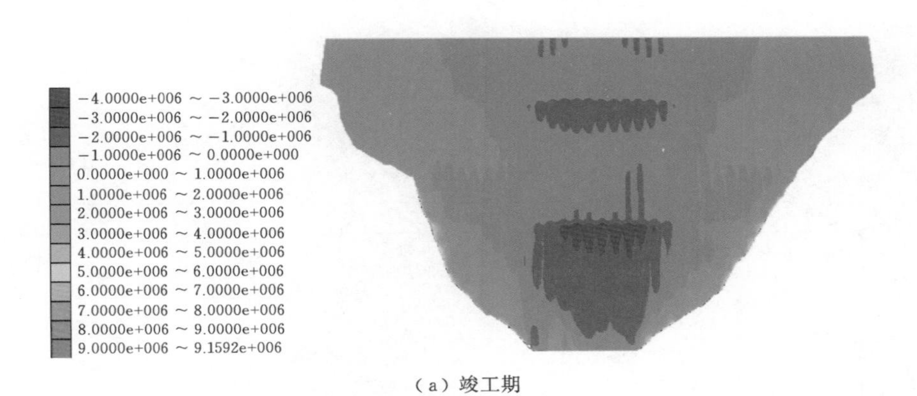


（a）竣工期

图 7.52（一） 设置高模量堆石区后的面板顺坝轴向应力分布云图（单位：cm）

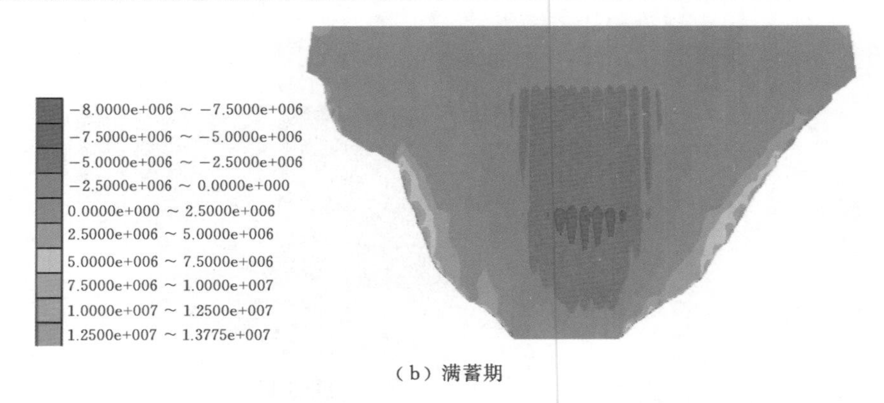


（b）满蓄期

图 7.52（二） 设置高模量堆石区后的面板顺坝轴向应力分布（单位：cm）

## 7.3 某面板堆石坝应力变形分析

### 7.3.1 工程概况

坝址地貌上为底部宽阔的槽形谷地，两岸岸坡不对称，岸坡陡峻，坡度一般大于50°。河床宽230m，两岸基岩裸露，左岸坝肩山梁较窄，右岸宽厚。地形岩性为较完整坚硬的灰岩、白云质灰岩和石英砂岩。河床第四系的松散堆积物砂卵砾石层最大深度达93m。坝址区地震基本烈度为Ⅷ度，大坝设防烈度为Ⅸ度。

根据工程所处地区的特点，现阶段同等深度比较的坝型为混凝土面板砂砾石-堆石坝和碾压式沥青混凝土心墙砂砾石坝。枢纽主要建筑物有拦河坝（面板砂砾石-堆石坝）、溢洪洞、中孔泄洪洞、深孔泄洪洞、发电引水洞和厂房等。水库正常蓄水位1820m，最大坝高164.8m，总库容22.45亿$m^3$，控制灌溉面积412.7万亩，电站装机容量690MW，设计年发电量22.65亿kW·h。工程属Ⅰ等大（1）型工程。图7.53为某面板堆石坝横剖面示意图。

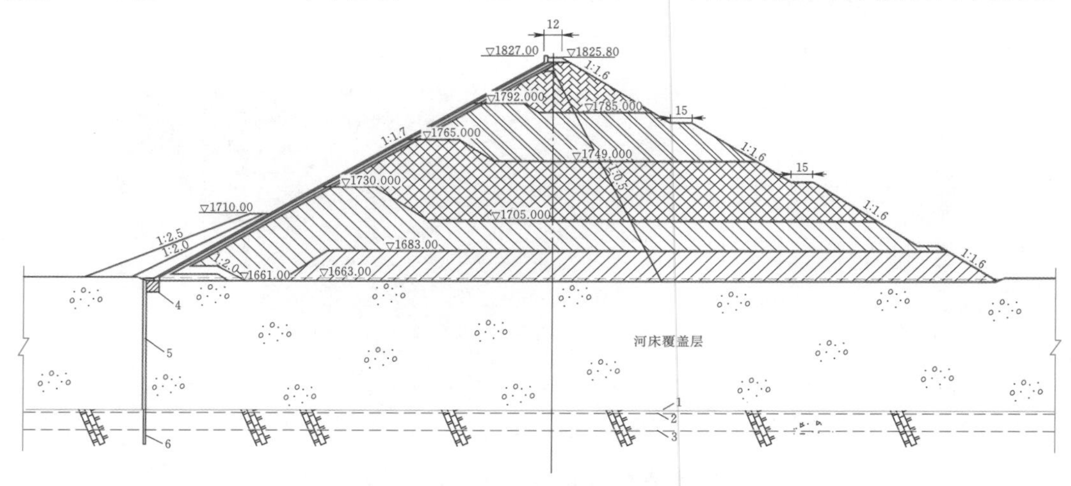


图 7.53 某面板堆石坝横剖面示意图（单位：m）

1—基岩线；2—强风化下限；3—弱风化下限；4—固结灌浆；5—混凝土防渗墙；6—帷幕灌浆

## 7.3.2 坝体三维应力变形计算

### 7.3.2.1 计算网格及参数

根据某面板堆石坝的坝体剖面、平面布置，结合坝基地形、材料分区、填筑过程等建立了三维有限元应力变形分析网格（图 7.54）。计算网格包括 51151 个单元、45786 个节点。三维网格中对面板的垂直竖缝（图 7.55）进行了精细刻画，共划分了 2282 个单元、6110 个节点。

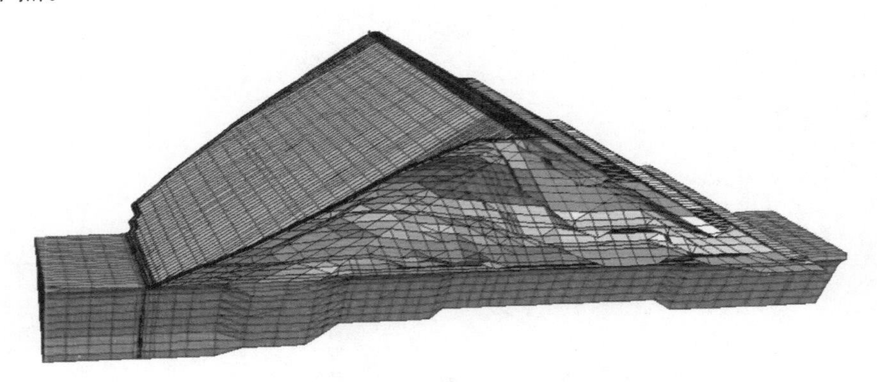

图 7.54 某面板堆石坝三维有限元应力变形分析网格

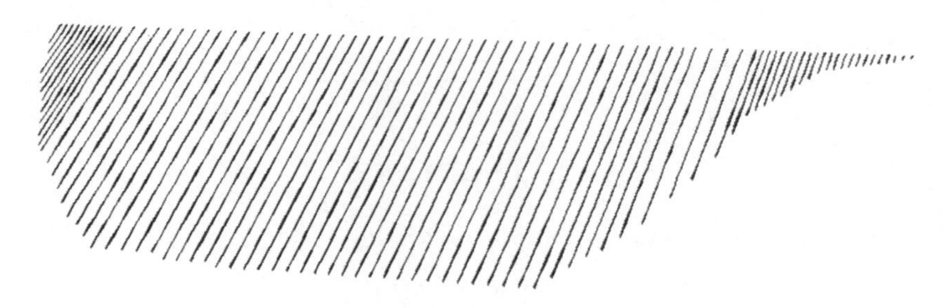

图 7.55 三维分析网格中面板垂直竖缝

计算分析和成果表述采用笛卡尔直角坐标系，并以沿坝轴线方向从左岸到右岸为 $x$ 坐标正向，以沿河道从上游到下游为 $y$ 坐标正向。竖直向从低海拔到高海拔为 $z$ 坐标正向。

根据工程的设计资料和室内试验，得出了计算所需的计算参数。该坝以砂砾石料为主堆石坝料，以爆破料为次堆石区坝料，主要参数见表 7.11。

表 7.11 某面板坝计算使用的邓肯 E-B 模型参数

| 分区 | $K$ | $K_{ur}$ | $k_b$ | $n$ | $m$ | $R_f$ | $\varphi_0$ /(°) | $\Delta\varphi$ /(°) | $\rho$ /(g/cm³) |
|---|---|---|---|---|---|---|---|---|---|
| 垫层料 | 1500 | 3000 | 1050 | 0.55 | 0.20 | 0.912 | 52.5 | 7.9 | 2.27 |
| 过渡料 | 1500 | 3000 | 1050 | 0.55 | 0.20 | 0.912 | 44.4 | 2.7 | 2.27 |
| 砂砾料 | 1350 | 2700 | 900 | 0.49 | 0.05 | 0.916 | 43.9 | 2.5 | 2.26 |
| 爆破堆石料 | 1000 | 2000 | 500 | 0.53 | 0.13 | 0.927 | 48.5 | 6.1 | 2.20 |
| 覆盖层 | 2500 | 5000 | 1650 | 0.49 | 0.05 | 0.916 | 43.9 | 2.5 | 2.10 |

坝体填筑分期见表7.12。

表7.12 坝体填筑分期

| 填筑分期 | 填筑时段 | 填筑高程/m | 平均上升高度/(m/月) |
|---|---|---|---|
| 第Ⅰ期 | 第2年的6月1日～第3年的2月28日 | 1683.00 | 3.14 |
| 第Ⅱ期 | 第3年的3月1日～11月30日 | 1730.00 | 7.67 |
| 第Ⅲ期 | 第4年的2月1日～第5年的3月31日 | 1765.00 | 5.00 |
| 第Ⅳ期 | 第5年的4月1日～11月30日 | 1792.00 | 5.38 |
| 第Ⅴ期 | 第6年的4月1日～9月30日 | 1822.30 | 7.55 |
| 第Ⅵ期 | 第7年的5月1日～5月30日 | 1825.60 | 3.30 |

填筑分期的横剖面示意图见图7.56。

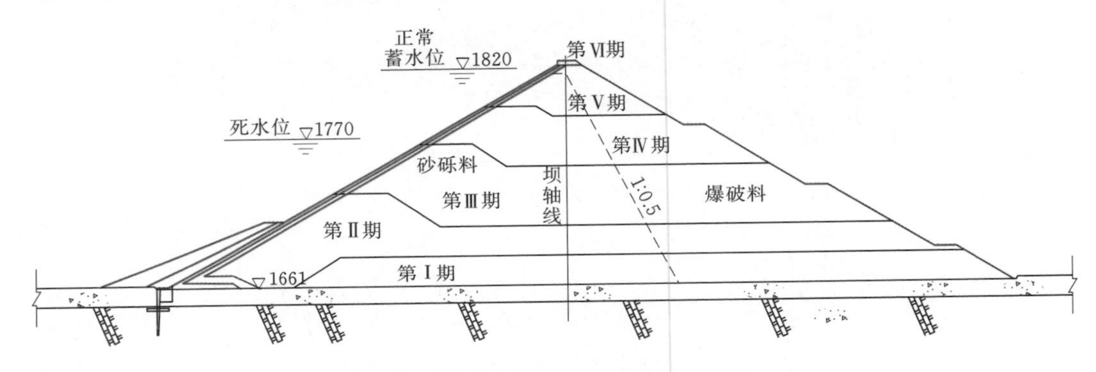


图7.56 填筑分期的横剖面示意图（单位：m）

面板填筑分期见表7.13。

表7.13 面板填筑分期

| 填筑分期 | 填筑时段 | 填筑高程/m | 平均上升高度/(m/月) |
|---|---|---|---|
| 第Ⅰ期 | 第4年的3月1日～5月31日 | 1729.00 | 2.06 |
| 第Ⅱ期 | 第6年的3月1日～5月31日 | 1791.00 | 1.26 |
| 第Ⅲ期 | 第7年的3月1日～4月30日 | 1822.30 | 0.93 |

#### 7.3.2.2 计算结果整理

坝体应力变形计算分析成果的整理主要针对竣工期和满蓄期。计算结果整理均采用国际标准单位，数据使用科学计数法表示，压应力用负值表示，拉应力用正值表示。

计算结果的整理选取河谷横断面（$x=0$）以及沿坝轴线的纵断面（$y=0$），具体位置见图7.57和图7.58。

**1. 竣工期应力变形结果整理**

竣工期坝体应力变形的计算成果见图7.59～图7.63。

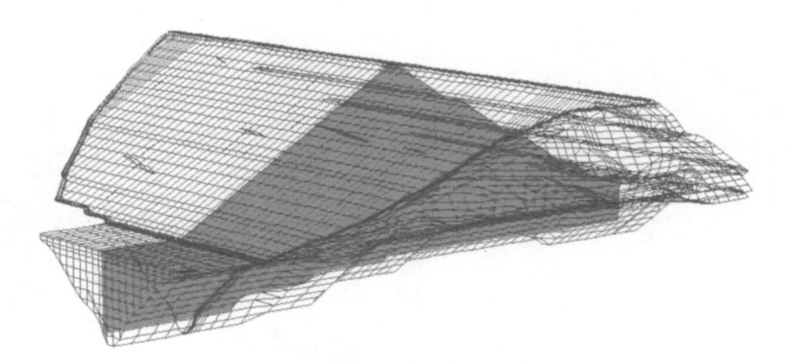

图 7.57 河谷横断面示意图

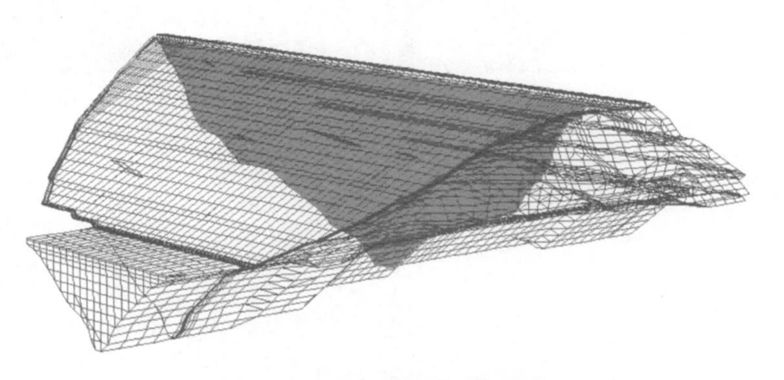

图 7.58 沿坝轴线的纵断面示意图

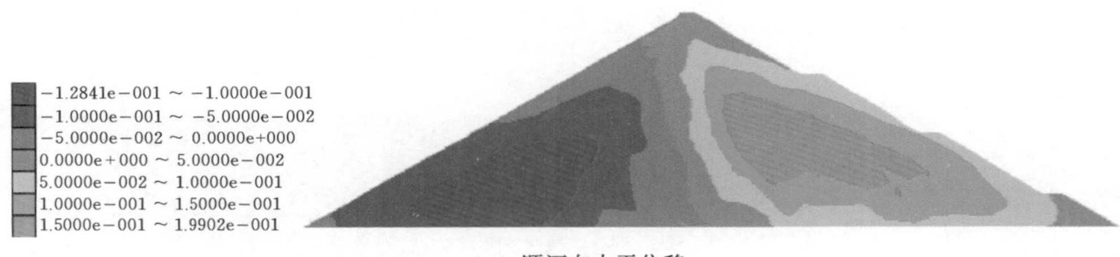


（a）顺河向水平位移

（b）沉降值

图 7.59 竣工期河谷横断面变形分布（单位：m）

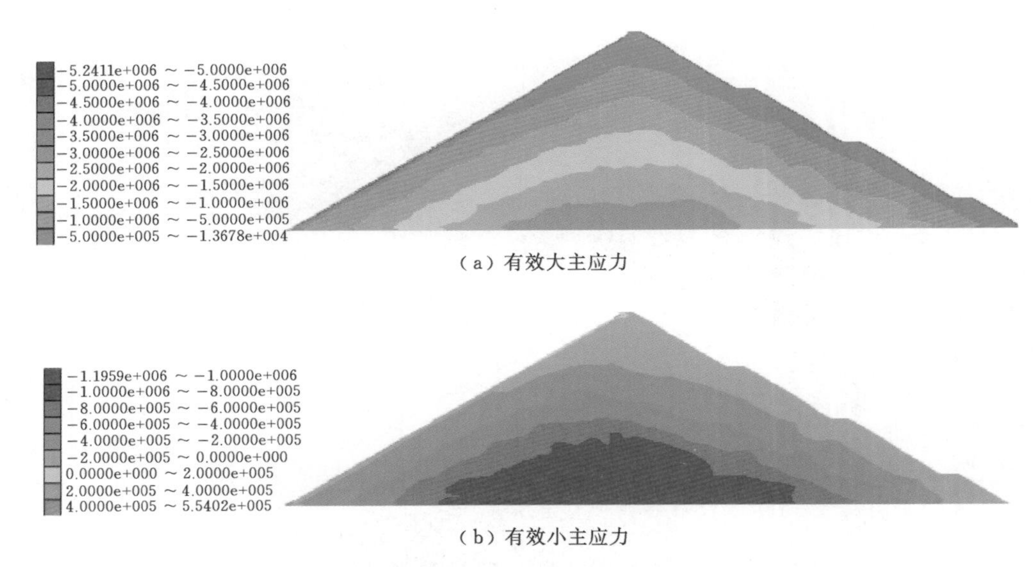


（a）有效大主应力

（b）有效小主应力

图 7.60　竣工期河谷横断面应力分布（单位：Pa）

图 7.61　竣工期河谷横断面应力水平分布

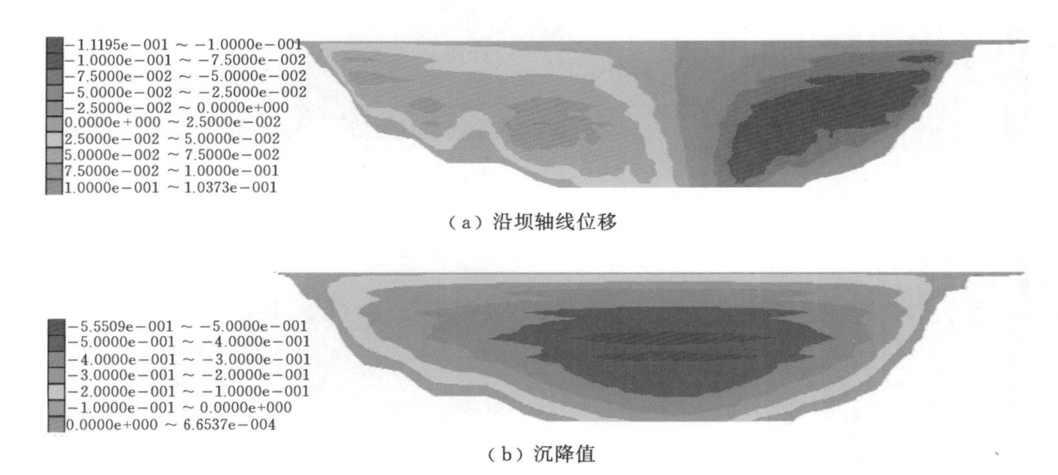


（a）沿坝轴线位移

（b）沉降值

图 7.62　竣工期沿坝轴线的纵剖面变形分布（单位：m）

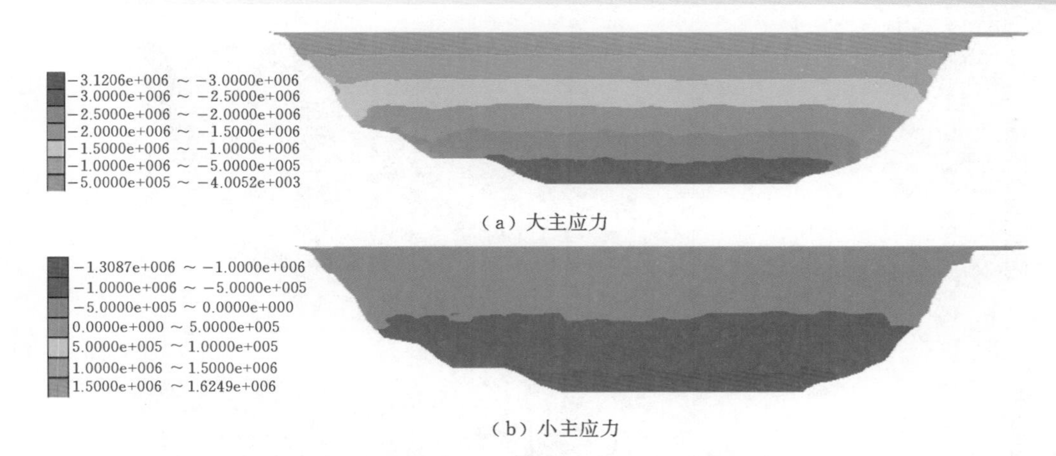


（a）大主应力

（b）小主应力

图 7.63　竣工期沿坝轴线的纵剖面应力分布（单位：Pa）

根据计算结果，竣工期最大沉降值为 0.593m，沉降最大值区位于坝体中部 1/2 坝高偏上的位置。顺河向水平位移分为指向上游位移和指向下游位移两个区域，其位移趋势主要表现为：上游堆石的位移指向坝体上游侧，下游堆石区的位移指向坝体下游侧；指向上游的位移主要集中在上游堆石区 1/3 坝高位置，最大值为 0.128m；指向下游的位移主要集中在下游堆石 1/2 坝高位置，最大值为 0.199m。顺坝轴线方向的水平位移分布呈沿坝轴线中央基本对称的两个最大值区域，均位于坝体 1/2 坝高位置，左岸堆石区指向右岸方向的位移最大值为 0.104m，右岸堆石区指向左岸的位移最大值为 0.112m。坝体大主应力的最大值区位于坝体底部，最大值为 3.121MPa；坝体小主应力极大值区同样位于坝体底部，最大值为 1.309MPa。

竣工期面板的应力变形分布见图 7.64～图 7.66。

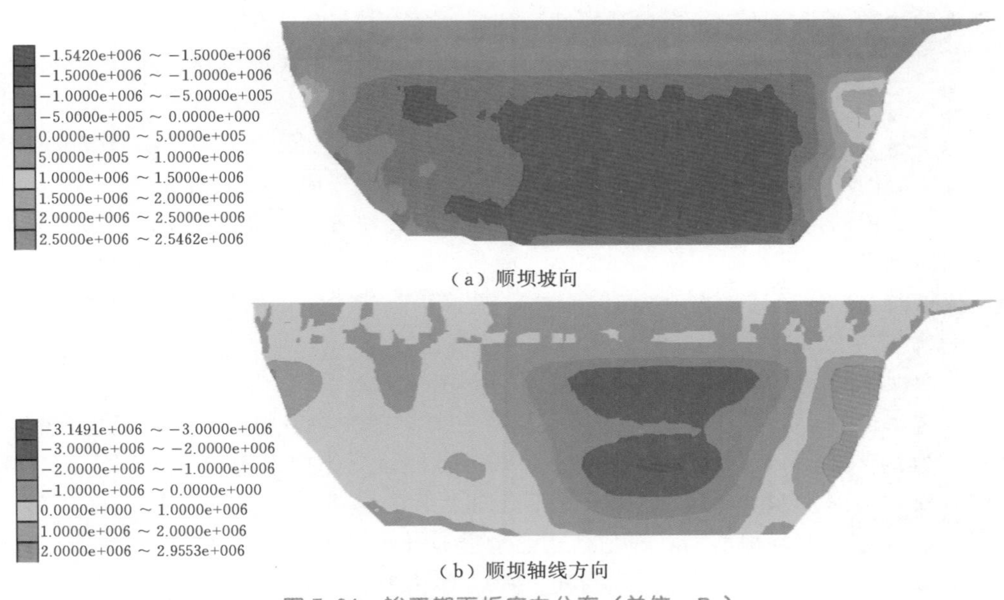


（a）顺坝坡向

（b）顺坝轴线方向

图 7.64　竣工期面板应力分布（单位：Pa）

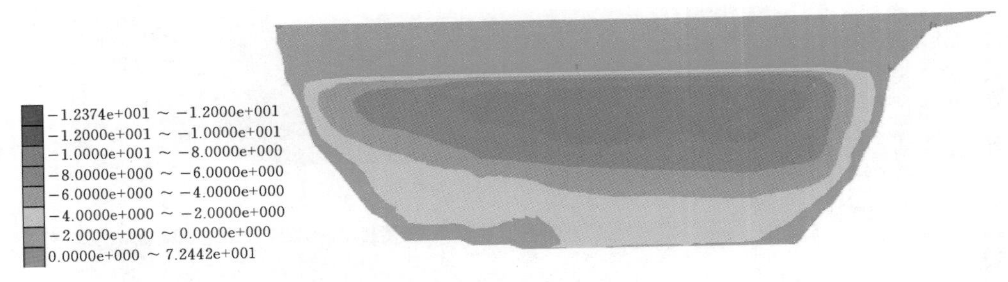


图 7.65 竣工期面板挠度（单位：cm）

图 7.66 竣工期面板顺坝轴线方向位移（单位：m）

竣工期面板大部分区域为沿坝轴线方向和沿坝坡方向的双向受压区。

面板顺坝坡向应力为拉性区和压性区：拉性区主要分布于右岸坝肩坡度较陡位置，最大拉应力为1.5MPa，这主要是由于坝体中央沉降较大，向下拖拽右岸面板，右岸坝肩坡度较陡处竖向支撑力较小，出现了拉性区极大值区；压性区大值区位于面板中央1/4坝高位置，最大压应力为1.542MPa，这主要是坝体下沉产生对下部面板向下挤压的作用，形成了压应力极大值区。

面板顺坝轴线方向的应力也包括拉性区和压性区：拉性区主要位于右岸坝肩坡度较陡的位置，最大拉应力为2MPa，这主要是由于坝体向坝轴线中央的位移，对坝肩处面板产生拉应力，右岸坝肩坡度陡峻处水平拉应力分量较大，形成拉应力极大值区；压性区主要位于面板中央1/3坝高位置，最大压应力为3.149MPa，这主要是为坝体沉降导致两岸面板向河谷中心的位移，从而产生向内挤压的作用，形成了压应力极大值区。

竣工期面板的挠度极大值区位于面板中央2/3坝高位置，最大值为12.37cm，这主要是由于坝体沉降引起面板向坝体内部凹陷。面板的顺轴向位移极值区位于坝轴中央两侧，左岸面板指向右岸的位移最大值为10.93cm，右岸面板指向左岸的位移最大值为14.2cm。

**2. 满蓄期应力变形结果整理**

满蓄期坝体的应力变形计算成果见图7.67～图7.71。

水库蓄水以后，满蓄期坝体沉降极大值区主要集中在坝体中央2/3坝高的位置，最大沉降值为0.702m，较竣工期略有增加。顺河向位移分为向上游位移和向下游位移两个区域。受到水库蓄水影响，上游堆石区指向上游的水平位移减小，极值区下移；堆石体指向下游的水平位移增加，极值区上移。指向上游位移主要集中在上游堆石区1/3坝高偏下位置，最大值为0.091m，指向下游位移主要集中在下游堆石区1/2坝高偏上位置，最大值为0.396m。顺坝轴线方向位移的两个极值区沿坝轴线中央基本对称，受

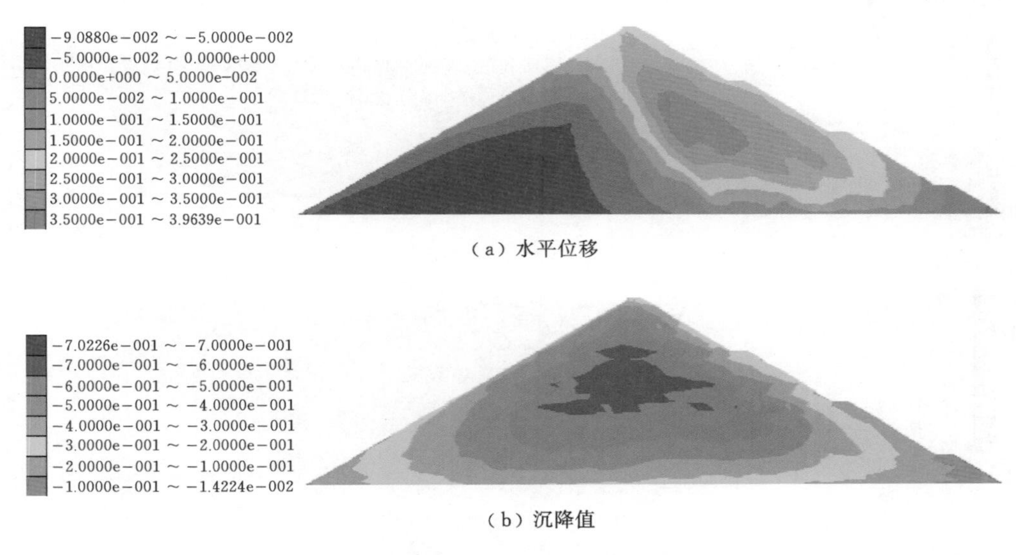

（a）水平位移

（b）沉降值

图 7.67　满蓄期河谷横断面变形分布（单位：m）

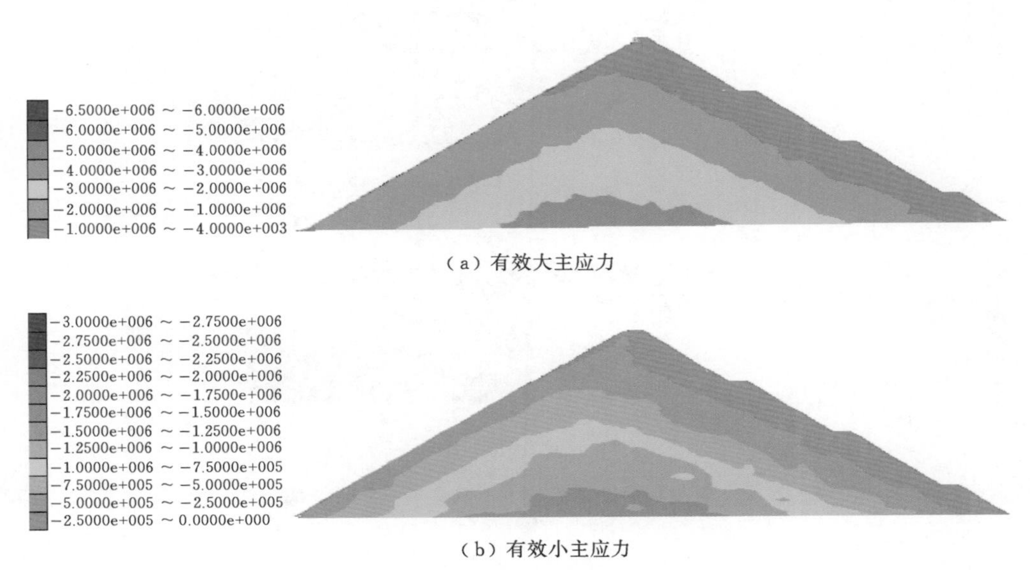

（a）有效大主应力

（b）有效小主应力

图 7.68　满蓄期河谷横断面应力分布（单位：Pa）

图 7.69　满蓄期横断面应力水平分布

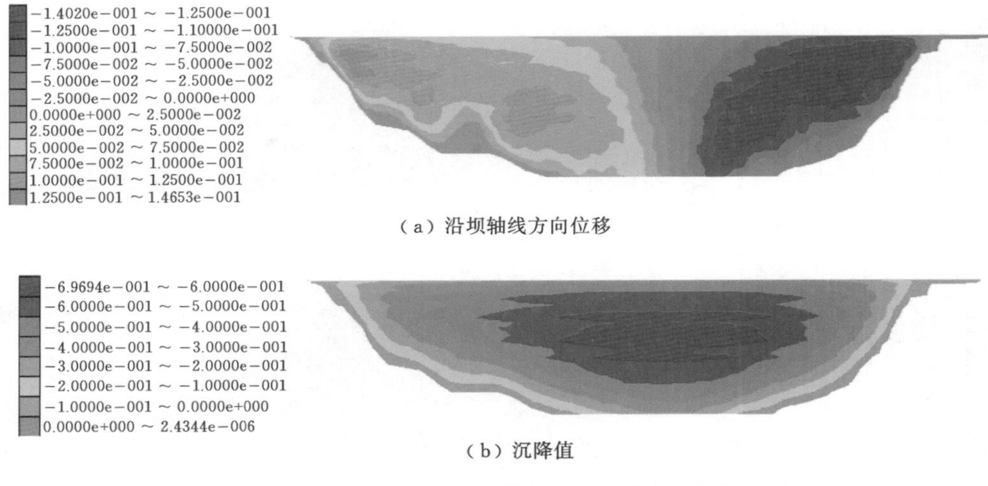


（a）沿坝轴线方向位移

（b）沉降值

图 7.70　满蓄期沿坝轴线的纵剖面变形分布（单位：m）

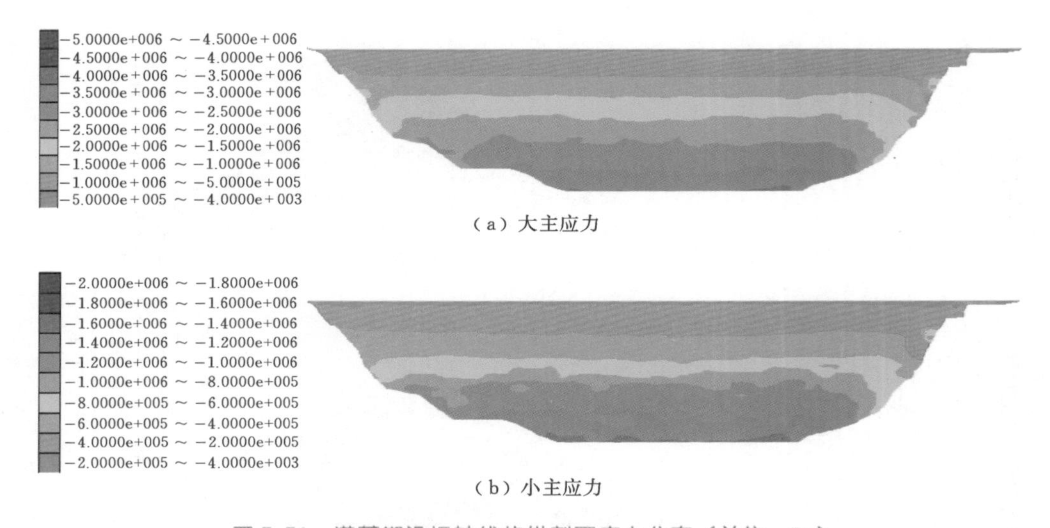


（a）大主应力

（b）小主应力

图 7.71　满蓄期沿坝轴线的纵剖面应力分布（单位：Pa）

蓄水影响，堆石体沿坝轴线方向指向河谷中央的位移值都有所加大。极值区均位于坝体 1/2 坝高位置，左岸堆石区指向右岸的位移最大值为 0.147m，右岸堆石区指向左岸的位移最大值为 0.140m。坝体大主应力的极大值区位于坝体底部，最大值为 5MPa；坝体小主应力极大值区同样位于坝体底部，最大值为 2MPa；坝体大、小主应力都较竣工期时有所增大。

满蓄期面板应力变形分布趋势见图 7.72～图 7.74。

满蓄期面板的顺坝坡向应力仍分为拉性区和压性区。受水库蓄水影响，面板拉、压应力数值有所增加，极值区位置与竣工期大致相同。拉性区主要分布于右岸坝肩坡度较陡位置，最大拉应力为 2.5MPa。压性区大值区位于面板中央 1/4 坝高位置，最大压应力为 3.27MPa。

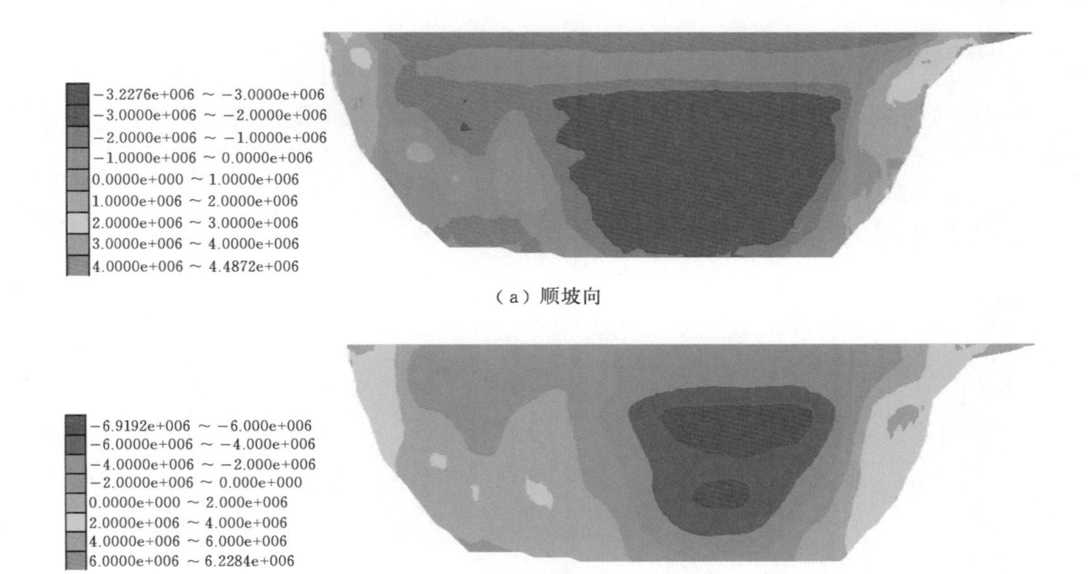


（a）顺坡向

（b）顺坝轴线方向

图 7.72　满蓄期面板应力分布（单位：Pa）

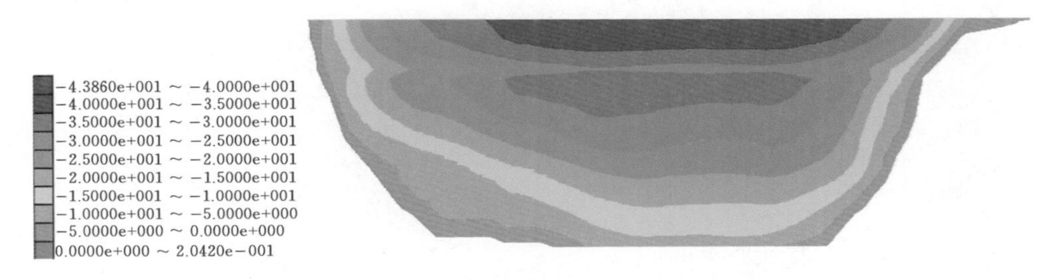


图 7.73　满蓄期面板挠度（单位：cm）

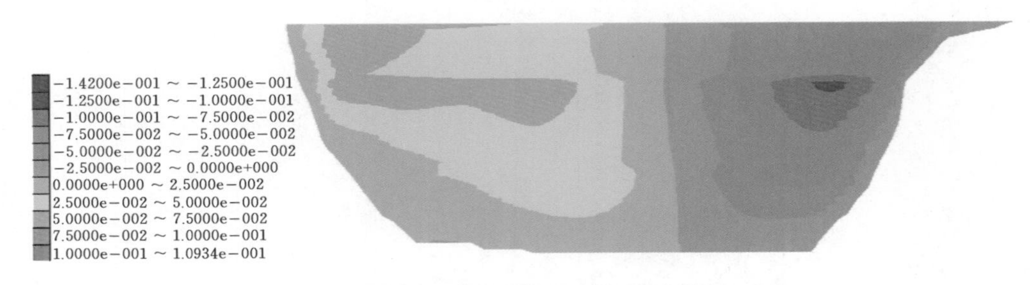


图 7.74　满蓄期面板顺坝轴线方向变形（单位：m）

满蓄期，面板顺坝轴线方向的应力也因蓄水影响数值有所增大，拉、压应力极大值区的分布位置与竣工期相近：拉性区主要位于右岸坝肩坡度较陡的位置，最大拉应力接近3MPa；压性区主要位于面板中央1/3坝高位置，最大压应力为6.92MPa。

满蓄期面板挠度的最大值为43.86cm。面板顺坝轴线从左岸到右岸位移最大值为11cm，从右岸到左岸的位移最大值为14.2cm。

### 7.3.3 周边缝变形分析

根据计算结果，整理了竣工期和满蓄期两个工况的周边缝变形。周边缝的位移分为法向沉降位移、张拉位移和剪切位移，整理时沉降与剪切变形都采用绝对值。

#### 7.3.3.1 竣工期周边缝变形分析

竣工期周边缝变形见图7.75。

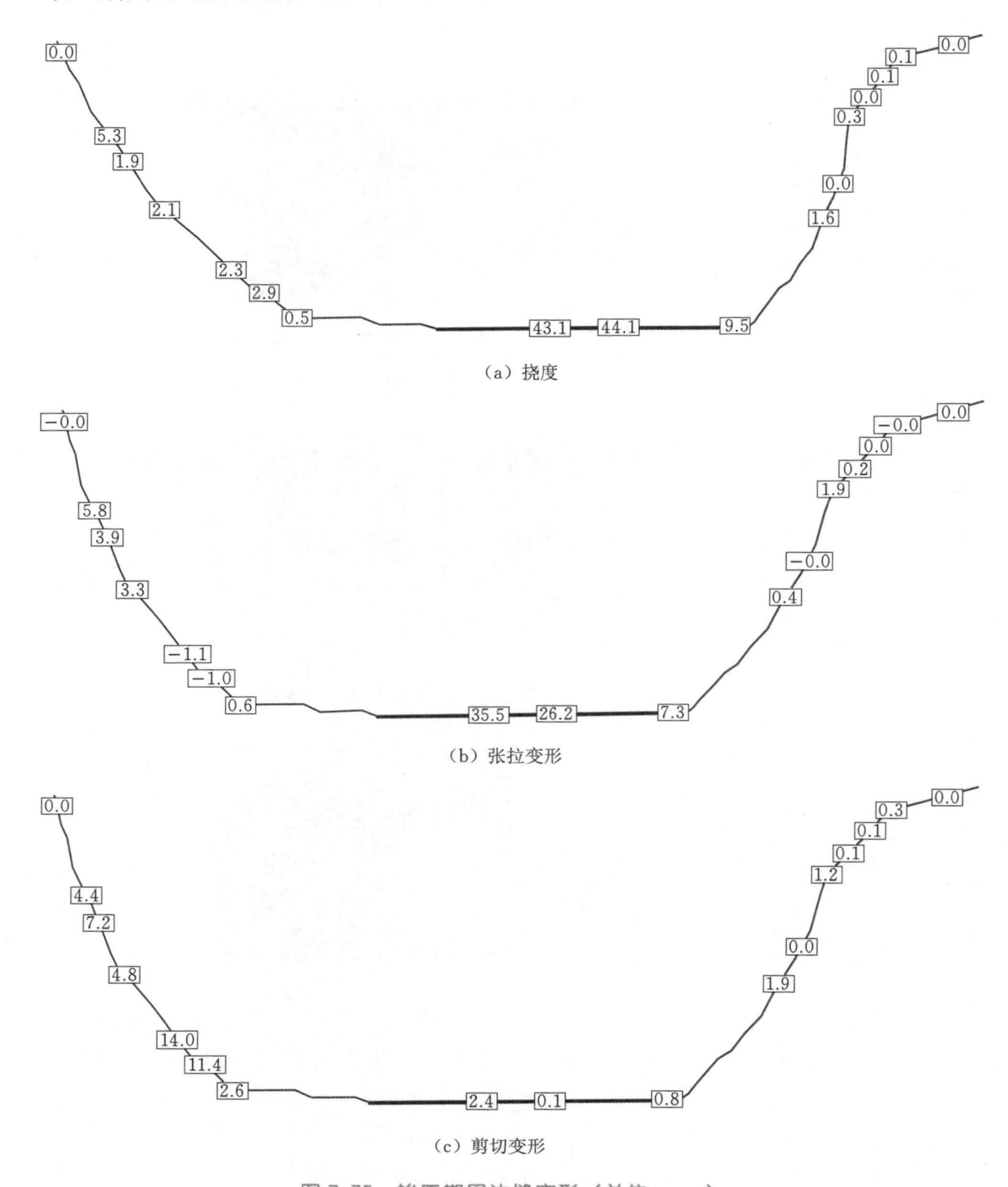


（a）挠度

（b）张拉变形

（c）剪切变形

图7.75 竣工期周边缝变形（单位：mm）

从周边缝的挠度分布趋势看，总体上岸坡段周边缝的剪切位移相对较大，河床平趾板段剪切位移相对较小，周边缝沉降和张拉位移均在河床平趾板段较大，其中，岸坡段的张拉位移也略大。平趾板段周边缝沉降与张拉位移较大。从剪切变形来看，右岸周边缝剪切变形相对其他位置较小，这主要是由于右岸坝肩高程较高的位置有一处平缓段，该平缓段对整个右侧面板产生了一定支撑力，缓解了右侧面板向下滑移的趋势，减小了右侧坝肩周边缝的剪切变形。

#### 7.3.3.2 满蓄期周边缝变形分析

满蓄期周边缝变形见图 7.76。

从满蓄期周边缝的变形情况来看，整体的分布趋势与竣工期类似。由于受水库蓄水影响，周边缝的变形均有所增大。

### 7.3.4 坝基防渗墙的应力与变形

图 7.77 和图 7.78 为防渗墙的沉降及大主应力分布图。竣工期，坝基混凝土防渗墙在坝体沉降作用下向上游侧位移，墙顶最大水平位移为 5.9cm。满蓄期，防渗墙在水荷载作

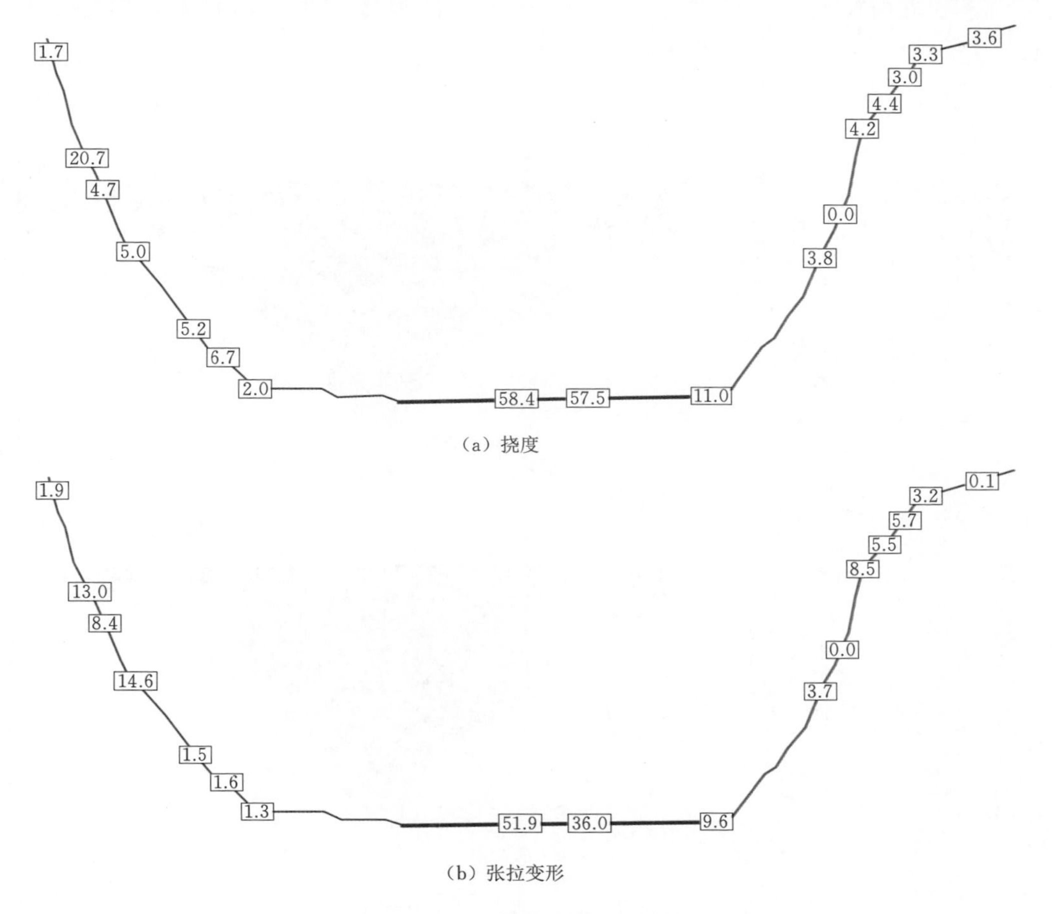

(a) 挠度

(b) 张拉变形

图 7.76（一） 满蓄期周边缝变形（单位：mm）

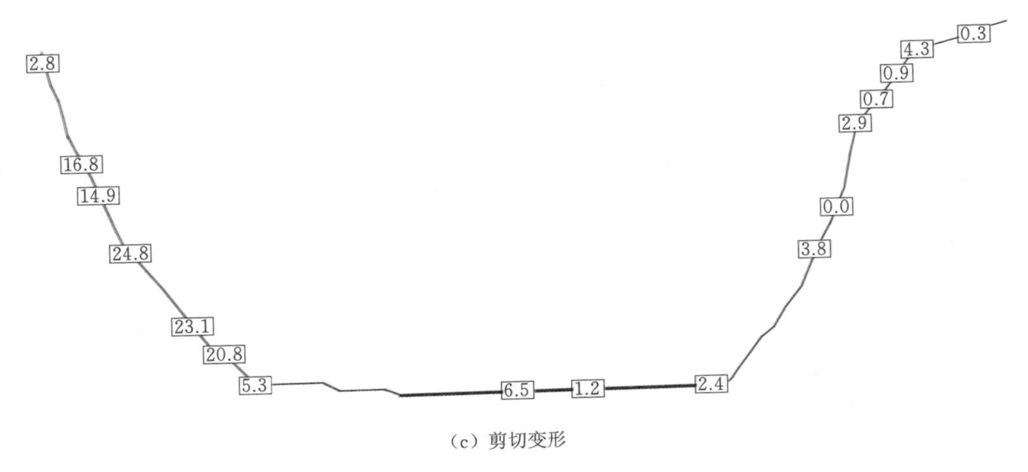


（c）剪切变形

图7.76（二） 满蓄期周边缝变形（单位：mm）

用下向下游方向位移，墙顶位移量值为3.0cm。防渗墙在竣工期和满蓄期主要承受压应力，压应力的最大值约为9MPa。满蓄期，墙顶局部区域存在部分拉应力，但数值不大。

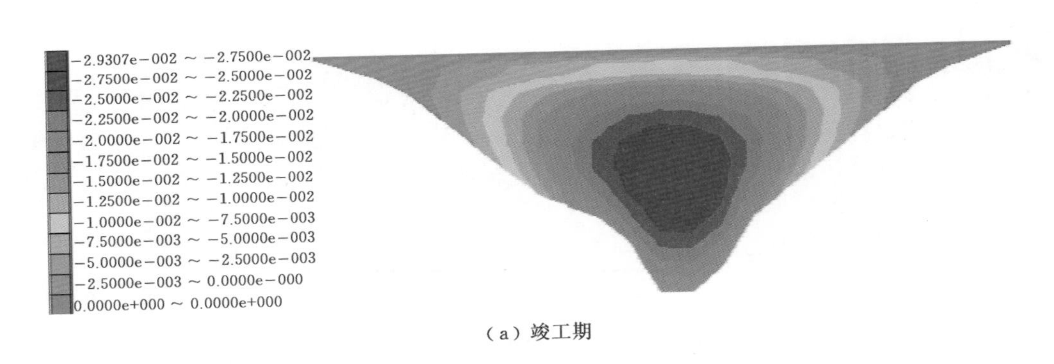


（a）竣工期

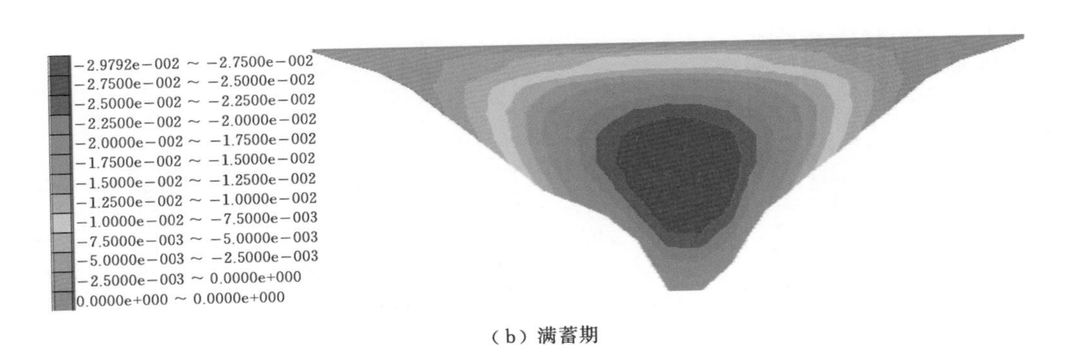


（b）满蓄期

图7.77 防渗墙沉降分布云图（单位：m）

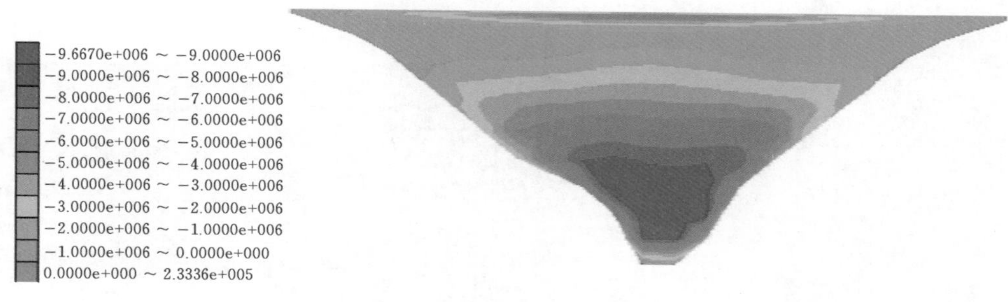


（a）竣工期

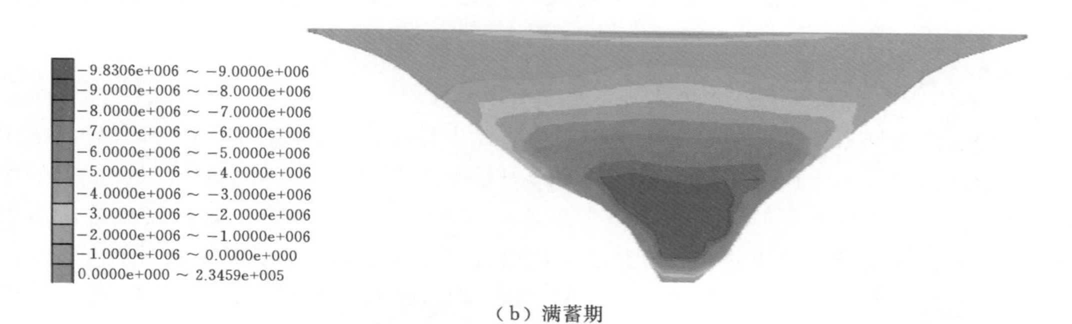


（b）满蓄期

图 7.78 防渗墙大主应力分布云图（单位：Pa）

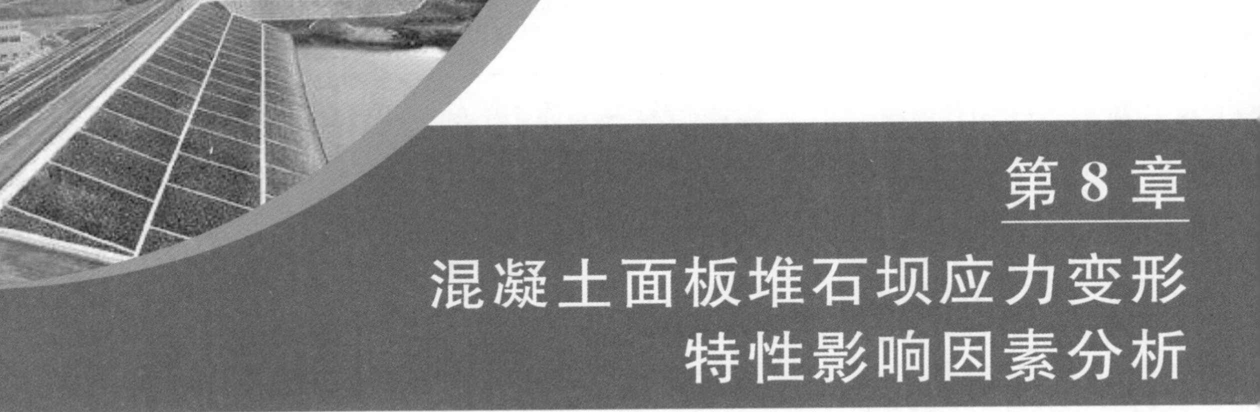

# 第8章 混凝土面板堆石坝应力变形特性影响因素分析

面板是面板堆石坝表面防渗体系的主要部分，也是面板堆石坝结构的一部分，它承担着向下游堆石体传递水压的重任。面板的安全对整个大坝的使用与安全起着极其重要的作用，尤其是高面板堆石坝，对面板提出了更高的要求。面板的变形主要是面板的应力应变、面板的挠曲变形、周边缝和垂直缝的位移以及设计所不允许的混凝土面板的开裂等。

影响混凝土面板应力变形的因素有很多，除了自身结构、混凝土力学性能、坝高等因素，还有河谷形态、地质条件、气候等。工程实践表明，施工因素的影响也不容忽视，如面板混凝土施工质量与养护、堆石体填筑次序与压实质量、局部地形与地质缺陷的处理、水库蓄水与泄水过程、垫层坡面保护方式等。

由于混凝土面板是以堆石体的垫层为基础的，面板的变形除了自身因素和由水库蓄水后水压作用，还受堆石体变形大小的影响。在水压力作用下面板的变形很大程度上取决于堆石体的变形，堆石体的应力变形特性决定了面板的应力变形状况。现有原型监测资料及计算研究表明，堆石体变形随时间而发展，相应的，面板应力状态也必然随时间而变化。因此，影响堆石体变形的诸因素也是影响混凝土面板变形的因素，其中堆石流变的影响是主要的。

本章从混凝土面板材料、筑坝料分区、地形条件以及蓄水四个方面对面板应力变形的影响进行论述。

## 8.1 混凝土面板材料特性对面板应力变形的影响

### 8.1.1 面板混凝土标号

混凝土强度等级的划分是采用边长150mm的立方体标准试样，在标准条件下（温度：20℃±3℃，湿度：90%以上）养护28天，采用标准试验方法（加载速度：C30以下为0.3～0.5MPa/s，C30以上为0.5～0.8MPa/s）测得的具有95%保证率的立方体抗压强度。

为了研究面板混凝土强度对面板应力变形的影响，采用《混凝土结构设计规范》（GB 50010—2010）中建议的混凝土数值计算参数，分别使用C15、C20、C25、C30混凝土参数进行计算，详见表8.1。

表 8.1　各标号混凝土计算参数

| 混凝土强度等级 | $G$/Pa | $K$/Pa | 混凝土强度等级 | $G$/Pa | $K$/Pa |
|---|---|---|---|---|---|
| C15 | $9.16\times10^{9}$ | $1.22\times10^{10}$ | C25 | $1.167\times10^{10}$ | $1.556\times10^{10}$ |
| C20 | $1.062\times10^{10}$ | $1.417\times10^{10}$ | C30 | $1.25\times10^{10}$ | $1.667\times10^{10}$ |

通过采用不同混凝土参数计算，采用较高标号的混凝土，会使面板的挠度变形略微减小（图 8.1）。同时，面板的顺坝轴向和顺坝坡向的应力也随着混凝土强度等级的提高而呈现出逐渐增大的趋势（图 8.2）。这主要是因为强度等级高的混凝土刚度较大，在小变形的情况下会出现较大的应力。

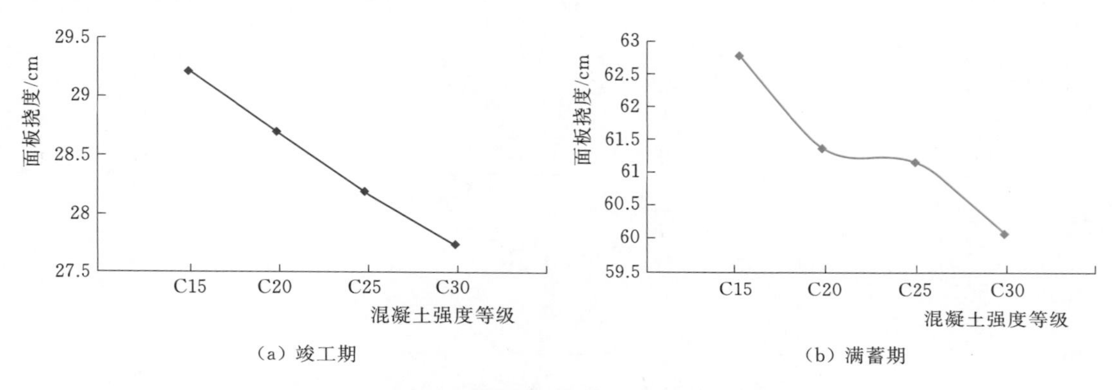


（a）竣工期　（b）满蓄期

图 8.1　面板混凝土强度等级对面板挠度的影响

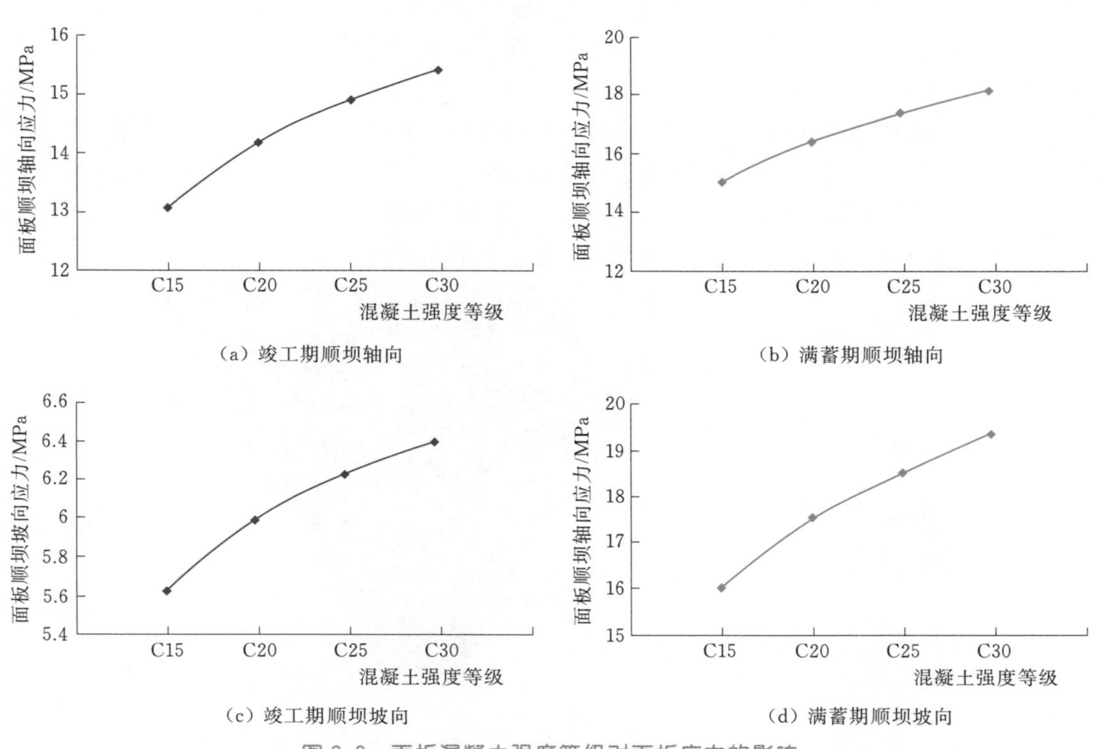


（c）竣工期顺坝坡向　（d）满蓄期顺坝坡向

图 8.2　面板混凝土强度等级对面板应力的影响

### 8.1.2 面板垂直缝填料特性的影响

面板垂直缝的设置，对混凝土面板的应力有一定的吸收作用，从而对面板的应力变形产生影响。通过之前使用简化的竖缝本构模型的计算结果，整理得出采用不同垂直缝填料的面板应力变形极大值见表8.2。表8.2中挠度负值为指向顺河向下游，正值为顺河向上游；坝轴线方向正值为左岸指向右岸，负值为右岸指向左岸；应力负值代表压应力，正值代表拉应力。

表8.2 采用不同垂直缝填料的面板应力变形极大值

| 工况 | | 竣工期 | 满蓄期 |
|---|---|---|---|
| 杉木 | 挠度/cm | 27.54 | 55.82 |
| | 坝轴向右岸向左岸位移/cm | 10 | 15 |
| | 坝轴向左岸向右岸位移/cm | 10 | 15 |
| | 坝坡向应力/MPa | 6 | 11 |
| | 顺坝轴线方向应力/MPa | 9.51 | 14.23 |
| 桦木 | 挠度/cm | 27.87 | 56.18 |
| | 坝轴向右岸向左岸位移/cm | 9.5 | 14.3 |
| | 坝轴向左岸向右岸位移/cm | 9.5 | 14.4 |
| | 坝坡向应力/MPa | 5.4 | 11.5 |
| | 顺坝轴线方向应力/MPa | 10.84 | 16.89 |

从汇总的极值表中，发现采用杉木和桦木作为垂直缝填料，对于面板的变形极值影响较小，对于顺坝轴线方向的应力有一定影响。采用力学性质接近理想弹塑性的杉木时，面板的顺坝轴线方向应力较小；而采用力学性质接近应变软化模型的桦木时，面板的顺坝轴线方向应力较大。

采用两种垂直缝填料时，对比面板顺坝轴向应力分布趋势（分布趋势图中相同的应力区间采用了相同的色阶，以更好体现分布趋势的差异，顺坝轴向应力分布趋势见图8.3、图8.4）。由图中可以看出，使用桦木填料时，面板顺坝轴向压应力大值区的范围较大；采用杉木填料，有利于减小面板顺坝轴向压应力大值区范围。

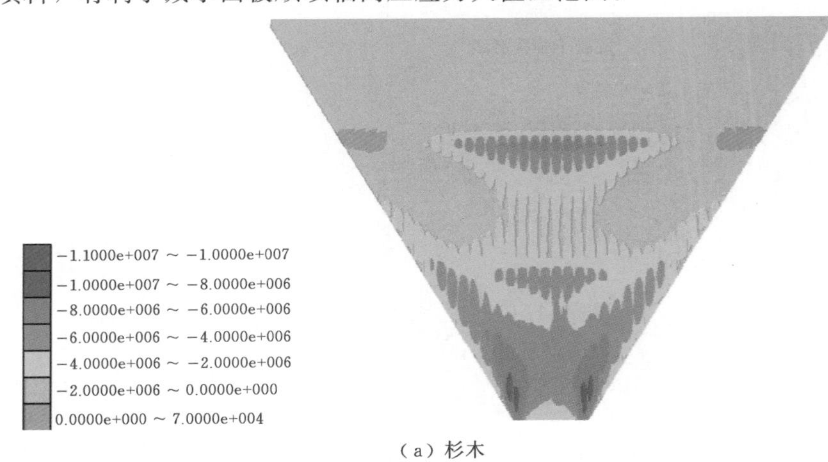


（a）杉木

图8.3（一） 不同垂直缝填料竣工期面板顺坝轴向应力分布趋势（单位：Pa）

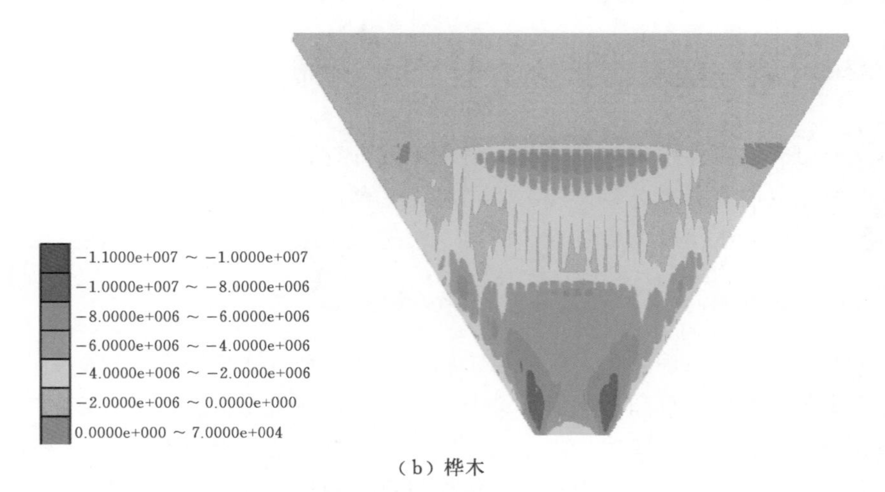


（b）桦木

图 8.3（二） 不同垂直缝填料竣工期面板顺坝轴向应力分布趋势（单位：Pa）

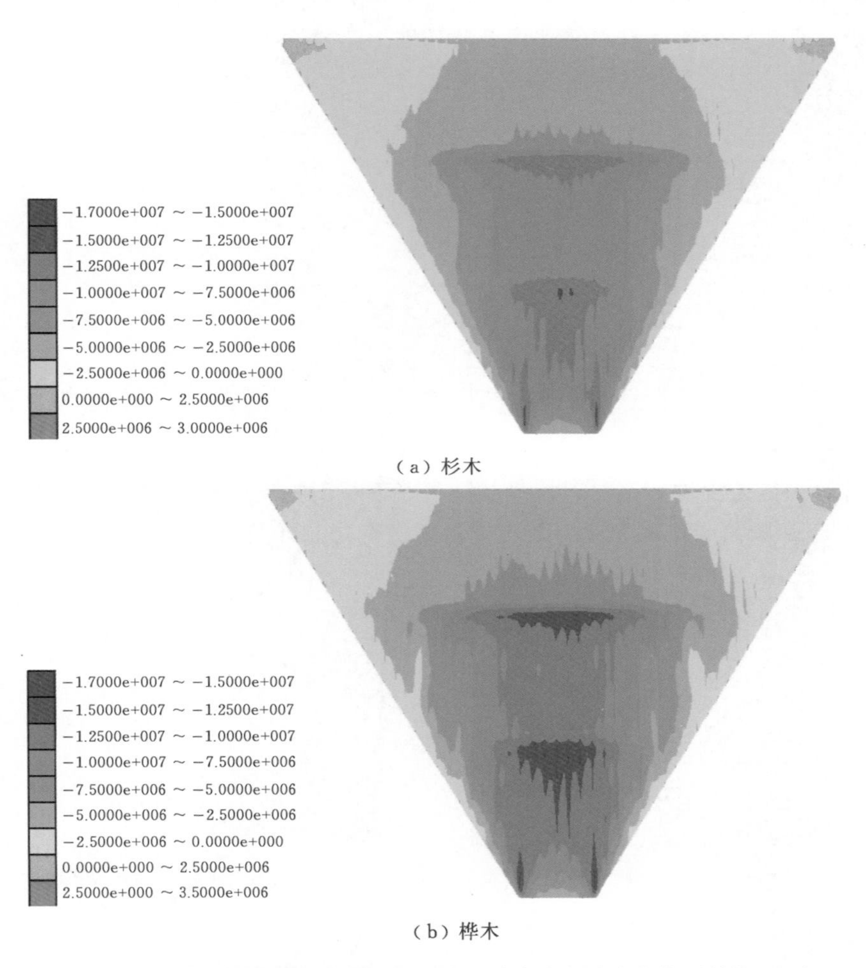


（b）桦木

图 8.4 不同垂直缝填料满蓄期面板顺坝轴向应力分布趋势（单位：Pa）

## 8.2 坝体材料分区对面板应力变形的影响

在当代的面板堆石坝中，为了更好的使用工程开挖料和当地材料，采用了堆石分区的设计。一般的，将堆石分区分为过渡区、主堆石区和次堆石区。主堆石区是支撑面板的主要区域。次堆石区由于距离面板较远，所以一般选取工程开挖料或就近取料。

### 8.2.1 次堆石区材料模量对面板应力变形的影响

由于次堆石区材料对坝料和碾压的要求相对较低，所以次堆石区材料的力学性质往往会有较大差异。在坝体自重和蓄水后水推力的作用下，次堆石区会产生一定的变形，这些变形势必对面板的应力变形造成一定影响。次堆石区材料的坝料情况和碾压状况主要体现为变形模量的差异。本书通过采用不同材料模量对面板应力变形进行分析，试图探讨次堆石区材料对面板应力变形的影响。

在 300m 级典型面板堆石坝的计算参数基础上，分别采取了表 8.3 所示的 1 号～5 号材料参数，其中 1 号～5 号材料的模量依次递增。

表 8.3 计算采用的不同次堆石区材料参数

| 次堆石区材料编号 | $\gamma$ /(kN/m³) | $K$ | $K_{ur}$ | $n$ | $R_f$ | $K_b$ | $m$ | $\varphi_0$ /(°) | $\Delta\varphi$ /(°) |
|---|---|---|---|---|---|---|---|---|---|
| 1 号 | 21.2 | 300 | 600 | 0.35 | 0.85 | 200 | 0.25 | 53.0 | 10.0 |
| 2 号 | 21.2 | 500 | 1000 | 0.35 | 0.85 | 300 | 0.25 | 53.0 | 10.0 |
| 3 号 | 21.2 | 800 | 1600 | 0.35 | 0.85 | 480 | 0.25 | 53.0 | 10.0 |
| 4 号 | 21.2 | 1000 | 2000 | 0.35 | 0.85 | 600 | 0.25 | 53.0 | 10.0 |
| 5 号 | 21.2 | 1200 | 2400 | 0.35 | 0.85 | 800 | 0.25 | 53.0 | 10.0 |

通过计算，随着次堆石区材料模量的降低，面板的挠度会稍有增大，但是增大的量值较小（图 8.5）；顺河向位移和应力随着模量降低变化差异较小。

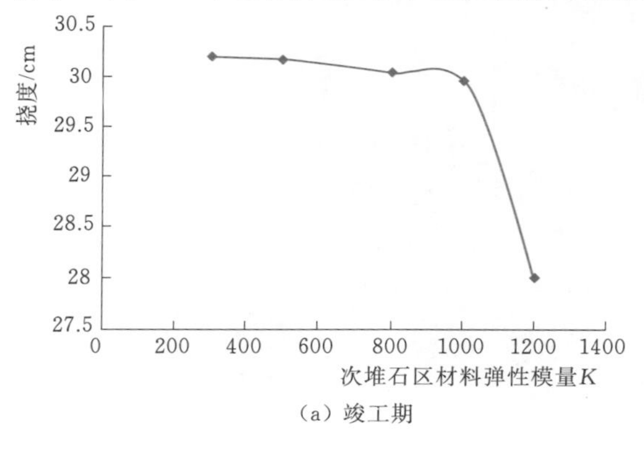


(a) 竣工期

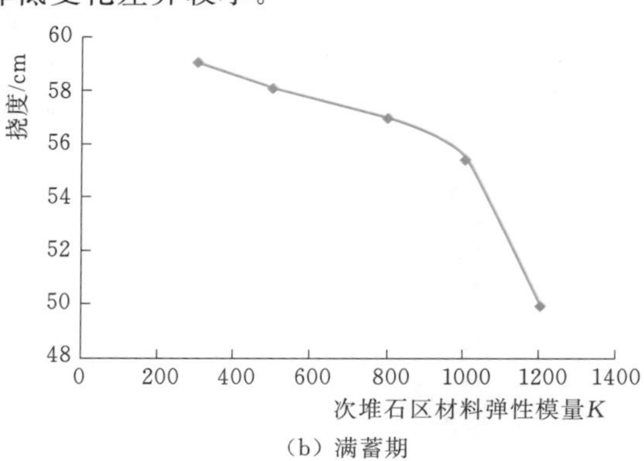


(b) 满蓄期

图 8.5 面板挠度随次堆石区材料弹性模量变化趋势

随着次堆石区材料模量的降低，坝体的沉降最大值明显增大，但是对面板的应力和变形，影响并不明显。次堆石区材料模量的降低，使得次堆石区的沉降增大。主堆石区在靠近次堆石区位置也出现了沉降增大的现象，但是在靠近面板的区域增加的沉降并不明显（图 8.6，图中红色框标出了靠近面板位置的最大沉降值）。由此看出，主堆石区对面板起到了主要的支撑作用，所以次堆石区的坝料可以就近选取一些易得的爆破料。

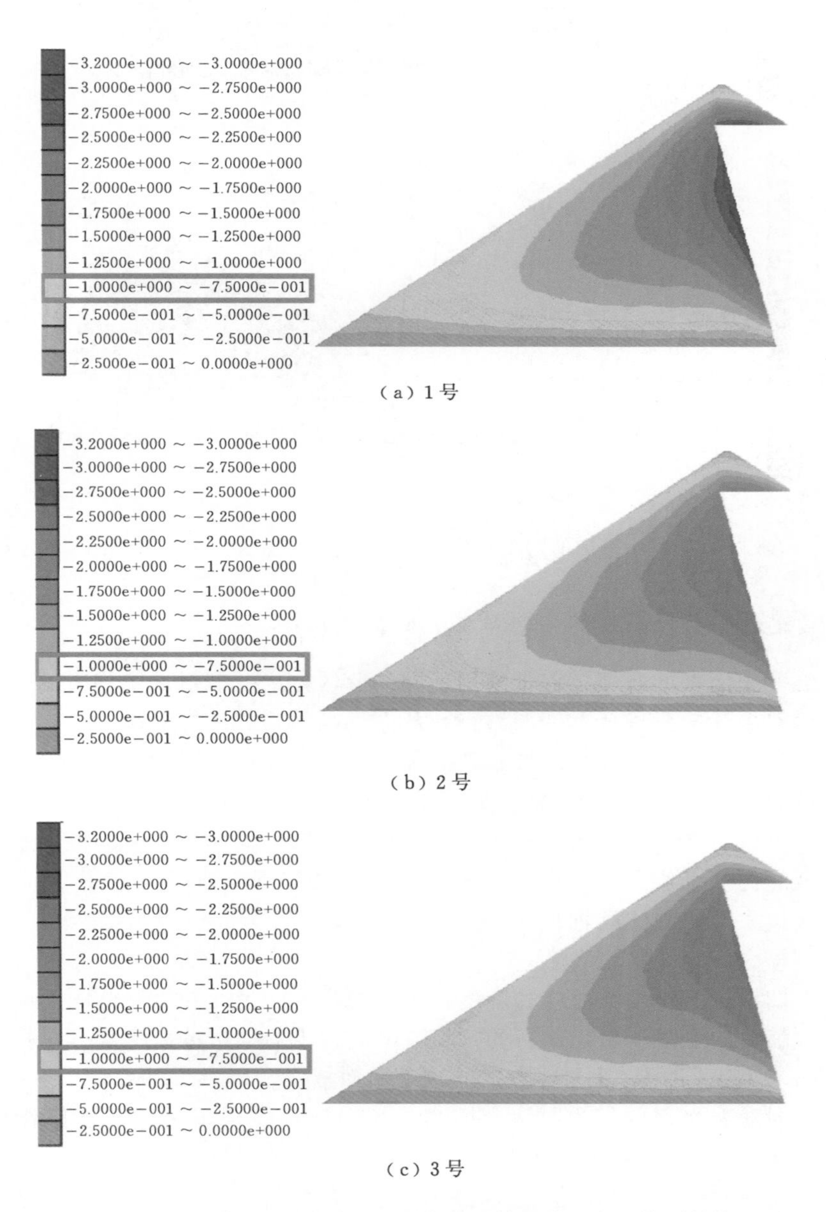


图 8.6（一）　采用不同次堆石区材料的坝体主堆石区沉降（单位：m）

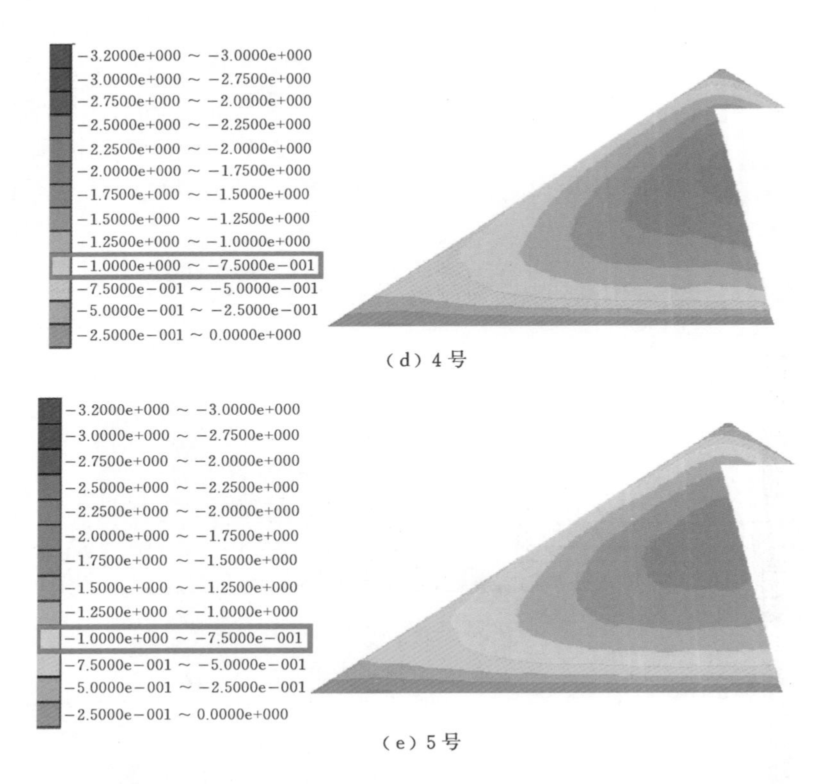


图 8.6（二） 采用不同次堆石区材料的坝体主堆石区沉降（单位：m）

### 8.2.2 低模量筑坝料布置范围对面板应力变形的影响

不同的混凝土面板堆石坝工程常采用不同的分区方式。低强度筑坝料的布置范围也不尽相同，这会对坝体的变形有不同的影响，从而影响面板的应力变形。

本书分三种方案扩大低强度次堆石料的分布范围，探讨低强度次堆石料布置范围对面板应力变形的影响（图 8.7）。计算参数选取见表 8.3。

通过计算可以看出，随着次堆石区的范围扩大，竣工期面板的应力变形有以下表现：

（1）面板的挠度极值有所减小，面板向外鼓出的范围有所扩大（图 8.8），这主要是因为次堆石区扩大导致坝体顺河向上游的位移增大（图 8.9），使得面板挠度极值减小，向外鼓出范围扩大。

（2）竣工期面板的顺坝坡向应力有所减小（图 8.10），面板的鼓出位置依次扩大。这是因为面板顺坝坡向下滑动引起面板的顺坝坡向应力，而面板的鼓出部分承担了面板向下滑动的力（图 8.11）。图 8.12 为各方案的竣工期面板挠度。

（3）竣工期随着面板的鼓出扩大，鼓出位置对于面板向下滑动的支撑作用增大（图 8.13），面板的顺坝坡向应力相应减小。

（4）满蓄期的时候，随着低模量次堆石料的分布范围扩大，坝体受到库水压力的作用也进一步增大。坝体顺河向上游的位移有所减小（图 8.14），面板挠度有所增加（图 8.15）。

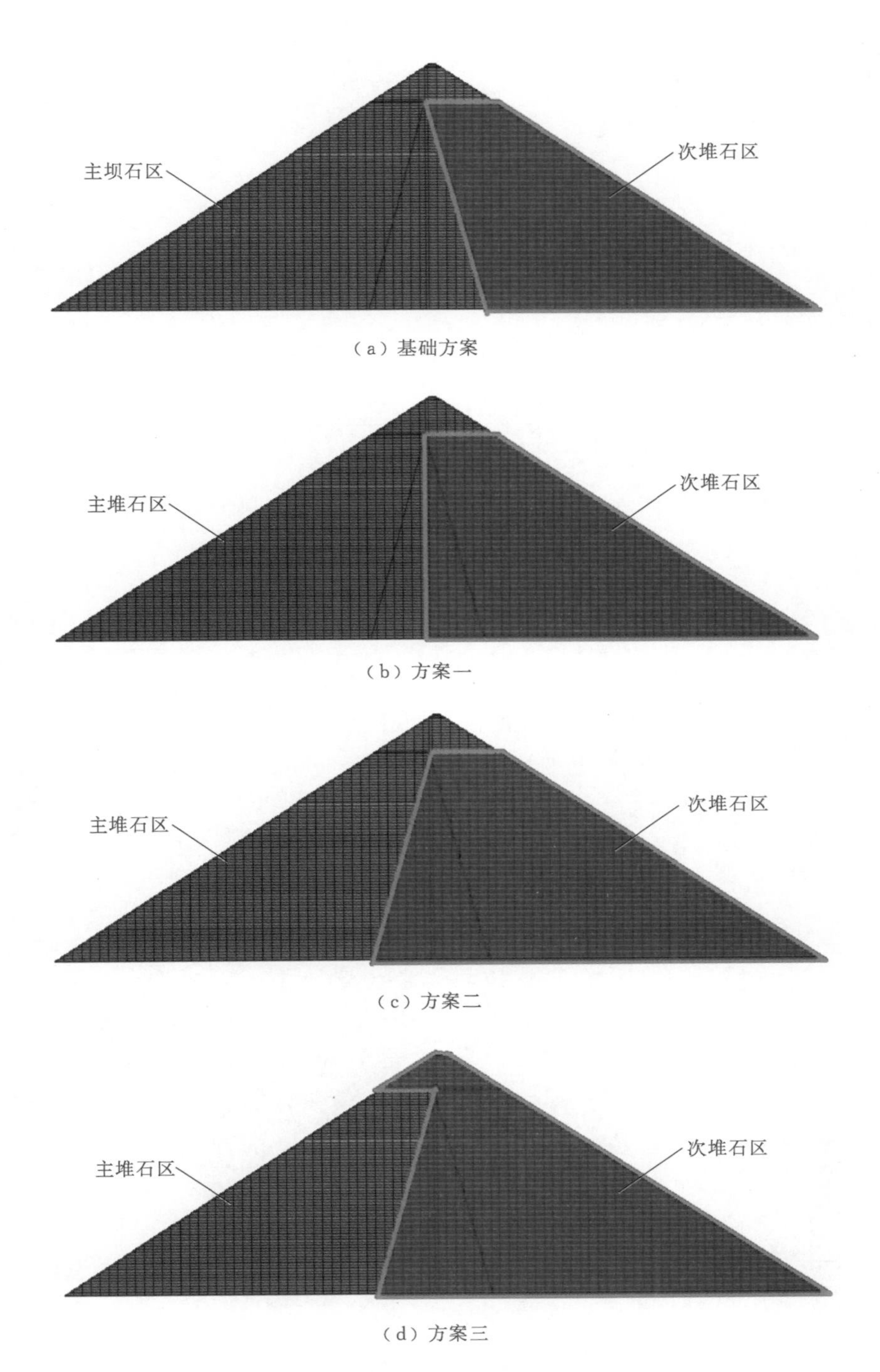


图 8.7 面板堆石坝坝料分区图

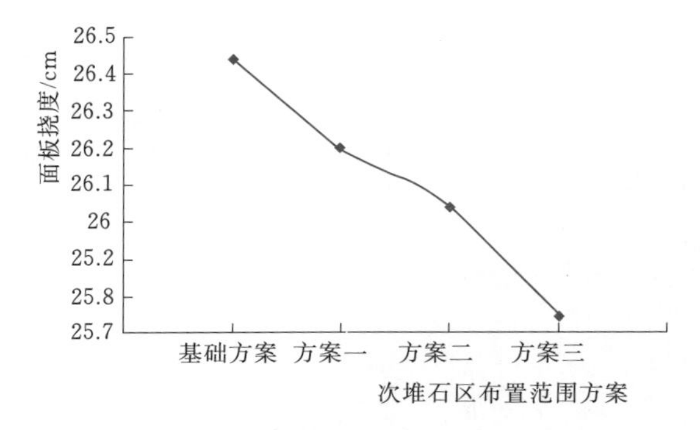


图 8.8　竣工期面板挠度随次堆石区范围扩大的变化

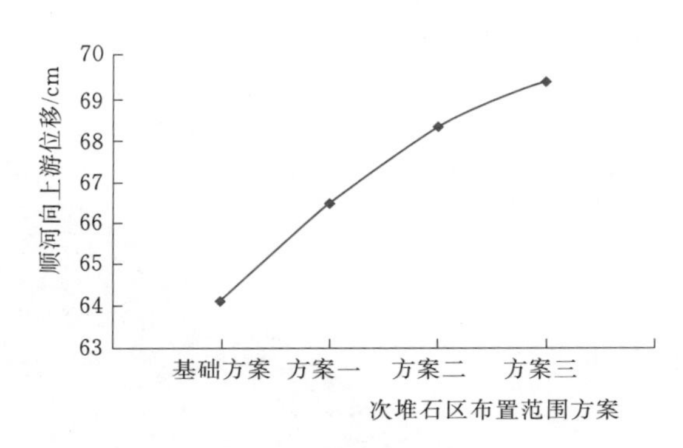


图 8.9　竣工期坝体顺河向上游位移随次堆石区范围扩大的变化

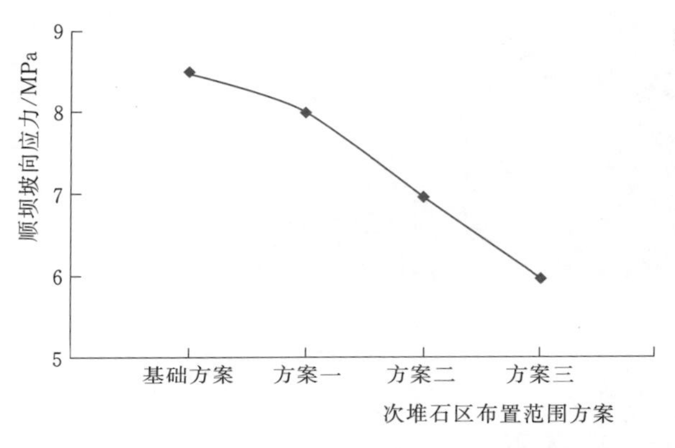


图 8.10　竣工期面板顺坝坡向应力随次堆石区范围扩大的变化

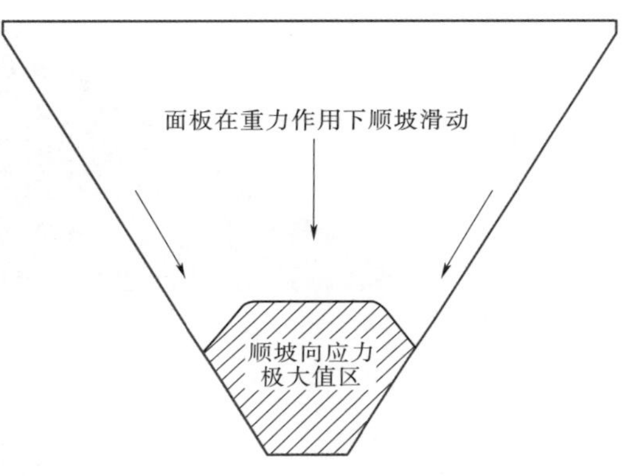


图 8.11　面板顺坝坡向应力产生机理

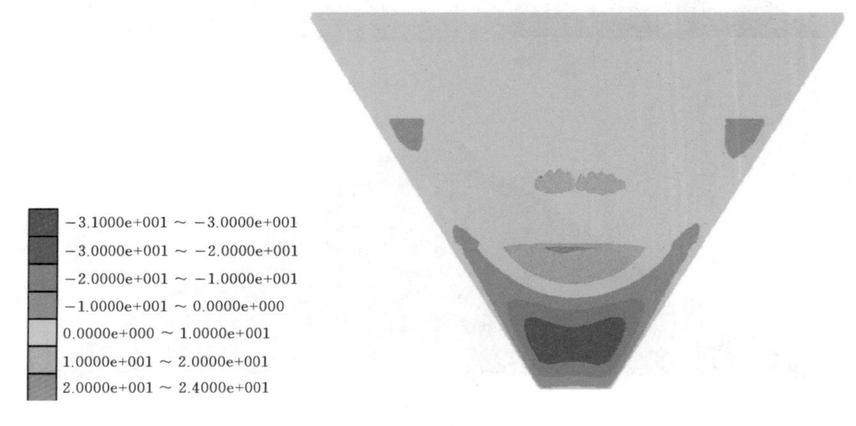


（a）基础方案

图 8.12（一）　各方案竣工期面板挠度（单位：cm）

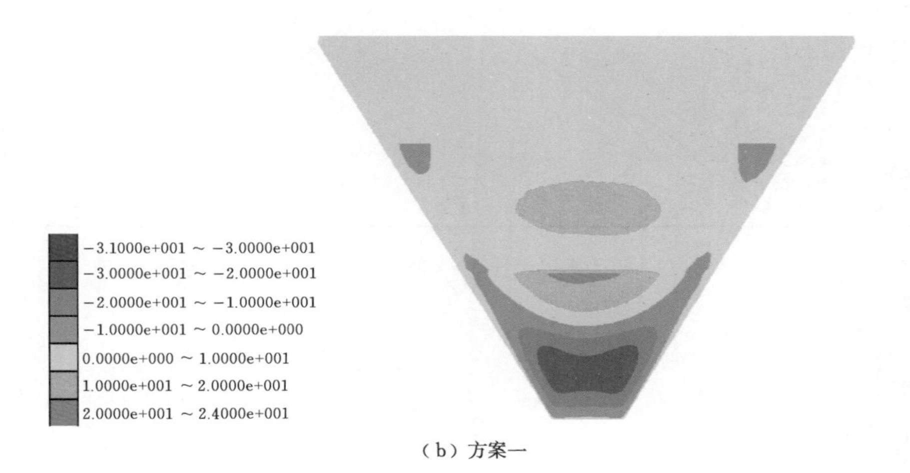


（b）方案一

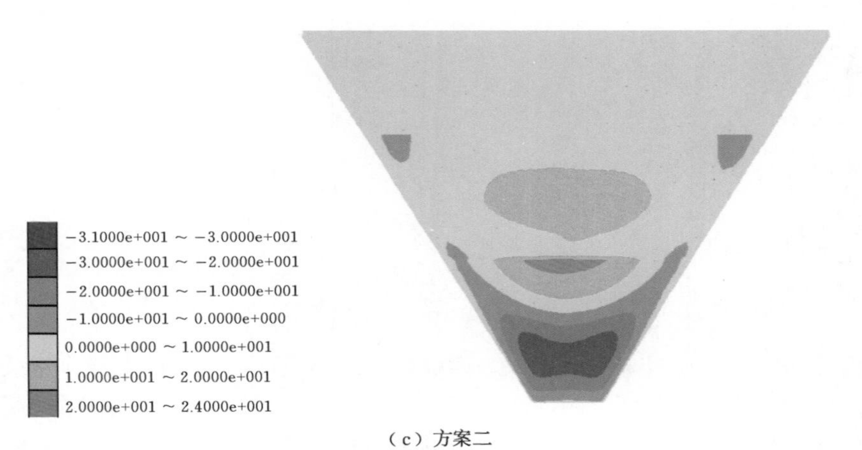


（c）方案二

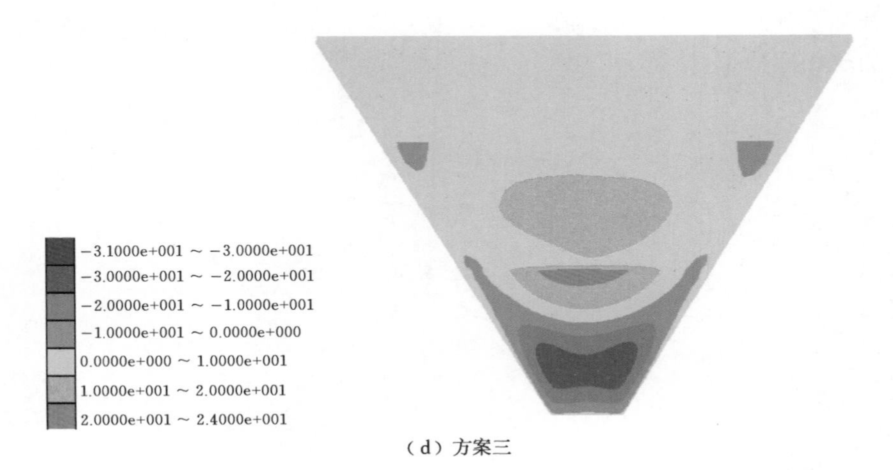


（d）方案三

图 8.12（二）　各方案竣工期面板挠度（单位：cm）

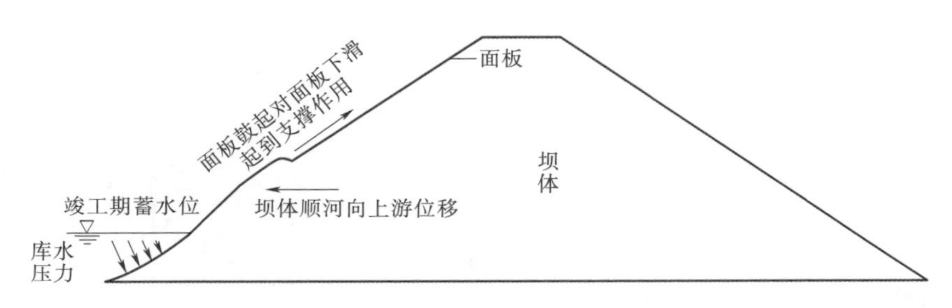


图 8.13 竣工期面板鼓起对面板下滑支撑作用示意图

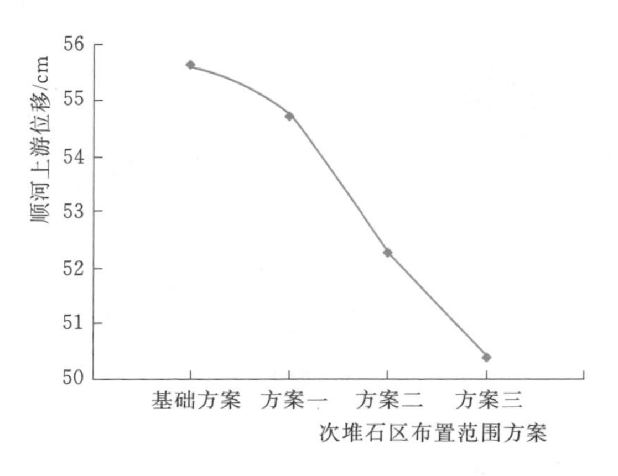


图 8.14 满蓄期坝体顺河向上游位移随次堆石区范围扩大的变化

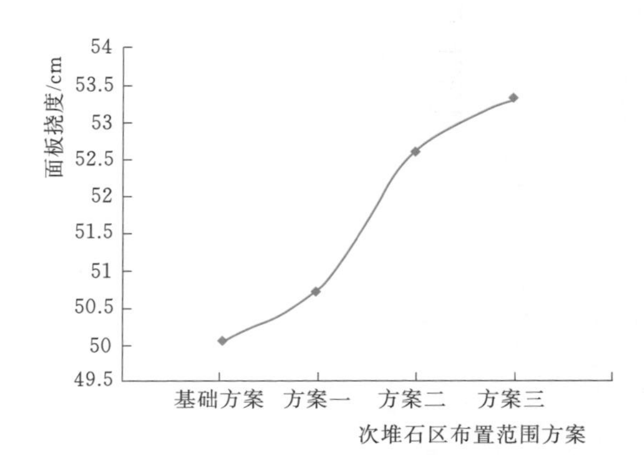


图 8.15 满蓄期面板挠度随次堆石区范围扩大的变化

（5）满蓄期，随着面板挠度的增大，面板鼓起对面板向下滑动的支撑作用减弱。面板的顺坝坡向应力主要取决于面板顺坝坡向的下滑力分量。随着弱堆石料分布范围增大，满蓄期面板挠度也相应增大，使得面板倾向于坝体方向（图 8.16 中，随着挠度增大，面板变形由实线移动到虚线位置），从而降低了顺坝坡向下滑动的下滑力。相应的，面板的顺坝坡向应力也相应减小（图 8.17）。

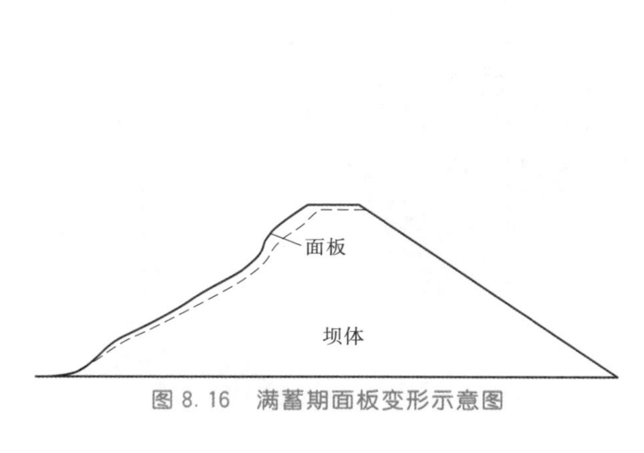


图 8.16 满蓄期面板变形示意图

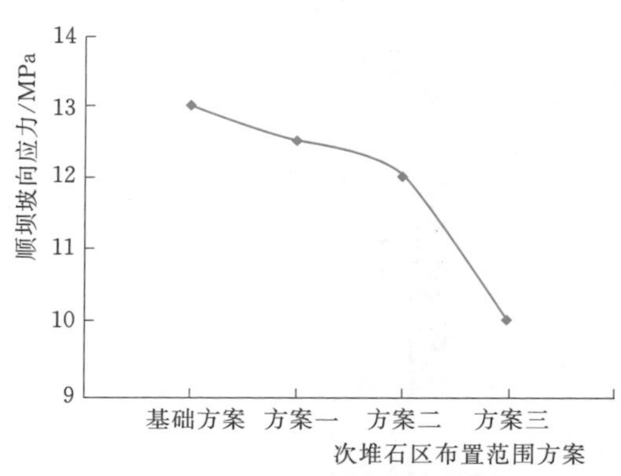


图 8.17 竣工期面板顺坝坡向应力随次堆石料范围扩大的变化

## 8.3 地形条件对面板应力变形的影响

### 8.3.1 计算网格建立及参数选取

在各类地形条件中，陡变的地形条件对于混凝土面板堆石坝的影响较为明显。本书依托某工程混凝土面板堆石坝的地形条件、设计资料，建立了计算网格（图 8.18）。面板计算网格见图 8.19，坝体分区示意图见图 8.20。

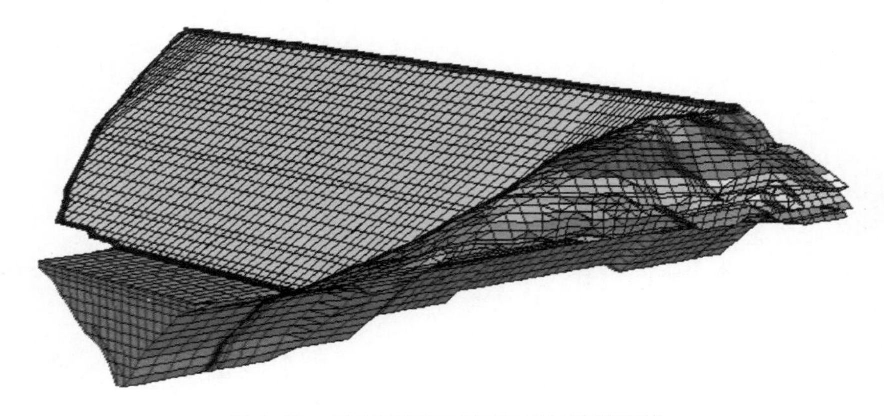

图 8.18 某工程面板堆石坝三维计算网格

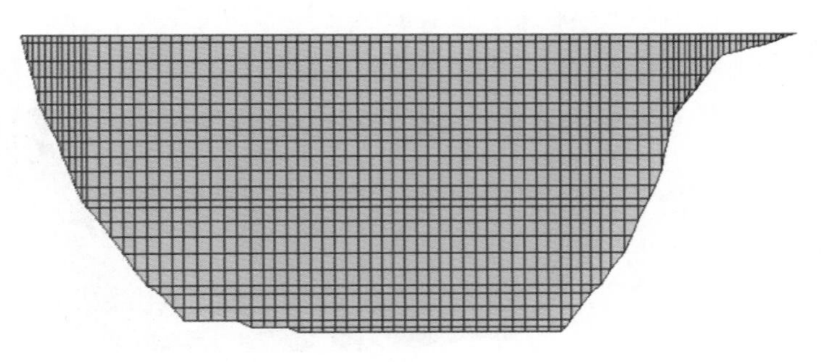

图 8.19 某工程面板堆石坝面板计算网格

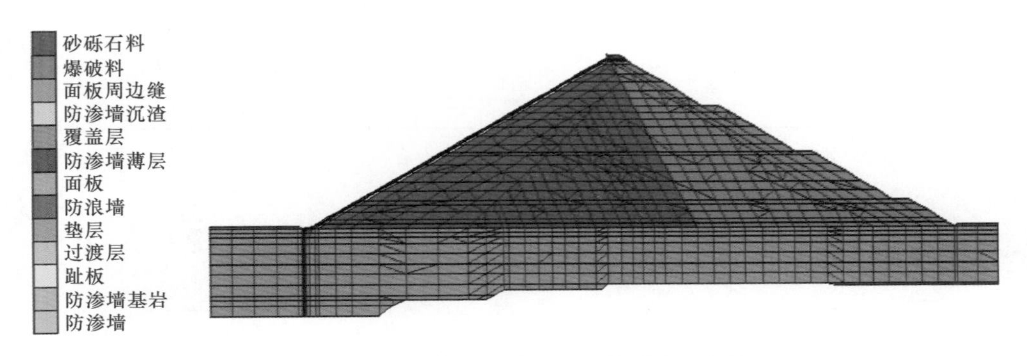


图 8.20 某工程面板堆石坝坝体分区示意图

根据工程的设计资料和室内试验，得出了计算所需的就算参数。该坝以砂砾石料为主堆石坝料，以爆破料为次堆石区坝料，主要参数见表 8.4。

表 8.4　　计算使用的邓肯 E-B 模型参数

| 分区 | $K$ | $K_{ur}$ | $k_b$ | $n$ | $m$ | $R_f$ | $\varphi_0$ /(°) | $\Delta\varphi$ /(°) | $\rho$ /(g/cm³) |
|---|---|---|---|---|---|---|---|---|---|
| 垫层料 | 1500 | 3000 | 1050 | 0.55 | 0.20 | 0.912 | 52.5 | 7.9 | 2.27 |
| 过渡料 | 1500 | 3000 | 1050 | 0.55 | 0.20 | 0.912 | 44.4 | 2.7 | 2.27 |
| 砂砾料 | 1350 | 2700 | 900 | 0.49 | 0.05 | 0.916 | 43.9 | 2.5 | 2.26 |
| 爆破堆石料 | 1000 | 2000 | 500 | 0.53 | 0.13 | 0.927 | 48.5 | 6.1 | 2.20 |
| 覆盖层 | 2500 | 5000 | 1650 | 0.49 | 0.05 | 0.916 | 43.9 | 2.5 | 2.10 |

### 8.3.2　特殊地形条件下面板应力变形特征

混凝土面板堆石坝的坝基和坝肩都是依地形建设的，不同的地形状况会对坝体应力变形产生不同的影响，从而影响面板的应力变形情况。在各类不同的地形条件中，陡变地形会产生混凝土面板的应力集中，对面板的应力变形较为不利。

通过计算，可以得到以下结论：

（1）在竣工期，面板在右岸陡变的位置出现了顺坝坡向拉应力集中区（图 8.21，红色线框中为拉应力集中区）。这主要是由于在陡变位置坝体的厚度出现较大差异（图 8.22），在相同的水平距离 $\Delta X$ 范围内，坝体在陡变位置的厚度差 $\Delta Z_1$ 明显大于平缓地形时的 $\Delta Z_2$；在自重作用下出现了较大的差异沉降，从而引起了面板顺坝坡向的拉应力集中。

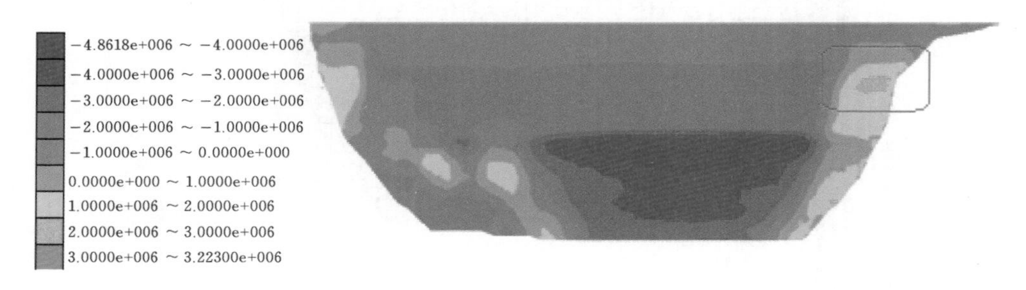


图 8.21　竣工期面板顺坝坡向应力分布云图（单位：Pa）

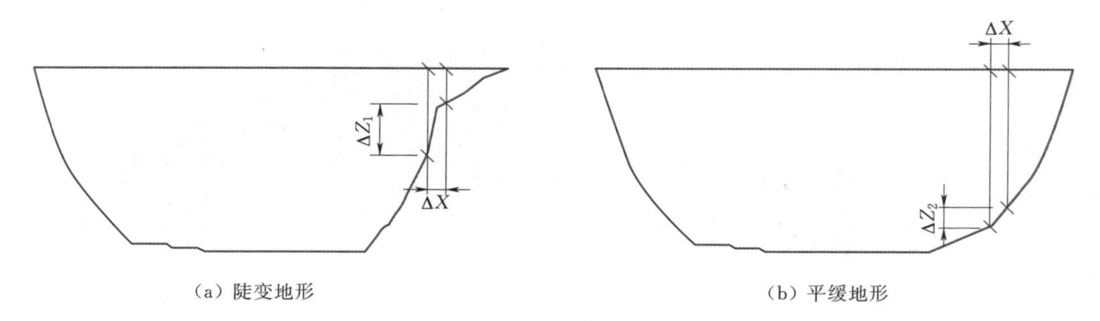


图 8.22　地形陡变造成差异沉降示意图

(2) 竣工期，在陡变位置以下，面板出现了顺坝轴线方向拉应力极大值区（图 8.23，红色线框中为拉应力集中区）。这一方面是由于岸坡陡变位置以下的坝坡变陡峭，坝坡对面板的横向摩擦力减小（图 8.24）；另一方面是由于陡变地形造成了坝体横向厚度差异（图 8.25），在相同的高差的 $\Delta Z$ 范围内，坝体在地形陡变处的坝体横向厚度差 $\Delta X_1$ 也明显大于平缓地形的 $\Delta X_2$。

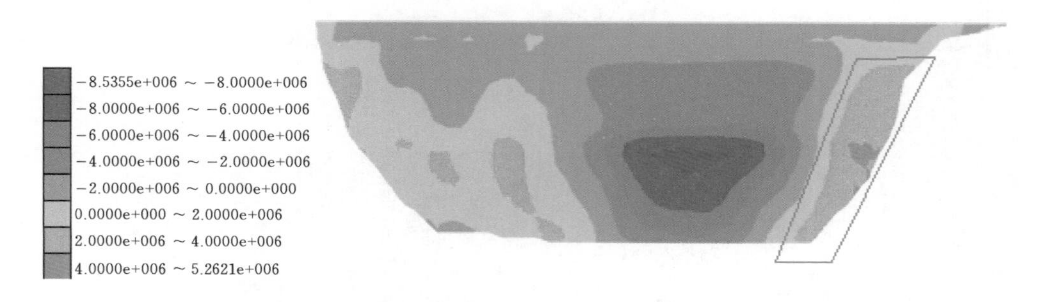


图 8.23 竣工期面板顺坝轴向应力分布云图（单位：Pa）

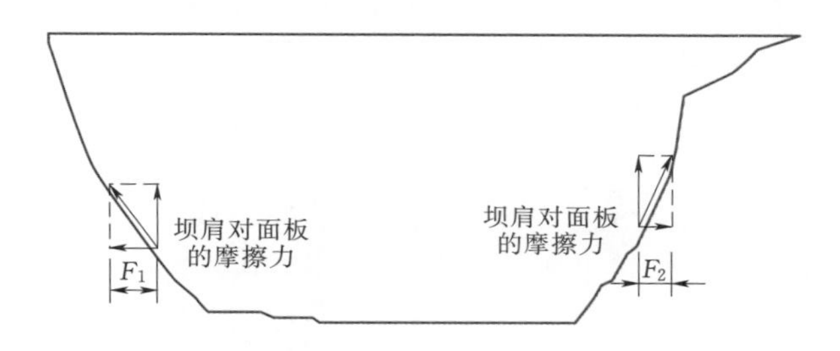


图 8.24 坝肩对面板的摩擦力在顺坝轴和坝坡方向的分量

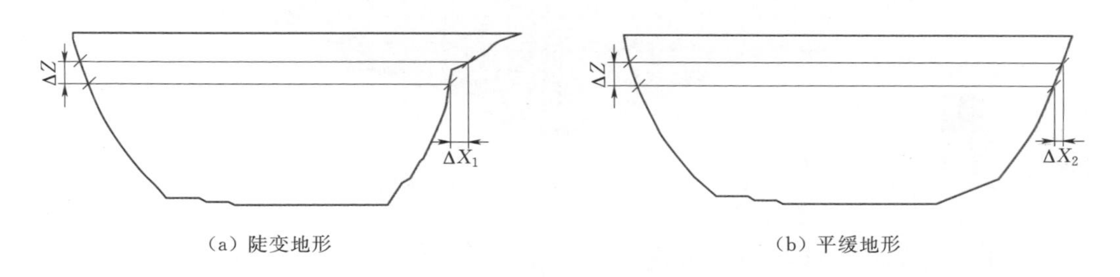


(a) 陡变地形　　(b) 平缓地形

图 8.25 地形陡变造成的坝体横向厚度差异

(3) 满蓄期，由于库水压力的作用，使得陡变处坝体的差异变形更加明显，应力集中也更显著。面板在地形陡变位置，顺坝轴向和顺坝坡向的拉应力集中现象更加明显，拉应力的极大值增大（图 8.26）。

### 8.3.3 地形条件造成面板破坏的防控措施研究

地形对面板应力变形的影响，主要是由于地形的变化导致坝体的差异变形和应力集

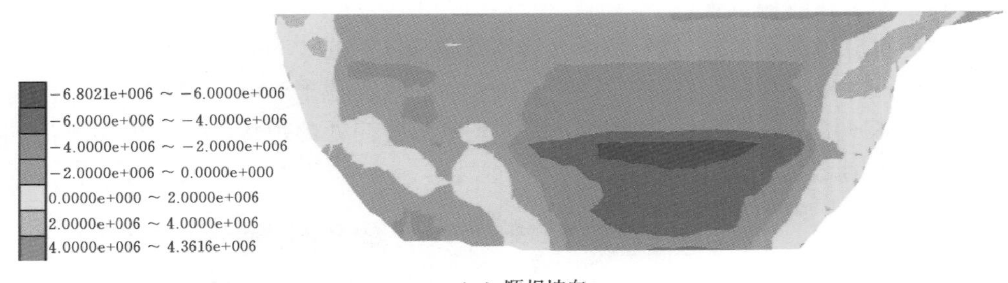


（a）顺坝坡向

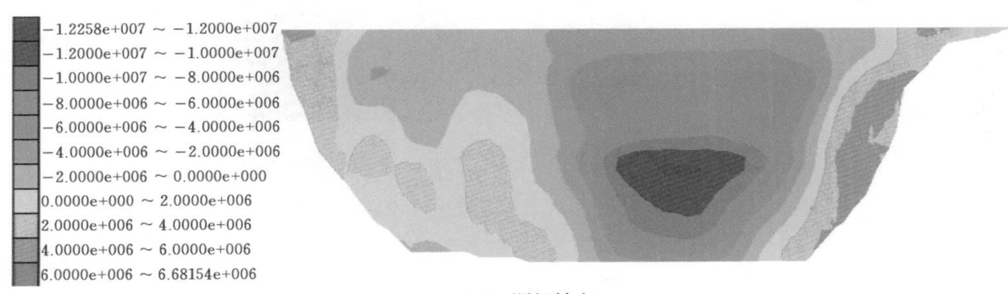


（b）顺坝轴向

图 8.26　满蓄期面板应力分布云图（单位：Pa）

中，所以主要出现在地形陡变的位置。为了减弱地形的影响，可以在陡变位置的一侧采用较高模量的堆石料（图 8.27），减小差异变形和应力集中现象。

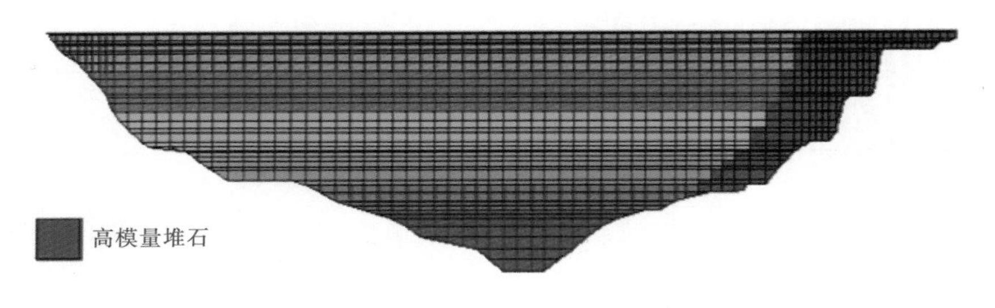


图 8.27　高模量堆石布置位置示意图

在其他坝体材料参数相同、填筑蓄水过程也一致的情况下，对布置了高模量堆石的工况进行计算，计算参数见表 8.5。计算结果显示，在竣工期和满蓄期，面板的顺坝轴向和顺坝坡向的拉应力极大值区都有所减小，拉应力极大值也相应减小（图 8.28、图 8.29）。

表 8.5　高模量堆石料计算参数

| 材料名称 | $\gamma$ /(kN/m$^3$) | $K$ | $K_{ur}$ | $n$ | $R_f$ | $K_b$ | $m$ | $\varphi_0$ /(°) | $\Delta\varphi$ /(°) |
|---|---|---|---|---|---|---|---|---|---|
| 高模量堆石 | 21.2 | 3000 | 6000 | 0.49 | 0.916 | 1900 | 0.55 | 53.0 | 10.0 |

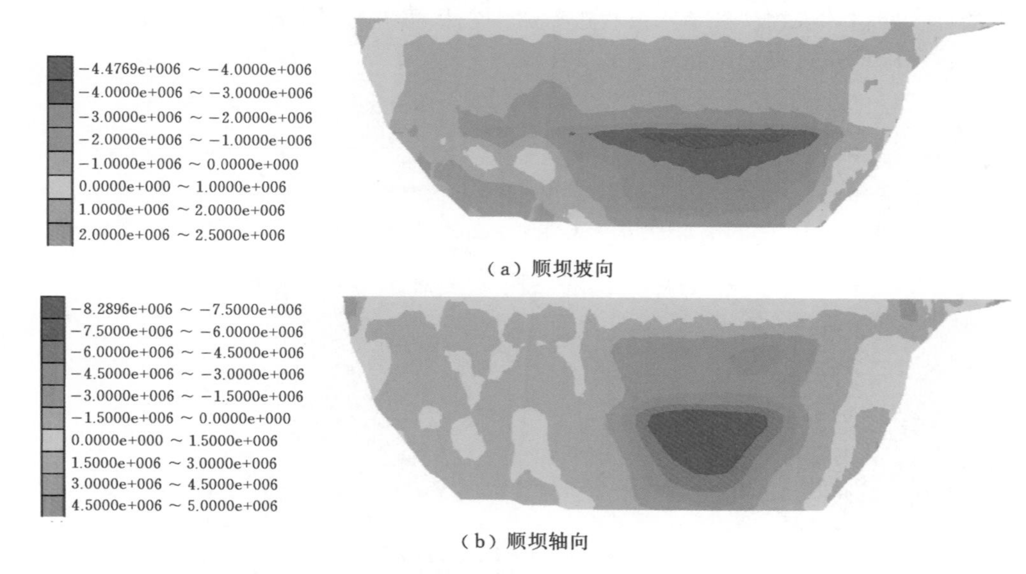


（a）顺坝坡向

（b）顺坝轴向

图 8.28　布置高模量堆石区竣工期面板应力分布（单位：Pa）

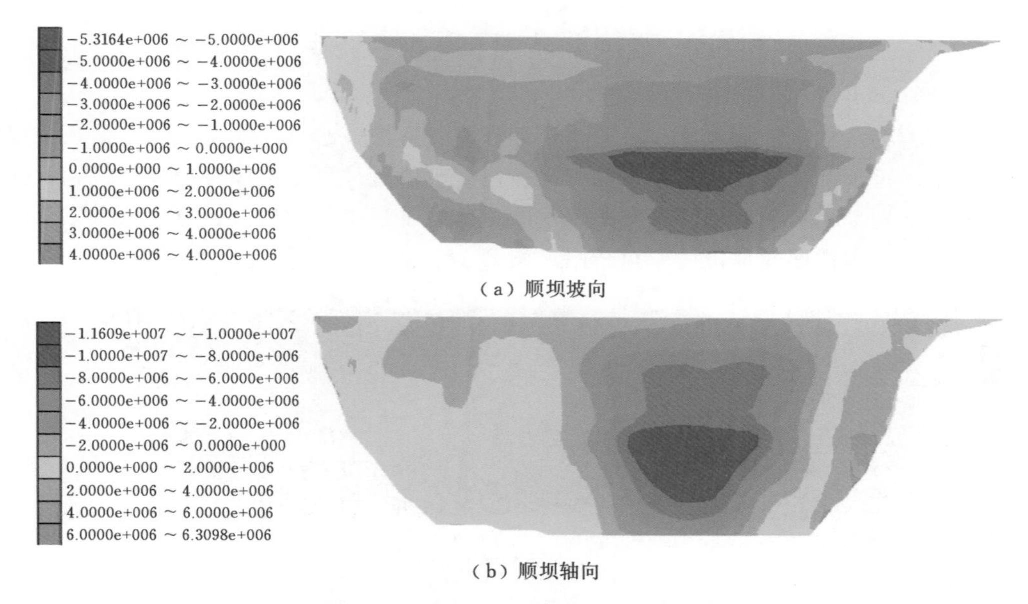


（a）顺坝坡向

（b）顺坝轴向

图 8.29　布置高模量堆石区满蓄期面板应力分布（单位：Pa）

## 8.4　蓄水过程对面板应力变形的影响

对于混凝土面板堆石坝，主要受自重重力的作用和蓄水后库水的推力作用。其中库水的压力直接作用在面板上，所以对面板的应力变形有较显著的影响。不同面板堆石坝也会采用不同的蓄水过程蓄水，合理的蓄水过程对面板的应力变形有利。本书针对某工程面板堆石坝的计算网格，采用三种蓄水过程进行蓄水，从而研究蓄水过程对面板应力变形的影响。蓄水过程随填筑过程的变化见图 8.30。

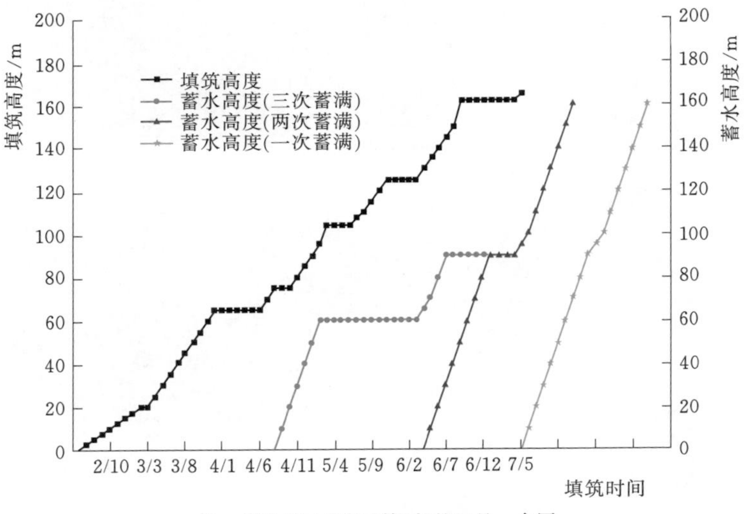


注：横坐标2/10表示第2年的10月，余同。

图 8.30 三种蓄水过程随填筑过程的变化曲线

通过计算，可得如下结论：

(1) 满蓄期，从一次蓄水到三次蓄水，面板挠度逐渐减小。一次蓄水时，面板挠度的极值区位于面板顶部位置；两次蓄水时，面板挠度极值区位于二期面板的顶部位置，并且在三期面板出现了相对较大值区；三次蓄水时，出现了三个较大值区，分别位于三个面板期的顶部位置。满蓄期面板挠度分布云图见图 8.31。

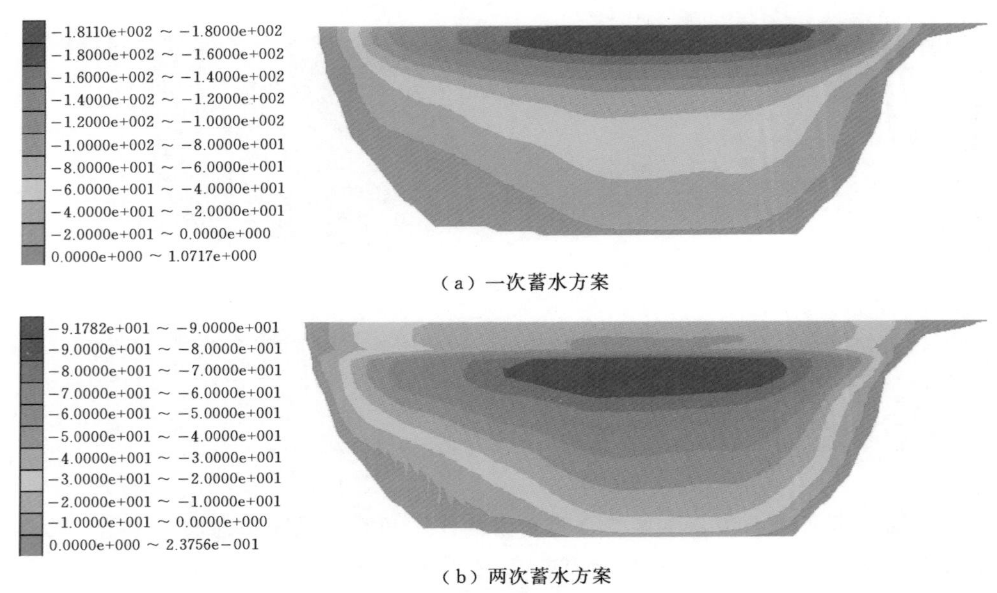


(a) 一次蓄水方案

(b) 两次蓄水方案

图 8.31 (一) 满蓄期面板挠度分布云图 (单位：cm)

（c）三次蓄水方案

图 8.31（二） 满蓄期面板挠度分布云图（单位：cm）

（2）满蓄期，面板的顺坝轴线方向位移的极值也随着蓄水次数增加而减小。极值区范围随着蓄水次数的增加有向下移动的趋势。满蓄期面板顺坝轴线方向位移分布云图见图 8.32。

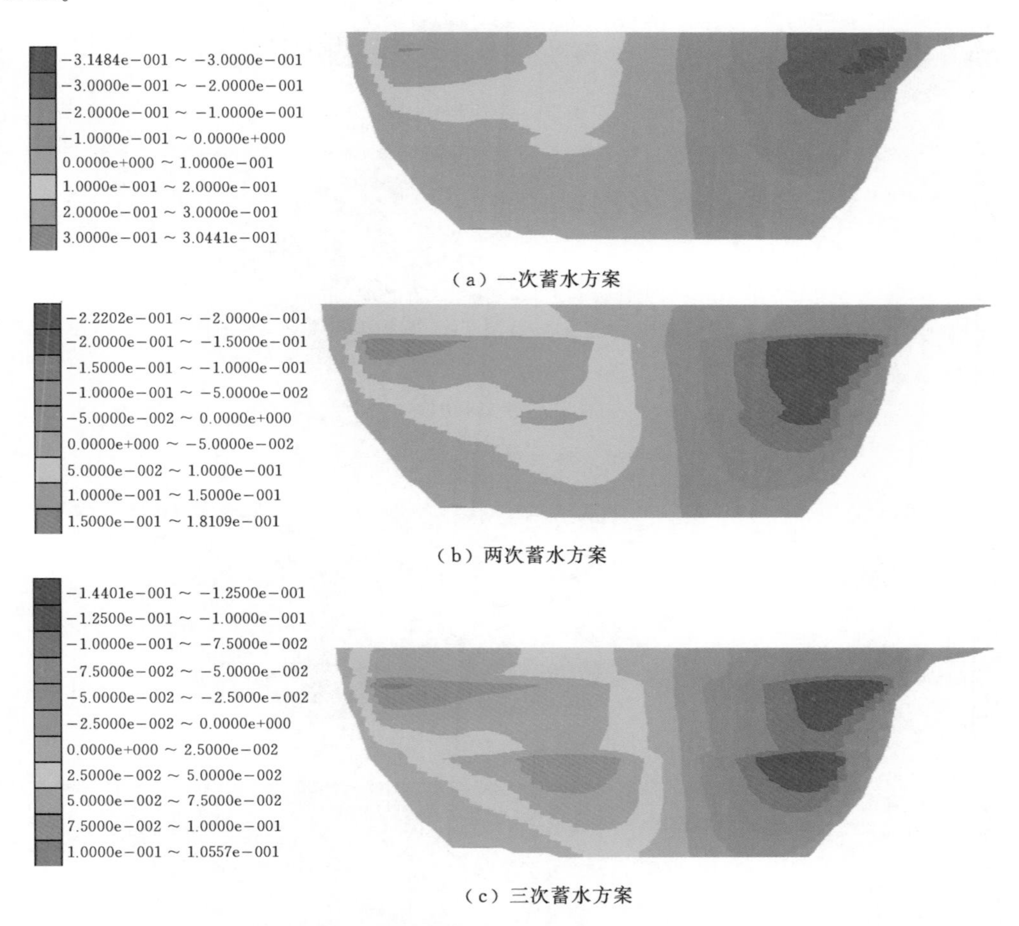


（c）三次蓄水方案

图 8.32 满蓄期面板顺坝轴线方向位移分布云图（单位：m）

（3）满蓄期，面板的顺坝轴线方向应力和顺坝坡向应力极大值，也都随着蓄水次数的增加而逐渐减小，极值区的位置也随着蓄水次数的增加而逐渐下移。满蓄期面板顺坝轴线方向应力与顺坝坡向应力分布云图见图 8.33、图 8.34。

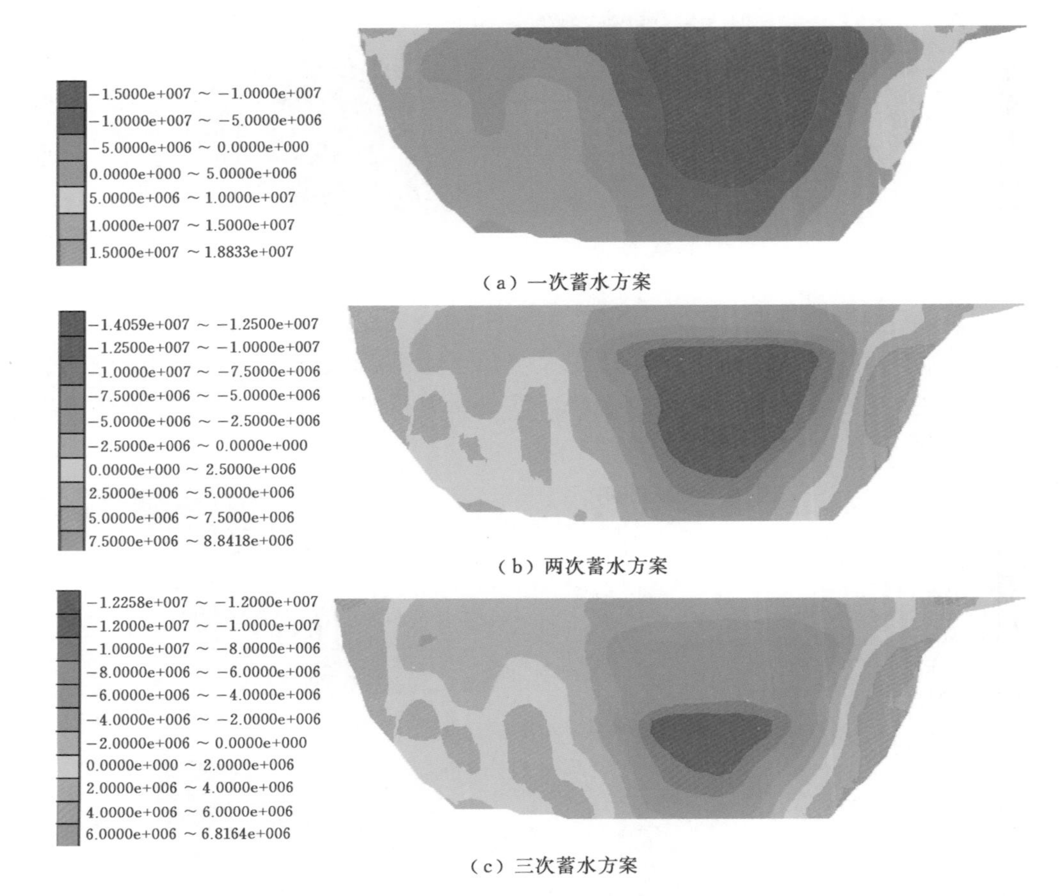


(a) 一次蓄水方案

(b) 两次蓄水方案

(c) 三次蓄水方案

图 8.33 满蓄期面板顺坝轴线方向应力分布云图（单位：MPa）

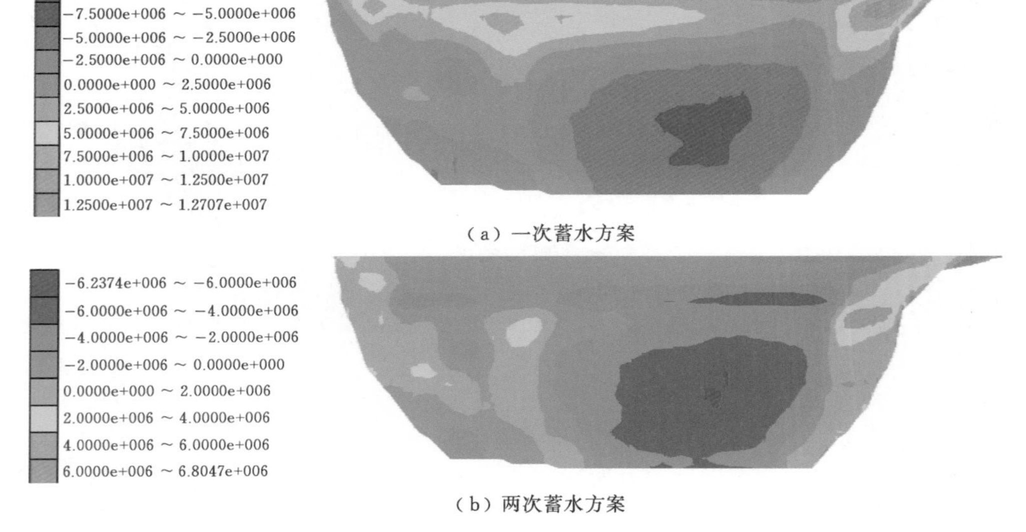


(a) 一次蓄水方案

(b) 两次蓄水方案

图 8.34（一） 满蓄期面板顺坝坡向应力分布云图（单位：MPa）

（c）三次蓄水方案

图 8.34（二）　满蓄期面板顺坝坡向应力分布云图（单位：MPa）

综上，随着面板浇筑分期，每期浇筑面板后蓄水对面板的应力变形最有利。在地形陡变的位置，增加蓄水次数，可以明显降低拉应力区的极大值区分布范围，并且拉应力极大值也有所减小。

蓄水对面板的应力变形影响较为明显，主要是由于不同的蓄水过程导致坝体的变形差异较大。分次蓄水对于坝体的变形比较有利，坝体满蓄后的变形较小。图 8.35～图 8.37 分别为三种蓄水方案下各期面板浇筑蓄水完成后坝体的变形情况。

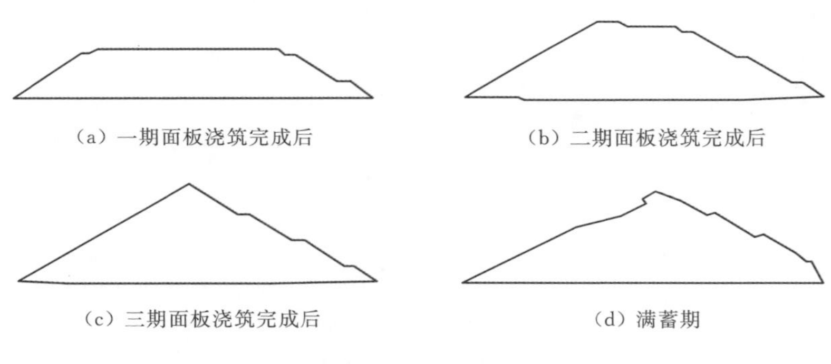

（a）一期面板浇筑完成后　（b）二期面板浇筑完成后

（c）三期面板浇筑完成后　（d）满蓄期

图 8.35　一次蓄水方案各期面板浇筑完成后的坝体变形情况（放大 20 倍）

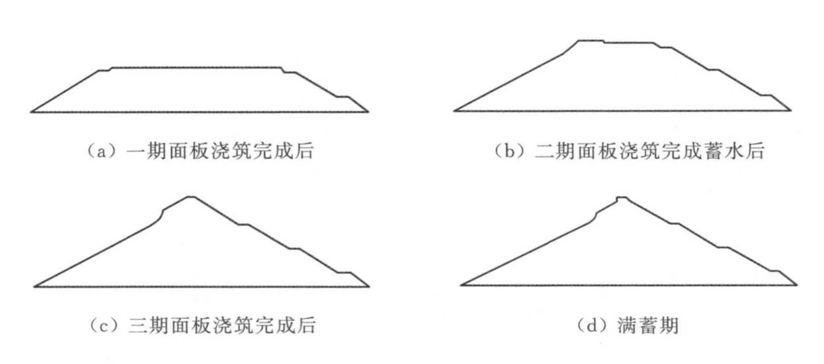

（a）一期面板浇筑完成后　（b）二期面板浇筑完成蓄水后

（c）三期面板浇筑完成后　（d）满蓄期

图 8.36　两次蓄水方案各期面板浇筑完成后的坝体变形情况（放大 20 倍）

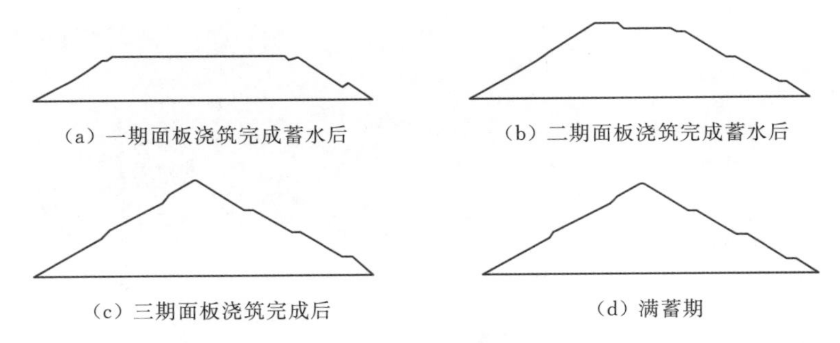


图 8.37 三次蓄水方案各期面板浇筑完成后的坝体变形情况（放大20倍）

# 参 考 文 献


[1] 张丙印，于玉贞，张建民．高土石坝的若干关键技术问题 [C] //中国土木工程学会第九届土力学及岩土工程学术会议论文集．北京：清华大学出版社，2003：163－186.

[2] 郭诚谦，陈慧远．土石坝 [M]．北京：水利电力出版社，1981.

[3] Sandhu R S，Wilson E L. Finite－element analysis of seepage in elastic media [J]. Journal of the Engineering Mechanics Division，1969，95 (3)：641－652.

[4] Clough R W，Woodward R J. Analysis of Embankment Stresses and Deformations [J]. Journal of Soil Mechanics and Foundation Division ASCE，1967，93 (4)：529－549.

[5] Duncan J M，Chang C Y. Nonlinear analysis of stress and strain in soils [J]. SMFD，ASCE，1970，96 (5)：1629－1653.

[6] Duncan J M，Byrne P，Wong K S，et al. Strength，stress－strain and bulk modulus parameters for finite element analyses of stresses and movements in soil masses [R]. Report No. UCB/GT/80－01，University of California，Berkeley，Calif，1980.

[7] Domaschuk L，Valliappan P. Nonlinear settlement analysis by finite element [J]. Journal of Geotechnical Engineering，1975，101 (ASCE 11423 Proceeding).

[8] Naylor D J . Stress－Strain Laws and Parameter Values [M] // Advances in Rockfill Structures. Dordrecht：Springer，1991：269－290.

[9] 曾以宁，屈智炯，刘开明，等．土的非线性 K－G 模型的试验研究 [J]．成都科技大学学报，1985 (4)：143－149.

[10] 高莲士，赵红庆，张丙印．堆石料复杂应力路径试验及非线性 K－G 模型研究 [C] //国际高土石坝学术研讨会论文集．北京：国际高土石坝学术研讨会编委会，1993.

[11] Gao L S. The non－linear uncoupled KG model for rockfill materials and its verification [C] // Proceedings of the international conference on soil mechanics and foundation engineering，international society for soil mechanics and foundation engineering. AA BALKEMA，1997，1：103－108.

[12] 高莲士，赵红庆，尹承瑶，等．天生桥面板坝灰岩堆石料不同应力路径大型三轴试验及非线性解耦 K－G 模型验证 [J]．土石坝工程，1996，1 (2).

[13] 高莲士，汪召华，宋文晶．非线性解耦 K－G 模型在高面板堆石坝应力变形分析中的应用 [J]．水利学报，2001 (10)：1－7.

[14] 高莲士，宋文晶，张宗亮，等．天生桥面板堆石坝实测变形的三维反馈分析 [J]．水利学报，2002 (3)：26－31.

[15] Roscoe K H，Burland J B. On the generalized stress － strain behavior of "wet" clay [J]. Engineering Plasticity，1968：535－609.

[16] Lade P V. Elasto－plastic stress－strain theory for cohesionless soil with curved yield surfaces [J]. International Journal of Solids and Structures，1977，13 (11)：1019－1035.

[17] 沈珠江．土体应力-应变分析的一种新模型 [C] //第五届土力学及基础工程学术研讨会议论文集．北京：中国建筑工业出版社，1990.

[18] 王辉．小浪底堆石料湿化特性及初次蓄水时坝体湿化计算研究 [D]．北京：清华大学，1992.

[19] 李广信．高土石坝初次蓄水及水位骤降情况应力变形分析计算总报告［R］//“七五”攻关项目——土质防渗体高土石坝研究总报告．北京：中国水利水电科学研究院，1990.

[20] Nobari E S，Duncan J M. Movements in dams due to reservoir filling［C］//Performance of earth and earth - supported structures. ASCE，1972：797.

[21] 李广信．堆石料的湿化试验和数学模型［J］．岩土工程学报，1990（5）：58 - 64.

[22] 左元明，沈珠江．坝壳砂砾料浸水变形特性的测定［J］．水利水运科学研究，1989（1）：107 - 113.

[23] 李国英，米占宽，赵魁芝．黑河水库心墙堆石坝应力变形分析［R］．南京：南京水利科学研究院，2002.

[24] 李全明，于玉贞，张丙印，等．黄河公伯峡面板堆石坝三维湿化变形分析［J］．水力发电学报，2005（3）：24 - 29.

[25] 钱家欢，殷宗泽．土工原理与计算［M］．北京：中国水利水电出版社，1996.

[26] 沈珠江．土石料的流变模型及其应用［J］．水利水运科学研究，1994（4）：335 - 342.

[27] 王勇，殷宗泽．一个用于面板坝流变分析的堆石流变模型［J］．岩土力学，2000（3）：227 - 230.

[28] 李国英，等．公伯峡水电站面板堆石坝筑坝材料流变特性试验研究［R］．南京：南京水利科学研究院，2003.

[29] 邓刚，徐泽平，吕生玺，等．狭窄河谷中的高面板堆石坝长期应力变形计算分析［J］．水利学报，2008（6）：639 - 646.

[30] FLAC 3D 3.1 USER'S MANUAL. ITASCA，2005.

[31] 胡军．高土石坝动力稳定分析与加固措施研究［D］．大连：大连理工大学，2008.

[32] 褚卫江，徐卫亚，杨圣奇，等．基于 FLAC～（3D）岩石黏弹塑性流变模型的二次开发研究［J］．岩土力学，2006（11）：2005 - 2010.

[33] 陈育民，刘汉龙．邓肯-张本构模型在 FLAC～（3D）中的开发与实现［J］．岩土力学，2007（10）：2123 - 2126.

[34] Biot M A. General theory of three-dimensional consolidation［J］. Journal of applied physics，1941，12（2）：155 - 164.

[35] 胡亚元．Biot 齐次固结方程的通解［J］．工程力学，2006（8）：155 - 159.

[36] Biot M A. General solutions of the equations of elasticity and consolidation for a porous material［J］. Journal of Applied Mechanics，1956，23（1）：91 - 96.

[37] 汝乃华，牛运光．土石坝的事故统计和分析［J］．大坝与安全，2001（1）：31 - 37.

[38] 李君纯．青海沟后水库溃坝原因分析［J］．岩土工程学报，1994（6）：1 - 14.

[39] 牛运光．滑坡处理工程实例连载之八 湖南省流光岭水库土石坝滑坡及处理［J］．大坝与安全，2003（3）：59 - 60.

[40] 黄锦波，王德军．洪家渡面板堆石坝分期填筑方案研究［J］．人民长江，2004（7）：1 - 2，5 - 59.

[41] 高莲士，宋文晶，汪召华．高面板堆石坝变形控制的若干问题［J］．水利学报，2002（5）：3 - 8.

[42] 段亚辉，何蕴龙，赖国伟，等．堆石坝分期施工混凝土面板应力状态的分析［J］．中国农村水利水电，1997（6）：23 - 26.

[43] 周伟，常晓林，胡颖，等．考虑堆石体流变效应的高面板坝最优施工程序研究［J］．岩土力学，2007（7）：1465 - 1468.

[44] 向建，但东．浅析巴贡工程面板堆石坝填筑的加载次序及影响［J］．四川水力发电，2009，28（6）：39 - 46.

[45] 唐岷，陈群．分层填筑模拟的层数对 300m 级高土石坝沉降量的影响［J］．水电站设计，2008，24（4）：15 - 18.

[46] 赵晨生，刘宁，张平，等．高心墙堆石坝施工填筑单元划分优化［J］．天津大学学报，2012，45（12）：1078 - 1082.

[47] 肖化文，杨清. 对高面板堆石坝一些问题的探讨 [J]. 水利水电技术，2003 (2)：9-12，21-66.

[48] 张岩，燕乔. 分期填筑对高面板堆石坝应力变形的影响研究 [J]. 水电能源科学，2010，28 (4)：93-95，160.

[49] 卢廷浩，邵松桂. 天生桥一级水电站面板堆石坝三维非线性有限元分析 [J]. 红水河，1996 (4)：22-25.

[50] 郑颖人，沈珠江，龚晓南. 岩土塑性力学原理 [M]. 北京：中国建筑工业出版社，2002.

[51] 孙粤琳，郝巨涛，卢羽平，等. 猴子岩水电站面板堆石坝面板垂直缝垫缝材料研究 [J]. 水力发电，2011，37 (8)：24-27.

[52] 朱维新. 用离心模型研究土石坝心墙裂缝 [J]. 岩土工程学报，1994 (6)：82-95.

[53] 李全明. 高土石坝水力劈裂发生的物理机制研究及数值仿真 [D]. 北京：清华大学，2006.

[54] 张丙印，张美聪，孙逊. 土石坝横向裂缝的土工离心机模型试验研究 [J]. 岩土力学，2008 (5)：1254-1258.

[55] Hou Y J，Niu Q F，Liang J H，et al. Centrifuge modeling of transverse cracking in dam core [C] //Proceedings of the 7th International Conference on Physical Modelling in Geotechnics，Zurich，Switzerland，2010：1183-1188.

[56] 牛起飞，侯瑜京，梁建辉，等. 坝肩变坡引起心墙裂缝和水力劈裂的离心模型试验研究 [J]. 岩土工程学报，2010，32 (12)：1935-1941.

[57] 杜延龄. 大型土工离心机基本设计原则 [J]. 岩土工程学报，1993 (6)：10-17.

[58] 中华人民共和国水利部. SL 237—1999 土工试验规程 [S]. 北京：中国水利水电出版社，1999.

[59] Itasca Consulting Group. PFC2D user's guide [M]. Minneapolis，Minnesota，1999.

[60] Mindlin R D，Deresiewicz H. Elastic Spheres in Contact Under Varying Oblique Forces [J]. Jownal of Applied Mechanics，1953，20 (3)：327-344.

[61] 徐小敏，凌道盛，陈云敏，等. 基于线性接触模型的颗粒材料细-宏观弹性常数相关关系研究 [J]. 岩土工程学报，2010，32 (7)：991-998.

[62] 宋远齐. 联合室内和现场试验确定土体本构模型参数的方法及应用 [D]. 北京：北京工业大学，2005.

[63] 龙文. 黑河土石坝应力变形特性研究 [D]. 西安：西安理工大学，2003.

[64] 闫金良，龚爱民. 风化料在坝体防渗中的应用 [J]. 水利科技与经济，2004 (6)：372-374.

[65] 刘松涛. 三峡茅坪溪粘土心墙土石坝坝体安全分析 [J]. 长江科学院院报，1995 (3)：23-29.

[66] Seed H B，Duncan J M. The Teton dam failure - a retrospective review [C] //Soil mechanics and foundation engineering：proceedings of the 10th international conference on soil mechanics and foundation engineering，Stockholm，1981：15-19.

[67] Kjaemsli B，Valstad T，Hoeg K. Rockfill Dams Design and Construction [M]. Oslo：Norwegian Institute of Technology Division of Hydraulic Engineering，1992

[68] Wood D M. Thoughts concerning the unusual behaviour of Hyttejuvet Dam [J]. 12th Commission Internationale des Grands Barreges. Mexico，1976：391-413.

[69] Kjaemsli B，Tortilla I. Leakage through horizontal cracks in the core of Hyttejuvet Dam [C]. Oslo：Norwegian Geotechnical Institute，Publication 80，1968：39-47.

[70] Bertram G E. Experience with seepage control measures in earth and rockfill dams [C] // Transactions 9th congress on large dams Istanbul，1967，3：91-109.

[71] Sherard J L，Decker R S，Itkyer N L. Hydraulic fracturing in low dams of dispersive clay [C] // Proceedings of the Specialty Conference on Performance of Earth and Earth supported Structures. Lafayette，1972，1：563-590.

[72] Sherard J L. Hydraulic fracturing in embankment dams [J]. Journal of Geotechnical Engineering, 1986, 112 (10): 905-927.

[73] 牛运光. 几座土石坝渗漏事故的经验教训（上）[J]. 大坝与安全，1998 (2): 53-59.

[74] 刘令瑶，崔亦昊，张广文. 宽级配砾石土水力劈裂特性的研究 [J]. 岩土工程学报，1998 (3): 10-13.

[75] 徐泽平，梁建辉，韩连兵，等. 心墙水力劈裂机理的离心模型试验研究 [C] //中国水利学会2007学术年会物理模拟技术在岩土工程中的应用分会场论文集，2007: 89-97.

[76] Ng A K L, Small J C. A case study of hydraulic fracturing using finite element methods [J]. Canadian Geotechnical Journal, 1999, 36 (5): 861-875.

[77] 侯瑜京，徐泽平，梁建辉，等. 心墙堆石坝水力劈裂离心模型试验研究初探 [C] // 中国水利学会学术年会物理模拟技术在岩土工程中的应用分会场论文集，2007.

[78] 陈明致，金来鋆. 堆石坝设计 [M]. 北京：水利电力出版社，1982.

[79] Coutinho R Q, Almeida M S S, Borges J B. Analysis of the Juturnaiba Embankment Dam built on an organic soft clay [C] //Vertical and Horizontal Deformations of Foundations and Embankments, ASCE, 1994: 348-363.

[80] Dakoulas P, Gazetas G. A class of inhomogeneous shear models for seismic response of dams and embankments [J]. International Journal of Soil Dynamics and Earthquake Engineering, 1985, 4 (4): 166-182.

[81] Martin H L. A three-dimensional deformation analysis of the Storvass dam [J]. International Journal for Numerical and Analytical Methods in Geomechanics, 1978, 2 (1): 3-17.

[82] Tanaka T, Nakano R. Finite element analysis of Miyama rockfill dam [C] //Proceedings of 2nd International Conference on Numerical Methods in Geomechanics, 1976, 2: 650-661.

[83] Nobari E S, Lee K L, Duncan J M. Hydraulic fracturing in zoned earth and rockfill dams [R]. California: University of California at Berkeley, 1973.

[84] Kulhawy F H, Gurtowski T M. Closure of "Load Transfer and Hydraulic Fracturing in Zoned Dams" [J]. Journal of the Geotechnical Engineering Division, ASCE, 1978, 103 (7): 831-833.

[85] Schober W, Hammer H, Hupfauf B. Load transfer in embankment dams-model testing [C] // Proceedings of the twelfth International Conference on Soil Mechanics and Foundation Engineering, Rio de Janeiro, 1989: 973-976.

[86] 刘令瑶，崔亦昊，张广文. 宽级配砾石土水力劈裂特性的研究 [J]. 岩土工程学报，1998 (3): 10-13.

[87] 曾开华，殷宗泽. 土质心墙坝水力劈裂影响因素的研究 [J]. 河海大学学报：自然科学版，2000 (3): 1-6.

[88] Dolezalova M, Leitner F. Prediction of Dalesice dam performance [C] //Proceedings of the tenth International Conference on Soil Mechanics and Foundation Engineering. Stockholm, 1981, 1: 111-114.

[89] Dolezalova M, Horeni A, Zemanova V. Experience with numerical modeling of dams [C] // Proceedings of the sixth International Conference on Numerical Methods in Geomechanics. Innsbruck, 1988, 2: 1279-1290.

[90] 殷宗泽，朱俊高，袁俊平，等. 心墙堆石坝的水力劈裂分析 [J]. 水利学报，2006 (11): 1348-1353.